1+X 职业技术·职业资格培训教材

家政服务员

（三级）

主　　　编	谢玲丽	黄芝娴		
常务副主编	马丽萍			
副 主 编	卞　文			
编　　　者	马丽萍	孔坤寿	甘志骅	李关华
	金妹芳	皮　采	周美珍	严遥岑
主　　　审	邱　萍	杜丽华		
审　　　稿	严琇华	庄瑜敏		

中国劳动社会保障出版社

图书在版编目（CIP）数据

家政服务员：三级/人力资源和社会保障部教材办公室等组织编写. —北京：中国劳动社会保障出版社，2015

1＋X职业技术·职业资格培训教材

ISBN 978-7-5167-2048-6

Ⅰ.①家…　Ⅱ.①人…　Ⅲ.①家政服务-技术培训-教材　Ⅳ.①TS976.7

中国版本图书馆 CIP 数据核字(2015)第 228941 号

中国劳动社会保障出版社出版发行

（北京市惠新东街 1 号　邮政编码：100029）

＊

北京北苑印刷有限责任公司印刷装订　　　新华书店经销

787 毫米×1092 毫米　16 开本　23.25 印张　0.75 彩色印张　450 千字
2015 年 12 月第 1 版　　2015 年 12 月第 1 次印刷

定价：58.00 元

读者服务部电话：(010) 64929211/64921644/84626437
发行部电话：(010) 64961894
出版社网址：http://www.class.com.cn

版权专有　　　侵权必究

如有印装差错，请与本社联系调换：(010) 50948191

我社将与版权执法机关配合，大力打击盗印、销售和使用盗版
图书活动，敬请广大读者协助举报，经查实将给予举报者奖励。

举报电话：(010) 64954652

内 容 简 介

    本教材由人力资源和社会保障部教材办公室、中国就业培训技术指导中心上海分中心、上海市职业技能鉴定中心依据上海1＋X家政服务员（三级）职业技能鉴定细目组织编写。教材从强化培养操作技能，掌握实用技术的角度出发，较好地体现了当前最新的实用知识与操作技术，对于提高从业人员基本素质，掌握家政服务员的核心知识与技能有直接的帮助和指导作用。

    本教材在编写中根据本职业的工作特点，以能力培养为根本出发点，采用模块化的编写方式。全书共分为4篇10章，内容包括：实用知识篇（涉外家政服务员的职业素养），风俗礼仪篇（海外风俗礼仪、宴请社交礼仪），家庭技艺篇（家庭便宴常识与制作、海外饮食习俗与菜肴制作、西点与饮品、家居美化、家庭常用办公及音像设备使用），教育保健篇（家庭教育、家庭保健）。

    本教材在编写过程中，得到了上海市家庭服务业行业协会的大力支持和协作，在此表示衷心的感谢。

    本教材可作为家政服务员（三级）职业技能培训与鉴定考核教材，也可供全国中、高等职业院校相关专业师生参考使用，以及本职业从业人员培训使用。

前　言

　　职业培训制度的积极推进，尤其是职业资格证书制度的推行，为广大劳动者系统地学习相关职业的知识和技能，提高就业能力、工作能力和职业转换能力提供了可能，同时也为企业选择适应生产需要的合格劳动者提供了依据。

　　随着我国科学技术的飞速发展和产业结构的不断调整，各种新兴职业应运而生，传统职业中也愈来愈多、愈来愈快地融进了各种新知识、新技术和新工艺。因此，加快培养合格的、适应现代化建设要求的高技能人才就显得尤为迫切。近年来，上海市在加快高技能人才建设方面进行了有益的探索，积累了丰富而宝贵的经验。为优化人力资源结构，加快高技能人才队伍建设，上海市人力资源和社会保障局在提升职业标准、完善技能鉴定方面做了积极的探索和尝试，推出了1＋X培训与鉴定模式。1＋X中的1代表国家职业标准，X是为适应经济发展的需要，对职业的部分知识和技能要求进行的扩充和更新。随着经济发展和技术进步，X将不断被赋予新的内涵，不断得到深化和提升。

　　上海市1＋X培训与鉴定模式，得到了国家人力资源和社会保障部的支持和肯定。为配合1＋X培训与鉴定的需要，人力资源和社会保障部教材办公室、中国就业培训技术指导中心上海分中心、上海市职业技能鉴定中心联合组织有关方面的专家、技术人员共同编写了职业技术·职业资格培训系列教材。

　　职业技术·职业资格培训教材严格按照1＋X鉴定考核细目进行编写，教材内容充分反映了当前从事职业活动所需要的核心知识与技能，较好地体现了适用性、先进性与前瞻性。聘请编写1＋X鉴定考核细目的专家，以及相关行业的专家参与教材的编审工作，保证了教材内容的科学性及与鉴定考核细目以及题库的紧密衔接。

　　职业技术·职业资格培训教材突出了适应职业技能培训的特色，使读者通过学习与培训，不仅有助于通过鉴定考核，而且能够有针对性地进行系统学习，真正掌握本职业的核心技术与操作技能，从而实现从懂得了什么到会做什么的飞跃。

　　职业技术·职业资格培训教材立足于国家职业标准，也可为全国其他省市开展新职业、新技术职业培训和鉴定考核，以及高技能人才培养提供借鉴或参考。

　　新教材的编写是一项探索性工作，由于时间紧迫，不足之处在所难免，欢迎各使用单位及个人对教材提出宝贵意见和建议，以便教材修订时补充更正。

人力资源和社会保障部教材办公室

中国就业培训技术指导中心上海分中心

上海市职业技能鉴定中心

目　录

实用知识篇

风俗礼仪篇

家庭技艺篇

教育保健篇

实用知识篇

第1章

涉外家政服务员的职业素养

第1节　涉外家政服务员的职业规范

 学习目标

➤熟悉涉外家政服务员的工作要求
➤掌握涉外家政服务员的职业规范

 知识要求

一、社会需要家政服务业

1. 现代社会工作压力加大，增加了对家政服务员的总体需求

竞争激烈、工作压力大已经成为现代社会城市生活的重要特征。特别是中年群体更承受着多重的、累积性的压力，要兼顾好工作和生活的平衡，期盼有人能帮助他们完成家人的照顾和家务的操持，帮助他们安排好有序的家庭生活，构筑温馨舒适的家庭环境。

2. 老龄化社会的显现和独生子女政策，增加了对家政服务员的特殊需求

中国是世界上老年人口最多的国家，人口老龄化给中国的经济、社会、政治、文化等方面的发展带来了深刻影响，庞大老年群体的养老、医疗、社会服务等方面需求的压力也越来越大，为老服务的社会需求迅速膨胀。大量独生子女的出现不但使传统的家庭结构发生了根本变化，同时也引发了许多令人关注的社会问题。尤其是当前，一对夫妻要依法赡养老人的压力更大。家庭成员从事日常劳务工作的压力越来越大，人们依赖社会上专业的家政服务的需求也越来越大。

3. 开放型城市的形成，增加了对家政服务员的多样性需求

改革开放以来，中国与世界各国各地区的交往日益增多，国际地位不断提高。中国是个充满希望的国家，也是世界各国竞相前来投资的一片热土。大批外籍人员来中国工作和生活，使涉外家政服务的社会需求日益增加。随着经济全球化的发展，地球正在慢慢地成为一个"村落"，人与人之间的距离变得越来越近。

4. 社会收入水平的提高，增加了家庭对家政服务员有支付能力的需求

改革开放以来，中国年人均收入、年人均消费支出呈现明显上升趋势。随着人们收入

水平的提高，城镇居民有了相应的消费支付能力，对生活质量有了更高的要求，追求物质生活与精神生活的全面改善，追求生活的轻松舒适与丰富多彩。居民对家政服务的购买意愿增强，希望通过实现家庭生活社会化来满足日益增长的居家生活要求，"花钱买服务"便成为都市人新的生存方式。

二、外籍客户的需求和期望

外籍人员在中国工作生活，大都节奏很快，无暇顾及家务且感到人地生疏，所以希望聘用当地人为他们提供家政服务。一般单身来华工作的人员，需要半天或2～3小时的家政服务，这是一种初级的"简单劳务型"服务，以打扫、清洗、熨烫为主，有的要求准备好晚餐等；第二种是中级的"知识技能型"服务，如护理、营养、育儿、家教等，一般举家来华的外籍家庭需要这样的服务为多，有老人、小孩的，则往往需要24小时住家服务。现在还有一些高端家庭，对家务工作进行了细分，有专长的家政服务员具体负责某一方面的工作，同时由专人管理这些人员，负责安排和监督工作。这是一种高级的"专家管理型"服务，如家庭事务的管理、社交娱乐的安排、家庭教育的辅助、家庭消费的优化咨询等。

外籍人员雇用家庭服务员，一般在初次见面时便会讲明确切的工作任务和工作时间，并希望能在以后坚持下去。外籍雇主认为家政服务就是一份工作，晚上回家都要检查，容不得半点疏忽和马虎。根据西方的法律，一个住家的家政服务员，每天上午8点或9点上班，晚上5点或6点下班，每周工作五天。一般由女主人安排工作休息的时间。双方若有预先约定的作息时间，则按约定的办。

外籍雇主期望家政服务员文明礼貌、善解人意、勤劳能干、忠厚诚实，且能尊重他们的生活习惯，不探传个人隐私，能尽心尽力地做好家政工作，不向他们提出非分的要求，如为自己的亲戚出国当担保、办签证等。在交流方面能略懂英语，能进行简单会话和接听电话。在业务方面善于操持家务，采买记账，能根据客户要求做好清扫保洁、洗涤熨烫、烹调烧烤、照看孩子等工作，且工作有责任感，能积极主动按时完成任务。

三、家政服务员的基本素质

1. 从业的心理准备

心理准备是指从业人员正确认识所从事的职业，端正对所从事职业的态度和认识。心态决定成败。做好家政服务工作并不完全取决于工作技能的完善与否，而在很大程度上取决于有没有一种良好的、健康的工作心态。做家政也是社会的分工，可以通过自己的劳动增加收入，是光荣的事情，至少可以自食其力，还可以提高家庭生活收入和质量。因此，只有在心理上真正接受、热爱这份工作，才能把它做好，并且能够真正地视其为稳定的职业。好的心态可以帮家政服务员应付工作中的突发情况，渡过难关，更能愉快地工作。对同一件事，不同的心态会产生截然不同的后果。在家政服务的具体工作中，家政服务员一定要及时地调整心态，始终把工作摆在第一位，把所有的、琐碎的家庭服务与工作联系起来。只有这样，才能做好每一件事情。

2. 良好的心理素质

家政服务员应具备良好的心理素质和较强的心理承受力，为人处世宽容大度。正确认识自己，客观评价自我。正确认识自己，就是要认识到自己是社会的一员，有能力、有实力、有信心为社会工作，能够凭自己诚实的劳动自食其力，能够找到自己在社会中的定位。当决定选择从事家政服务行业，应把将从事的家政服务工作作为自己人生的新起点。人贵有自知之明，从事任何职业都要实事求是地看待自己，量力而行，既不能好高骛远，也不必妄自菲薄。对自己的优势不夸大也不缩小，对自己的工作条件和工作能力有全面的分析和评价。客观看到自身的劣势和缺点，主动反省，以积极的态度去避免或改变劣势，克服缺点，努力将劣势变为优势。

3. 明确的职业定位

家政服务员是一个特殊的职业，要认同干这一行的意义，把它看作是一种值得从事的职业，认识到现代社会中只有卑贱的人格，而不存在卑贱的社会职业。要克服世俗观念和自卑心理，家政服务同样是在为社会做贡献。作为非家庭成员进入一个家庭中，承担着这个家庭的某些职责（如操持家务、照料婴幼儿等），作为职业人员，努力完成合同规定的服务内容是职责所在。家政服务员既要把雇主的家务工作当作自己的事去做，又要意识到不可能承担起雇主家庭管理的全部责任。要掌握好分寸，做到尽职尽责，工作中主动征求雇主意见，及时接受他们的指导。

四、涉外家政服务员的职业道德

1. 尊重自己，尊重他人

尊重自己是指人要自尊，尊重自己的人格，维护自己的尊严，反对自轻自贱。

不说任何不利于国家的话，不干任何不利国家的事，也不做有损自己人格的行为，不为物质利益所动。在与人交往中，注意说话中肯得体，仪表整洁大方，处世稳重端庄，给人一个讲文明、有礼貌、亲切和蔼、诚实可信的美好形象。

尊重他人是指尊重雇主的生活习惯、宗教信仰，礼貌待人。

涉外家政服务员直接为外国客人服务，站在国际交往的前沿。涉外家政服务员不能以自己的好恶要求对方，要熟悉他们的习俗，了解他们的禁忌，在服务中尊重他们，依他们的习俗去做。

2. 守时守信，尽心尽责

从事涉外家政岗位工作，应自觉遵守工作时间。要言而有信，不言过其实。涉外家政服务员每到一户新的雇主家，要尽快了解雇主的要求，熟悉自己的职责。勤奋、仔细、踏实、有条不紊地安排好自己应干的每一件事。

3. 谦虚好学，不断提高服务技能

家政工作干得好不好，除了取决于服务态度、工作的责任心之外，很重要的一方面是服务员的服务水准。除了具备客户要求的工作技能外，对外籍人员的生活习惯和礼仪习俗是否了解，都会直接或间接影响服务的效果。要当好一名涉外家政服务员，必须要谦虚好学，不断进取。随着科技发展，居家设施、设备也在不断更断，人们对生活质量的追求也与日俱增，只有不断学习提高自己，才能适应涉外家政这一行发展的需要。

4. 善于沟通，以诚待人

家政服务员与外籍人员经常接触，要搞好关系、融洽相处，除了掌握礼貌待客的准则外，很重要的一点就是要宽厚老实、以诚相待、善于沟通，使双方关系融洽。经常主动地征询服务对象的意见，重视他们对自己的评估，可以使自己的工作更迎合他们的要求。经常交流沟通更是十分必要，特别是当自己工作上出了差错，或哪件事没有完成好，更要及时致歉和说明情况。雇主与服务员之间万一产生了误会矛盾，要善于处理，通过真诚交换意见来解决问题。

5. 诚实自重，不向雇主提出非分要求

有诚实品德的人，最能获得别人的信任。涉外家政服务员切忌向用户提出非分要求。

五、高级家政服务员的岗位从业要求

1. 家庭礼仪方面的工作内容、技能要求和相关知识

高级家政服务员社交礼仪的工作内容包括：家庭宴请和聚会、家庭对外交往。应掌握的技能要求和相关知识如下：

（1）家庭宴请和聚会。能遵照有关的礼仪要求制定宴请和聚会方案，能有礼貌地迎送各类宾客和进行恰当的接待，聚会中能礼貌地处理各项事宜。

掌握宴请和赴宴的礼仪知识、家庭聚会相关的礼仪知识、主要宗教的基本礼仪和有关的民俗知识等。

（2）家庭对外交往。能用英语进行日常会话，能根据需要有效地开展对外联络。

掌握礼仪交际的基本知识、涉及交往的基本原则和注意事项、海外风俗礼仪基本知识等相关知识。

熟悉一般的心理卫生常识，掌握心理调适与沟通技巧，正确处理家庭人际关系，了解相关的法律常识。

2. 家务管理方面的工作内容、技能要求和相关知识

高级家政服务员家务管理的工作内容包括：家庭餐与家宴烹制、家居美化、家用办公设备的使用、常用家庭音像设备使用和家庭保健。应掌握的技能要求和相关知识如下：

（1）家庭餐与家宴烹制。能够设计、制作家庭便宴，掌握广帮菜、川菜等系列常识和烹制技能；制作家常的西餐和西点、日本料理；学习冷盘切配的美学常识，能够制作家常水果拼盘；合理安排膳食，做到营养均衡。运用营养与平衡膳食常识，合理设计家庭便宴菜单，掌握中、西式家庭便宴服务摆台技能。

掌握便宴菜单设计原则、上菜程序和注意事项、制汤基本知识、菜肴合理搭配常识等相关知识。

了解海外饮食文化，了解鸡尾酒的调制、茶的冲泡、咖啡的煮制常识。

（2）家居美化。熟悉插花的基础六法，掌握插花造型的基本比例，掌握完成插花作品的程序步骤，掌握家庭插花的基本形式和常见造型。

掌握家居生活中的美学基本知识，了解插花作品在家庭装饰中的应用等相关知识。

（3）家用办公设备的使用。能够使用计算机进行一般的文字录入，能够使用计算机上网并下载文件，能够使用传真机收发资料。

掌握计算机的常识和操作方法，会上网和下载文件，掌握传真机的使用方法等相关知识。

（4）常用家庭音像设备使用。能为家庭活动摄影、摄像，能使用音响、录像机、影碟机等家庭音像设备，掌握摄影、音像设备的类别、性能及使用注意事项，摄影、摄像基本知识等相关知识。

（5）家庭保健。能按家庭成员的不同特点，科学、合理地安排每日生活；能根据家庭成员特点进行膳食调配，根据不同人群的营养和膳食要求，编制适宜的膳食；掌握常用的家庭保健按摩手法和康复训练技术，对常见慢性疾病进行家庭康复训练。

掌握膳食宝塔理论知识、家庭保健按摩的基本原理、家庭中慢性疾病康复训练等相关知识。

3. 家庭教育方面的工作内容、技能要求和相关知识

高级家政服务员家庭教育的工作内容包括：学前儿童家庭教育和学龄初期儿童家庭教育。

（1）学前儿童家庭教育。能科学组织、指导学前儿童游戏，通过游戏对学龄前儿童进行智力的开发，对学龄儿童进行良好行为习惯的培养。

掌握学前儿童游戏的特点与教育、学龄前儿童心理发展的一般特点与教育。

（2）学龄初期儿童家庭教育。能根据学龄初期儿童的特点，对学龄初期儿童进行生活的家庭指导和学习的家庭指导。

掌握学龄初期儿童身体发育的一般特点与教育、学龄初期儿童心理发展的一般特点与教育，熟悉音乐、舞蹈、绘画、外语、计算机等方面相关知识。

第 2 节　家政实用心理学

 学习单元 1　家政雇主心理

 学习目标

➤ 了解雇主的一般心理和心理特点

 知识要求

一、家政雇主的一般心理

1. 安全心理

家庭是一个私人空间，是孩子成长的地方，所以家庭特别需要安全保障。家政服务意味着陌生人介入，对于雇主和家政服务员来说都是一种不安全因素。

雇主的安全需要主要表现在以下几个方面：

（1）经济安全。家政服务员是在雇主家里提供服务，有些雇主会把家里钥匙交给家政服务员，所以经济上的安全保障是雇主的基本需要。家政服务员进入新的雇主家庭，需要一段时间互相了解，彼此才能建立信任。在最初互相了解的过程中，有些雇主会有一些试探性的行为，如故意把钱放在外面，暗自在高档的化妆品上做记号；家里东西找不到，家政服务员很容易成为怀疑对象。被人提防是一种很负面的感受，有些家政服务员对此有委屈或愤怒情绪，这也在情理之中，但是，作为一名职业化的家政服务员，应该以职业化的态度来面对。在没有建立信任之前，雇主的这些举动都是可以理解的，雇主并不是想故意伤害家政服务员，而是出于一种自我保护心理。家政服务员要以一种平常心来对待，一旦出现误会，主动与雇主沟通，消除潜在的不必要的矛盾。

（2）健康安全。人们日常生活中的健康意识越来越强，尤其是涉外家庭，对健康安全有更高的要求。家政雇主对家政服务员的健康水平比较关注，尤其是有孩子的家庭和涉外家庭，他们会要求家政服务员提供体检证明，要求家政服务员不涂指甲油等。家政服务员必须要有健康意识，按照雇主的健康要求提供服务。另外，健康安全要求是相互的，如果家政雇主家庭有病人，家政服务员应该了解病人的病情，采取相应的自我保护措施。有些疾病是很隐蔽的，为了保证家政服务员与雇主之间不产生交叉感染，家政服务员应该自觉地不使用雇主的浴盆，自备茶具、餐具等。

（3）隐私安全。家庭是私人生活的场所，每个家庭都有自己的隐私，家政服务员在提供服务时不可避免地会了解雇主的隐私。大多数女性对人感兴趣，凑在一起就喜欢聊家长里短，这会让雇主产生不安全感。西方人有很强的隐私观念，中国人有"家丑不可外扬"的文化，家政服务员在提供服务时保护好雇主的家庭隐私是一种职业道德。在家政行业，"长舌妇"不受欢迎，家政雇主希望在接受家政服务时家庭隐私不受侵犯。家政服务员应该遵守职业道德，满足雇主隐私安全的需要。

（4）家庭关系安全。家政雇主接受家政服务，意味着接受外人进入家庭，家庭关系不受破坏是雇主基本的安全需要。所以，雇主希望家政服务员品行端正，衣着得体。如果女性家政服务员与男主人的关系比女主人更接近，容易导致女主人的不安全感。为了满足雇主家庭关系安全的需要，女性家政服务员应该与女主人搞好关系，与男主人保持一定的距离。另外，每个家庭在日常生活中都会产生家庭冲突和矛盾，家政服务员尽量不要介入雇主的家庭矛盾，不传递有害的信息。

2. 稳定心理

雇主家庭来了一位新的家政服务员，需要经历熟悉和了解的过程才能建立信任和安全感，更换一位新的家政服务员，雇主就要冒某种风险，要用心观察和了解，重新经历互相适应的过程，这也是很烦心的事情。所以，雇主和家政服务员一旦建立信任就不会随便更换，即使不太满意，只要在承受范围内，也不愿意随便更换，因为熟人总是比陌生人更安全。如果遇到特别满意的家政服务员，雇主情愿出高一点的价钱稳住家政服务员。家政服务员需要更换雇主时，也要事先提出辞呈，让雇主做好准备。

3. 舒适心理

家政雇主使用家政服务，是为了让生活更轻松、更舒适，他们希望接受家政服务时，生活不受干扰和影响，所以单身的涉外家政雇主希望家政服务员在其不在家时完成工作，在家的雇主也会希望尽量不被打扰。要满足雇主的舒适心理，雇主不喜欢总是有人在眼前晃来晃去，家政服务员要会察言观色，尽可能减少不必要的活动，做事动作幅度要小，手脚放轻，不惊动雇主，让雇主享受安静舒适的生活。

二、家政雇主的心理特点

家政服务员面临的是各种不同的雇主，各个家庭千差万别，家政服务员要根据不同的家庭提供不同的个性化的服务。家政服务员要了解雇主心理的特点，从总体上把握雇主的心理。雇主的心理特点主要有：

1. 雇主的要求复杂多变

家政雇主由于民族、风俗、文化、年龄、收入、消费观念、受教育程度、生活习惯等不同，对家政服务的要求也很不相同。由于家政雇主是复杂多变的，家政服务的要求一定也是复杂多变的，家政服务员在提供服务时，要放下自己的价值观，用心去体会和理解雇主的需求。其实做一个名副其实的高级家政服务员是相当具有挑战性的，高级家政服务员需要认真研究雇主，把不同的雇主进行分类，研究不同类型雇主的特点和需求，根据不同的类型采取不同的服务策略。

2. 大多数雇主能够平等地对待家政服务员

现代社会平等意识已经深入人心，公开歧视家政服务员的雇主并不多，大多数雇主也比较愿意与家政服务员保持良好的关系，尤其是涉外家庭，他们经常会给家政服务员正面的鼓励。由于文化关系，西方人比东方人更有平等意识，中国人也有基本的平等意识，歧视家政服务员的雇主在中国家庭也是少数，所以家政服务员也应该客观公正地看待家政雇主，从心理上接纳各种不同的雇主，以职业化心态从事家政工作。

 学习单元2　家政从业人员心理

 学习目标

➤了解现代女性面临的社会压力
➤熟悉家政从业人员面临的心理压力

 **知识要求**

一、现代女性面临的社会压力

1. 安全感的消失

现代化意味着高速度和多变化，高速度和多变化会给人带来一种强烈的感觉，觉得一下子有了很多的选择，似乎机会很多，但是实际上真正能够掌握的机会却又相当有限。于是人的欲望很容易被激发出来，却又不容易被满足，人就容易变得焦躁。高速度也意味着高竞争，人与人之间变得越来越不真诚，人际关系变得复杂而冷漠，人们逐渐失去了安全感。

现代女性普遍压力很大，使她们的神经极度紧张，尤其在遭遇不顺心的事情之后，会产生情绪低落、沮丧、忧郁等不良情感。同时，多数女性期望完美，而生活与梦想的落差往往给她们的心理健康带来极大的冲击。所以，人们在享受现代化带来的丰富的物质生活的同时，也付出了巨大的心理代价，现代化程度越高的地方，心理疾病的发病率就越高。

2. 性别不平等

家政服务员中，女性占绝大多数，家政是一个女性化的行业。在现实生活中，女性在各方面依然受到歧视，这影响着女性的心理健康。从事家政服务的女性中，有一部分来自外省市，她们在适应城市生活过程中会产生很大的心理压力，更需要调适心理。

3. 婚姻家庭不稳定

现代社会，越来越多的家庭功能社会化，个体越来越强大。当人们满足了基本的物质生活后，就会出现更高的精神生活需求。现代社会人们要求更高的婚姻质量，婚姻从传统的高稳定低质量向低稳定高质量过渡，婚姻家庭不稳定，直接影响人的情绪。而女性往往为家庭付出更多，对家庭的依赖也更多，家庭不稳定给女性带来的困扰更严重。

二、家政从业人员面临的心理压力

现代社会，每个职业都存在心理压力，家政职业特殊的心理压力与这个职业的特殊性有关。

1. 职业歧视

人人平等的思想在现代社会早已成为主流意识，家政也成为现代社会非常需要的职业，大多数家庭是能够平等地对待家政服务员的。但是，传统的意识形态依然存在，家政服务员在工作中受歧视也时有发生，有些人依然把家政服务员视为佣人。家政服务员首先应该有足够的心理准备，受到歧视时要冷静对待。

2. 频繁更换工作环境

家政服务的流动性很大，经常需要更换雇主。不同的家庭有不同的生活方式和习惯，每更换一个家庭，家政服务员就要了解和适应新家庭的生活方式和习惯，根据新雇主的要求，学习新的技能。每进入一个新家庭，陌生人之间需要建立信任才会有安全感，家政服务员需要观察了解，主动沟通，让雇主接纳自己，努力建立良好的关系。经常更换工作环境，需要家政服务员有良好的适应能力。

3. 家政行业内的竞争

目前家政的中介服务还在起步阶段，尚不规范，供需信息不对称，大多数家政服务员不信任中介机构。一些外来家政服务员进入涉外家政领域，对本地涉外家政服务员是一个很大的挑战。

4. 劳动保障

家政行业是一个比较特殊的行业，需要一些相应的劳动保障机制。但是目前法定的劳动保障机制尚未建立，推行的家政保险也只是一种补救性的措施。家政服务员一旦在工作时出现意外，在赔偿问题上很容易引起雇主与家政服务员的矛盾，这对雇主和家政服务员都是一种心理压力。

 学习单元3　家政服务员的心理调适

 学习目标

➤了解健康的职业心态

➤熟悉心理调适的方法

➤掌握积极的沟通方式

 知识要求

一、建立健康的职业心态

1. 克服自卑心理

自卑心理是从事家政服务女性的普遍心理。自卑心理是家政服务员建立健康的职业心态的最大障碍。克服自卑心理，家政服务员首先要接纳家政工作。有些家政服务员虽然选择了家政职业，但是内心并不认可这份工作，陷入了自相矛盾的状态，这很容易造成心理问题，也不可能有愉快的心态。

其次，家政服务员还要接纳自己。有些家政服务员并不接纳家政职业，于是也无法接纳自己，在潜意识里，他们自己也把这份工作看作是"下人""佣人"，自卑自弱，又特别敏感。家政服务员更需要有一份自信从事家政工作。

2. 敬业精神

家政工作是一份职业，家政服务员不仅需要健康的职业心态，还必须要有敬业精神，尤其是高级家政服务员。与中、初级家政服务员不同的是，高级家政服务员要提供更好的服务，无论是职业技术还是职业态度上，都必须上一个台阶，所以没有敬业精神，是不可能成为一名真正的高级家政服务员的。高级家政服务员要有钻研精神，不断学习新技术，提供新服务。要主动研究雇主，发现雇主的需求，以高质量的服务满足雇主的需求。

高级家政服务员的敬业精神还表现在良好的职业形象上，提供规范的服务，使用服务性行业的规范用语，工作时穿着要职业化，而不是随便的居家状态。高级家政服务员是家政行业的领头羊，要有使命感和敬业精神，为家政行业的发展发挥特殊的作用。

3. 职业目标

高级家政服务员在职业上应该有更加自信的态度，要有更加理性的思考和不断进取的精神，要有明确的职业目标、正确的自我定位。一个高度现代化的社会是一个专业化的社会，高级家政服务员应该向专业化方向发展，不断提高自己的专业化程度，打造自己的服务品牌。

高级家政服务员在提供服务时应该是有选择的，应该有自己的特色品牌，然后寻找合适的雇主，提供一流的服务。高级家政服务员要树立自己的品牌，首先要对整个家政市场做调查研究，进行市场细分，了解各种雇主的特点和需求。其次要分析自己的优势和特点，然后根据自己的实际情况进行市场定位。所谓市场定位，就是选择最适合自己的服务对象进行深入研究，专门为这样的雇主提供服务。品牌服务是一个发展方向，是努力的目标。

二、提高沟通能力

1. 保持平和的心态

家政工作是服务性行业，工作时不可避免地要与人进行沟通。沟通能力是家政服务员的基本素质，高级家政服务员应该具备比较强的沟通能力，能与各种雇主建立良好的人际关系，心情愉快地提供服务。

良好的沟通能力是建立在良好的情绪基础上的，高级家政服务员必须具备比较强的心理调适能力和情绪控制能力。首先，家政服务员要了解自己内心的感受。家政服务员的社会处境和职业性质，使其内心有很多负面的情绪，这些情绪处理不好，很容易影响与雇主的良好沟通。

自信的人心胸比较豁达，不会拘泥小节，能够以坦然之心就事论事地处理问题；自卑的人比较敏感，容易产生猜疑，很容易把雇主合理的要求也当作歧视，而不敢或不愿进行正面的沟通，这样很容易产生误会。所以家政服务员应该自信一点，人有自信就会心态平和，看事情就比较客观公正，就能减少不必要的误会。人有自信，遇到歧视就不会很激动，就会有能力面对歧视，化解矛盾。

2. 宣泄不良情绪

无论是在工作中或生活中，当负面情绪出现时不应该压抑，而是适当地宣泄。

（1）哭泣。一个人出现负面情绪时，体内就开始分泌有毒的物质，当人们感到痛苦、伤心、委屈时就想哭泣，这是人本能的自我保护行为。因为哭泣时眼泪会把体内的有害物质带出体外，所以哭泣其实是一种排毒方法，同时更是一种情绪宣泄的方法。值得注意的是，哭泣也需要注意场合和时机，不能动不动就哭泣，哭泣时依然需要控制情绪，号啕大哭会影响周围人，需要注意场合。

（2）倾诉。家政服务员常常会感到很孤独、苦闷，这时应该找人倾诉。倾诉的过程也是宣泄不良情绪的过程。倾诉时人若处于开放状态，就容易得到外援，使自己更有力量渡过难关。找同行倾诉是最能够得到理解的，所以家政服务员应该经常互相倾诉，互相支持，缓解心理压力。

（3）社会支持。家政服务员要学会利用社会资源，出现心理问题时可以请求专家帮助；遇到心里苦闷一时找不到人倾诉，也可以打心理热线，找心理专家倾诉。

另外，还有一部分家政服务员正处于更年期，情绪容易波动，更需要关注自己的心理健康，处理好自己的情绪问题，保持积极的人生态度。

3. 主动沟通

专家对家政服务员的一项调查研究发现，大多数家政服务员与雇主发生矛盾时，不是努力与雇主沟通而是拂袖而去，以这种方法维持自己的尊严。其实这是回避问题而不是解决问题的态度。

家政服务员与雇主的沟通有一些敏感区，需要特别小心，如工资待遇问题、用餐问题等。只要家政服务员提出的要求是合理的，大多数雇主是能够接受的，雇主一般不会因为家政服务员提出要求就解雇家政服务员，除非雇主本来就有这个意愿。家政服务员应该有更好的心态和更好的沟通技巧为自己争取合法权益，态度要诚恳、说理要透彻、语言要委婉。

主动沟通是需要有一份自信的，家政服务员的自信来自于对家政工作的认同、自豪感和敬业精神，来自于自我接纳和自尊，来自于开阔的胸怀和宽容的态度，来自于娴熟的服务技巧，所以，良好的沟通能力需要提高各方面的综合素质。

三、为特别雇主服务

现代社会人们普遍处于高度心理压力状态，心理疾病已经成为现代人的高发病。家政雇主中肯定有一部分心理状态不太好，甚至是心理不健康的人，称为特别雇主。遇到这样的雇主，对家政服务员是一项很大的挑战。

1. 强迫型

强迫型人格最大的特点是追求完美，过分注重细节，意志坚强。这样的人往往对自己很苛刻，对别人也很苛刻，常常会把自己的意志强加给别人，这是一种自己不快乐也不会让别人快乐的人。

具有强迫倾向人格的雇主对家政服务员会有很高的要求，不放过每一个细节，有些雇主甚至会用雪白的餐巾纸检查家政服务员的清洁工作，经常批评家政服务员。应对强迫倾向人格雇主的关键是耐心，家政服务员不要特别在意雇主的批评，因为这样的雇主提出的意见和批评大部分往往不是家政服务员的问题，而是雇主自己的问题，这类雇主需要的是完美，而世界上没有完美的东西。对于强迫倾向人格雇主的批评，不必紧张，也不要自责，为强迫型雇主服务的家政服务员需要特别的耐心和坚韧。

2. 冲动型

冲动型人格最大的特点是精力旺盛，直爽热情，情绪兴奋性高，心境变化剧烈，脾气暴躁，难以自我克制。冲动型人格的人很难相处，一旦冲动起来非常伤害人。

冲动型人格的人不一定是不善良的人，很多冲动型人格者不冲动的时候是很容易相处的，平时对家政服务员很客气、很宽容，也很关心家政服务员，但一旦冲动起来就翻脸不认人，口不择言，态度凶狠。而且冲动的原因多半不是家政服务员的问题，而是自己的情绪问题，冲动过后又会诚恳地道歉。

应对冲动型人格雇主的关键是划清界限，当雇主冲动时，家政服务员要与雇主保持距离，任其发泄自己的情绪。家政服务员不要主动把雇主的情绪与自己联系起来，可以怀着同情之心对其宽容而不使自己受到伤害；当雇主事后道歉时，也不要期望其行为的收敛，道歉只是为下一次的发泄作铺垫，对此要有足够的心理准备。为冲动型雇主服务的家政服务员需要有坚强的个性和自信的心态。

3. 自卑型

自卑型人格特点是敏感、多虑，大多比较内向，比较在意细节，比较容易受到伤害，因为这类人有想法总是藏在心里，受了伤害别人也不易觉察，自己也不会主动表达，所以周围的人都不太明白其内心真实的想法。

自卑型人格雇主因为内心常有不安全感，所以有比较强的自我保护意识，总是在提防别人，会与家政服务员保持一定的距离。其信任能力比较低，需要比较长一点的时间与家政服务员建立信任，而且很可能会用各种方式考验家政服务员；另外，因为自卑的缘故，比较在意家政服务员的态度，遇事喜欢猜疑，很容易引起误会。

应对自卑型雇主的关键是尊重和主动，帮助雇主建立安全感，沟通就会比较容易些。要特别注意自己的服务态度，讲话、做事尽量照顾到雇主的情绪，要以特别尊重的态度主动了解雇主的想法，遇到异常情况主动与雇主沟通，把误会消灭在萌芽状态。在尚未建立信任期间，要以坦然的态度应对雇主的猜疑和考验，以简单透明的方式行事，减少不必要的猜疑。为自卑型雇主服务的家政服务员需要宽容和坦然。

四、争取家庭支持

家政行业是服务性工作，需要有一种良好的心态去从事这项工作，而家政服务员由于特殊的社会处境，内心有很多的苦恼和压力，特别需要心理支持。家政行业的组织体系尚需完善，家政服务员得到的社会支持相对有限，所以家政服务员需要利用好家庭的资源，争取家庭成员的支持特别重要。女性家政服务员要把与丈夫的沟通作为提高沟通能力的第一步，将从中领悟的东西用于工作中，不断提高自己的沟通能力。夫妻沟通是一门艺术，良好的沟通要遵循以下几个原则：

1. 沟通时间

每天下午5点到7点是一个人生理节律的低潮，再加上工作了一天很疲劳，还没有吃晚饭，人的能量处于低状态，很难思想集中地讨论问题，所以重要的事情、不愉快的事情应避免在这段时间沟通。晚上8点以后，人的生理节律又从低潮到高潮，此时人得到了休息，补充了能量，精神就处于良好状态，沟通就会比较容易，所以夫妻应尽可能在这段时间进行沟通。

2. 沟通人称

夫妻沟通尽可能用第一人称，讲"我怎么样……"不会得罪对方，讲"你怎么样……"比较容易得罪对方。在生活中受到对方伤害时，用第一人称表达自己的内心感受是最安全、最好的沟通方式。如果不表达，对方不一定知道，下次照样伤害你；如果用第二人称表达"你怎么样……"，对方就会感觉受到指责，产生逆反心理，阻碍不良行为的纠正。所以日常生活中应尽可能用第一人称进行沟通。

3. 沟通气氛

良好的气氛会让人产生良好的心理感觉，帮助人们进行良好的沟通，家庭的气氛是和睦关系的催化剂，要有意识地在平常生活中去营造良好的气氛。营造气氛有很多方法，比如调整家具的摆放，给家产生新的感觉；精心安排家庭纪念日，给对方惊喜；互赠小礼品，让爱意不停地传递，夫妻之间的礼品不在于贵重而在于经常出现。

4. 特殊沟通

更年期是女性生命中特殊的阶段，夫妻之间需要特别的沟通。更年期是女性正常的生理过程，女性要有坦然之心正确面对，凡有严重"症状"的要就医。更年期过渡得好不好与丈夫很有关系，因为更年期妇女情绪容易波动，在公共场合比较注意控制，回到家里就会放松，所以更年期妇女会比较容易向丈夫发火。丈夫如果能够宽容和理解，妇女就会得到安慰，如果不宽容和理解，就容易发生夫妻间的冲突。更年期妇女应该主动与丈夫沟通，争取丈夫的理解和关心。

5. 强烈沟通

吵架是夫妻间常有的事，夫妻吵架是强烈沟通的一种方式。通过这种深层次的交流来明白对方的真实想法，最终达成默契，所以夫妻吵架也有积极的一面，但要遵循以下几个原则：

（1）不要当着外人的面吵架。中国文化很讲究内外有别，当着外人的面吵架意味着破坏对方的社会形象，很容易导致矛盾激化。所以吵架如果吵到对方的单位去，不仅不解决问题，反而会使矛盾升级，更难以化解。另外，有些妇女一吵架就回娘家，让娘家人卷入夫妻争端，夫妻和好比较容易，娘家人与丈夫和好就比较难，搞不好他们会成为一种潜藏的破坏动力。所以夫妻吵架应该尽量保持在两个人的范围内，问题严重，没有能力应付时才寻找外援。

（2）一次清算。在日常生活中，当一个人受到伤害时一般不会马上发作，总是忍耐，一个人的宽容度就像一个容器，等到容器满了就需要倾倒，所以夫妻会周期性吵架。吵架实际上是一种清算，清算得越彻底，吵架的周期就越长，清算得不彻底，吵架的周期就会短。所以吵架时凡是受到的伤害都需要清算一遍，所有的"账"只算一遍，算完以后就把它忘掉。遗忘是一种获得幸福生活的能力，一个乐观的人是把开心的事情记住了，把不开心的事情忘掉了；一个悲观的人正相反，把开心的事情忘掉了，把不开心的事情记住了。

吵架只是不良情绪的宣泄，当处理完情绪之后，夫妻必须坐下来谈判，公平、合理地商讨一个解决问题的方案，并把它记录下来。方案出来意味着已经找到了双方都认可的解决问题的方法，方案出不来，意味着双方没有能力排除之间的障碍，还会继续为这件事吵架。在漫长的婚姻道路上出现问题并不重要，重要的是有没有能力解决问题。

（3）不说绝情话。俗话说"吵架无好话"，人在情绪激动时往往无所顾忌，事后那些伤人的话让双方难以和解。所以吵架时声音响一点、态度凶一点都没有问题，但是不能口无遮拦，绝情的话不能说，尤其是女性，大多是刀子嘴、豆腐心。绝情的话是很伤感情的，伤害容易补救难，吵架时也应该注意避免。

（4）不争输赢。吵完架后，有些夫妻互不理睬，感觉谁先开口谁就输掉了，这是打冷战，打冷战比吵架更伤感情，因为冷战时间一长，互相就越来越陌生，沟通更困难。所以夫妻吵架不要争输赢，谁先摆出和解的态度谁就是更有智慧者。

第3节 法律常识

 学习单元1 《未成年人保护法》常识

 学习目标

➤了解《未成年人保护法》的内容
➤掌握家政服务员应注意的相关问题

 知识要求

一、未成年人的权利

"未成年人"是一个特定的法律概念，与平时常见的"少年""青年"等概念是不完全相同的。《中华人民共和国未成年人保护法》（以下简称《未成年人保护法》）第2条规定："本法所称未成年人是指未满18周岁的公民。"这里的"未满"不包括18周岁本身；"公民"是指具有中华人民共和国国籍的人，不包括外国人和无国籍的人。因此，从刚出生的婴儿至18周岁以内的任何一个年龄层的公民，不论其性别、民族、家庭出身、文化程度、智力、精神健康状况如何，都属于"未成年人"的范畴。

未成年人作为公民的一部分，享有如下人身权利：生命健康权、姓名权、肖像权、名誉权、荣誉权、隐私权、受抚养权。

二、未成年人保护

1. 未成年人的家庭保护

家庭，是以婚姻或血缘关系为基础的一种社会生活组织形式。家庭保护是成年家庭成员，主要是父母所享有和承担的对未成年的家庭成员在人身和财产等各个方面的权利义务和责任。家庭中的其他成年人有协助未成年人父母或其他监护人教育、保护未成年人的责任。《未成年人保护法》为家庭成员提供了法律依据。

家庭保护的重要地位是由家庭在社会生活中的地位决定的。家庭是社会的细胞，是未成年人踏入社会的第一个群体，未成年人社会化的关键时期是在家庭中完成的。未成年人性格、道德品质、理想、情操的形成，都是与未成年人父母的教育和家庭环境的熏陶相关的。每个人首先是在家庭中学会和掌握社会的基本行为方式和生活习惯。因此，家庭保护的缺失，会导致未成年人身心发展的严重缺陷，易于造成未成年人智力迟钝、行为不端，而且身心严重缺陷是导致未成年人犯罪的重要原因之一。家庭保护的重要地位还体现在如果家庭教育不当，将对未成年人的健康成长产生消极影响。家庭的破裂，家庭成员的冷酷无情、不择手段、唯利是图等，往往是青少年不良品格、性格得以产生的土壤。因此，家庭具有塑造未成年人性格的功能。

家庭保护的主要内容有：对未成年人的监护和抚养；尊重未成年人受教育的权利；以健康的思想、品行和适当的方法教育未成年人，引导未成年人进行有益于身心健康的活动，预防和制止未成年人违法犯罪。

具体而言，涉及以下内容：

（1）关心未成年人的日常活动和社会活动，不要让未成年人饮酒、吸烟，不得让未成年人接触不适合他们的视听读物，不要让他们进入不适合青少年的活动场所。

（2）教育未成年人遵纪守法，发现他们逃学、逃夜，应及时寻找，耐心教育；发现有人诱骗、胁迫、教唆青少年违法犯罪时，应及时向公安、司法机关报告。

（3）关心未成年人青春期的生理和心理变化，并及时给予指导，发现青少年早恋，要教育、疏导和劝阻，并注意方式方法。

（4）要学习掌握教育未成年人的科学方法，对未成年人不应溺爱、放任，也不得辱骂、体罚。如果没有监护措施，不得让未成年人分户独居。

（5）不得纵容、教唆未成年人进行违法犯罪活动，不得包庇他们的违法犯罪事实。

特别需要指出的，生父母对其非婚生子女，继父母对受其抚养的继子女，养父母对其

养子女，离婚父母对其子女，都必须依法履行抚养、教育、保护的义务，不得歧视、虐待或者遗弃。如果父母离婚后，抚养方不适宜继续抚养子女，另一方可向原受理机关提出变更抚养的请求，经调解不成的，由人民法院裁决。

2. 未成年人的学校保护

对未成年人的学校保护是指学校及其他教育机构按照法律、法规对未成年学生所实施的专门保护。根据《未成年人保护法》的立法精神，这里所说的学校应当包括普通中、小学，各种中等职业技术教育学校，特殊教育学校（如聋哑学校），工读学校，各种招收未成年人的文艺、体育学校等，还包括一些举办少年班，对具有特殊天赋的未成年人进行高等教育的高等学校。此外，幼儿园对儿童实施的教育属于学前教育，与学校教育有着十分密切的联系，因此，《未成年人保护法》把幼儿园也列入了学校保护的范畴。这意味着学校保护的对象主要包括三类未成年人：第一类是在幼儿园接受学前教育的儿童；第二类是在各级各类学校接受教育的未成年学生；第三类是未入学或流失辍学，但依照《中华人民共和国义务教育法》等法律、法规应当入学的未成年人。这些未成年人的年龄大致在3~18周岁之间。学校保护的内容也是相当广泛的，不仅仅是平常大家所认为的受教育权，学校对未成年人的人身权等也负有保护义务。

3. 未成年人的社会保护

社会保护是指在社会生活环境中对未成年人实行的保护。它主要包括以下三个方面的内容：

（1）动员全社会力量，共同关心未成年人的健康成长。社会保护是对未成年人保护不可或缺的一个重要方面，这里指的"社会"是除家庭、学校之外的国家机关、武装力量、政党、社会团体、企事业组织、城乡基层群众性自治组织和其他成年公民。由于社会环境比未成年人所在的家庭环境和学校生活环境相对复杂，因此要求社会上每一个部门、每个成年公民都要从多方面对未成年人进行保护，以利于他们身心的健康成长。同时，社会保护要与家庭保护、学校保护联合起来形成一张保护网，共同发挥作用。

（2）防止各种危害未成年人健康成长的行为。未成年人具有强烈的好奇心，对新鲜事物接受很快，同时未成年人又有极强的模仿能力。要防止社会上的一些不良因素诱发未成年人犯罪，危害未成年人的健康成长，就必须对那些直接或间接的诱因进行必要的限制，以铲除不良行为对未成年人的影响。

（3）给未成年人创造一个优良的社会环境。全社会都要努力为未成年人提供健康向上，具有丰富多彩的娱乐性和知识性的社会活动场所。对于孩子参加的社会实践活动，要给予积极引导，提高未成年人的鉴别能力和自我保护能力。

4. 未成年人的司法保护

未成年人的司法保护，是指司法机关依照法律的规定，根据未成年人的年龄、心理和社会认知程度等特点，在司法工作中对未成年人给予特别的教育、帮助和扶持的一种国家职能的保护。法院、检察院、公安机关都属于司法机关。这些机关代表国家行使职权，它们在工作中对于未成年人的保护具有重要的责任，是一种国家职能的保护。

未成年人的司法保护，主要包括以下三个方面的内容：

（1）依法制裁侵犯未成年人合法权益的违法犯罪行为。未成年人处于身心发展的重要时期，各方面还不够成熟，与成年人相比较，自我保护能力差，其合法权益容易受到侵犯和损害。对于未成年人合法权益的保护，除了要依靠全社会的力量共同发挥作用，通过司法机关依法制裁侵犯未成年人合法权益的违法犯罪行为，具有特别重要的意义。

（2）对于违法犯罪的未成年人坚持教育为主。在公安机关、人民法院、检察机关和监狱的工作中，实行教育、感化、挽救的方针，坚持教育为主、处罚为辅的原则，对于违法犯罪的未成年人应当从宽处罚。由于未成年人可塑性强，违法犯罪的主观恶性不深，易于教育改造，因而在处理上要从促进未成年人的健康成长出发，加以特别保护。

（3）在处理民事案件中注意保护未成年人的合法权益。人民法院审判民事案件，不论是处理抚养、继承案件，还是处理离婚案件，对于未成年人应有的权利和利益，要依法保护，不能忽视。

三、家政服务员应注意的相关问题

1. 维护未成年人的身心健康和安全

由于计划生育政策的执行，现代家庭独生子女的比例增加，很多孩子是家中的小太阳甚至是小霸王，有的养成了一些坏毛病。家政服务员在与儿童一起时，对儿童的任性、不礼貌，甚至让人不能容忍的缺点和错误，应该耐心引导、教育，实在不起作用时，可以交给他的家长，由家长对其约束、管教。要始终记住一句话"孩子永远是孩子"，应该允许孩子犯错误，切记不可吓唬、打骂，要维护儿童的身心健康，因为儿童的身体和心理的发育都没有成熟，有些方面还非常稚嫩，经不起大强度的恐吓、责骂等不当行为。如果因为家政服务员的不当行为给未成年人造成损害，家政服务员当然要承担相应的责任。另一方面，对儿童的不良行为也不能听之任之，这也是不恰当的。现实中曾有极端的案件，小保姆带着主人家的幼儿一同消失了，原来小保姆和人贩子有勾结。这显然是刑事犯罪，罪犯当然要受到法律的严厉惩罚。

家政服务员带雇主家的孩子外出游玩时，要遵守交通规则，要避免孩子受到意外伤害。在公园、动物园等流动人员稠密的地方，家政服务员要紧拉孩子的手，避免走失，更

不能把孩子放到一个地方让其自己玩而自己去干私事。坐汽车、乘电梯的时候，家政服务员要拉紧或者抱紧孩子，防止意外伤害事故发生。

家政服务员与孩子单独在家时，对突然敲门的陌生人，不能给其开门。对方如果有事，请他给主人打电话或者等主人在家时再来，这样可以避免一些坏人的袭击。做到这些就可以最大限度地维护未成年人的利益和人身安全。

2. 不能侵犯未成年人的肖像权

家政服务员在雇主家会有机会接触到未成年人的照片。有时，服务员可能会和雇主及其家人一起合影。服务员得到的雇主家人的照片应好好保存，不能为谋取利益卖给别人，使人为了营利把照片作为宣传广告或者制作货物的外包装等。未成年人的肖像权应该受到保护，侵害这些权利要承担法律责任。曾有案例：小兰是知识分子王教授的家政服务员，在王教授 5 岁的女儿王某过生日时拍摄了一张生日照片，照片效果不错。小兰私自把得到的王某的照片送给一家蛋糕店老板做广告。后来，王教授发现女儿的照片被制作成了广告，向蛋糕店要求停止对女儿肖像权的侵害并赔礼道歉，法院支持了王教授的主张。在这个案件中，小兰也是有责任的。小兰对合影中王某的肖像没有处分权，她的行为是违法的。

3. 尊重未成年人隐私

在为雇主服务的过程中，家政服务员对知悉的雇主及其家人的各种私人信息、私人活动或者私人空间等有保密的义务，除非该隐私侵害了公共利益。对雇主的东西不能随便翻看。比如，家政服务员了解的雇主家庭成员中的未成年人的身体状况、残疾情况、特殊的嗜好及其年龄、家庭收入状况、各种社交关系、商业秘密、通信秘密等，只要这些情况不损害公共利益，就应该受到保护。家政服务员在工作中了解、掌握的这些信息，不论出于什么目的，不论善意或者恶意，都不能以任何方式公开。

家政服务员不得私自隐匿、毁弃、开拆雇主家庭成员的信件，特别是未成年人的信件。现代社会由于生活水平的提高、社会传媒的影响，未成年人比上一代早熟，他们的信函、e-mail 内容、手机短信的内容等，家政服务员都不要主动了解、询问，更不能把了解到的相关信息到处宣扬。

由于科学技术的发展，出现了获取他人信息的先进的技术设备，一些偷窥设备如针孔摄像机，具有摄像功能的手机，还有其他一些监听设备。这些技术如果被心术不正的人利用，会严重侵犯公民的利益，这样的案件在生活中已经出现了。曾经有报道，某女士发现自己上厕所的姿势被人用手机偷拍，并将图片发到其手机上。还有的违法人员把微型针孔摄像机偷安在别人的卧室里，偷窥别人的私生活。这些都是违法甚至是犯罪行为。家政服务员首先不能用这种方法侵犯雇主的隐私权，同时也应该提高警惕，以免自己的隐私被别人用先进的设备窥视。

 学习单元2　《消费者权益保护法》常识

 学习目标

➤了解《消费者权益保护法》的内容

➤熟悉家政服务员应注意的相关问题

 知识要求

社会中每一个公民可以不从事生产或者经营，但他只要活着就必须消费，因而一定是个消费者。在市场经济建立、健全的过程中，保护消费者权益日益凸显出重要性和迫切性。

一、消费者享有的权利

1. 人身财产安全权

《中华人民共和国消费者权益保护法》（以下简称《消费者权益保护法》）规定：消费者在购买、使用商品和接受服务时享有人身、财产安全不受侵害的权利。该项权利是消费者最为重要的权利。这一权利包括两方面的内容：一是人身安全权。人身安全权是指消费者在进行消费活动时享有人身安全不受损害的权利，它属于人身权的重要组成部分。就消费者而言，只有在生命健康不受到危害的情况下，才能顺利进行消费活动，也才能进一步实现所享有的其他权利。所以说人身安全权是消费者最重要的权利。二是财产安全权。财产安全权是指消费者在进行消费活动时所享有的财产安全不受损害的权利。它不仅仅是指消费者购买、使用的商品或接受服务的安全，更重要的是指除此之外其他财产的安全。财产安全权是财产所有权的重要方面，是消费者最基本的权利。

2. 知悉真情权

《消费者权益保护法》规定：消费者享有知悉其购买、使用的商品或者接受的服务的真实情况的权利。

消费者的知悉真情权包括以下三方面的内容：一是有权向经营者询问有关商品和服务的情况，要求经营者做真实的回答；二是有权向生产者或销售者索取与商品和服务有关的真实资料，如产地证明书、使用说明书、合格证等；三是有权获得真实的广告信息。

3. 自主选择权

《消费者权益保护法》规定：消费者享有自主选择商品或者服务的权利。自主选择权是我国公民的自由权利在消费生活领域中的体现。

消费者享有的自主选择权包含以下四个方面的内容：一是消费者有自主选择提供商品或服务的经营者的权利；二是消费者有自主选择商品品种和服务方式的权利；三是消费者有自主决定是否购买商品或者是否接受服务的权利；四是消费者在自主选择商品或服务时，有进行比较、鉴别和挑选的权利。

4. 公平交易权

《消费者权益保护法》规定：消费者在购买商品或者接受服务时，有权获得质量保障、价格合理、计量正确等公平交易条件，有权拒绝经营者的强制交易行为。消费者公平交易是民商事交易平等、自愿、等价有偿、诚实信用原则的具体体现。

5. 损害求偿权

《消费者权益保护法》规定：消费者因购买、使用商品或者接受服务受到人身、财产损害的，享有依法获得赔偿的权利。消费者受到损害后的求偿权是消费者实现其他权利的保障，是法律对侵害消费者的行为的最终救济措施。

（1）消费者在购买、使用商品时，其合法权益受到损害的，可以向销售者要求赔偿。销售者赔偿后，属于生产者的责任或属于向销售者提供商品的其他销售者的责任的，销售者有权向生产者或者其他销售者要求赔偿。消费者在接受服务时，其合法权益受到损害的，可以向服务者要求赔偿。

（2）消费者在购买、使用商品或者接受服务时，其合法权益受到损害，原企业分立、合并的，可以向变更后承担其权利义务的企业要求赔偿。

（3）使用他人营业执照的违法经营者提供商品或者服务，损害消费者合法权益的，消费者可以向其要求赔偿，也可以向营业执照的持有人要求赔偿。

（4）消费者在展销会、租赁柜台购买商品或者接受服务，其合法权益受到损害后，可以向销售者或者服务者要求赔偿。

（5）消费者因经营者利用虚假广告提供商品或者服务，其合法权益受到损害的，可以向经营者要求赔偿。广告的经营者发布虚假广告的，消费者可以请求行政主管部门予以惩处。广告的经营者不能提供经营者的真实名称、地址的，应当承担赔偿责任。

6. 结社权

《消费者权益保护法》规定：消费者享有依法成立维护自身权益的社会团体的权利。消费者社会团体具有以下四方面的重要作用：一是对经营者提供商品和服务的行为进行监督；二是受理消费者投诉、调解、仲裁消费纠纷；三是作为媒介，广泛征求消费者的意见，沟通政府与消费者之间的联系；四是指导消费者的消费行为，对消费者进行权利意识的教育。

7. 获得有关知识权

《消费者权益保护法》规定：消费者享有获得有关消费和消费者保护方面的知识的权利。消费者的获知权是消费者的其他权利和利益得以实现的前提条件。

消费者的获知权主要包括两方面的内容：一是有关消费的知识。主要指有关商品、服务市场和消费心理等方面的知识。首先，消费者应当获取有关消费的知识以树立正确的消费观念，采取正确的消费方式，避免不良消费习气影响；其次，消费者应当获取有关商品和服务的基本知识以提高鉴定识别商品和服务优劣的能力，避免完全听信经营者单方的广告和宣传；最后，消费者还应获取有关市场的基本知识，了解市场机制的一般调节过程，正确引导自身的消费行为。二是有关消费者权益保护方面的知识。主要是指有关消费者权益保护的法律、法规和政策，消费者权益保护机构，以及消费者与经营者发生争议时的解决途径等方面的知识。如果缺少这方面的知识，消费者就不能树立权利意识，受到损害后也只会忍气吞声，不会利用法律或行政的手段来维护自身的利益。

8. 受尊重权

《消费者权益保护法》规定：消费者在购买、使用商品和接受服务时，享有其人格尊严、民族风俗习惯得到尊重的权利。这一权利包括两方面的内容：一是人格尊严受尊重权；二是民族风俗习惯受尊重权。

9. 监督权

《消费者权益保护法》规定：消费者享有对商品和服务以及保护消费者权益工作进行监督的权利。这一规定包括两方面的含义：一是消费者有对商品和服务进行监督的权利；二是消费者有对保护消费者权益工作进行监督的权利。

二、消费纠纷的解决途径

根据《消费者权益保护法》第34条规定，消费者和经营者发生的权益争议有以下五种解决方法：

1. 与经营者协商和解

消费者与经营者双方在平等自愿的基础上，互相交换意见，协商解决权益争议。这种方式具有速度快、履行率高等特点，如果经营者讲信誉、讲质量，或者纠纷的标的额比较小，用这种方式解决比较快，结果也比较圆满。采用这种方法的途径是：消费者在其权益受到侵犯时，带上有关证据，如货物发票、受损的证据、医疗证明、残骸碎片等，到经营者的单位，与其负责人或主管解决纠纷的部门进行协商，提出自己的意见和要求。如果经营者觉得消费者提出的意见合理，就会接受并给予相应的赔偿。如果经营者觉得消费者的要求过高，就会要求消费者降低其赔偿请求，当双方的意见达成一致后，这个权益争议也就解决了。目前，许多经营单位都建立了为消费者服务的机构和规章制度，越来越重视对消费者权益的保护，协商和解这种方式将越来越普及。但是，这种方式有一个缺点，就是缺少强制性的约束，经营者承担责任与否完全出于自愿，如果经营者无视法律的规定，就容易发生推诿、应付的情况。

2. 请求消费者协会调解

消费者协会是专门保护消费者利益的群众性组织。在消费者利益受到侵害时，其有职责受理消费者的投诉，并对投诉事项进行调查，调解也是其一项重要职能。调解的优越性在于，一是办事快，二是花钱少，三是有利于双方保持友好关系。消费者协会在进行调解的过程中必须遵守两项原则，一是自愿，二是合法。自愿是指调解的进行要有双方当事人明确同意，不能强迫任何一方当事人强行进行调解，并且调解最后是否达成协议也取决于双方的自愿，他人不得替代和强迫。合法原则是指调解必须以事实为根据、以法律为准绳，不得损害国家、集体和他人的合法权益。

3. 向有关行政部门申诉

消费者与经营者发生争议后，在与经营者协商得不到解决时，可以直接向有关行政部门申诉，这种方式具有高效、快捷、力度强等特点。

目前国家没有专门的消费者权益保护政府机构，但是许多部门实际上履行着保护消费者合法权益的职能。保护消费者的行政机关主要有工商、物价、质量技术监督、商检、医药、卫生、食品监督等机关。消费者在向有关行政部门申诉时，应依照商品和服务的性质向有关职能部门投诉，不能向其他行政机关申诉。如消费者买到变质的食品，应当向食品卫生监督机关进行申诉。有关机关在接到材料后，应当迅速进行调查，对经营者的违法行为，除责令其赔偿消费者的损失，还应给予相应的行政处罚。

4. 提请仲裁机构仲裁

仲裁，是指各方当事人根据已达成的仲裁协议，将案件提交有关仲裁机构进行裁决的活动。仲裁具有以下特点：一是自愿性。是否提交仲裁完全取决于当事人的意思，当事人将争议提交仲裁机构时要有书面达成的仲裁协议。如果没有仲裁协议，仲裁机构不受理案件。二是自主性。当事人在仲裁协议里可以自主选择要提交的仲裁机构，双方可以各指定一名仲裁员，另外一名仲裁员由仲裁委员会主任指定。三是终局性。当事人在仲裁庭的主持下先进行调解，如果调解后达成协议，则仲裁程序结束，如果调解后达不成协议，则由仲裁机构作出裁决。仲裁机构的调解协议和裁决书有终局效力，当事人必须履行。否则，另外一方当事人可以向人民法院提出申请，要求强制执行仲裁机构的裁决。仲裁有特殊性，既具有自愿性的一面，又具有强制性的一面，兼有司法和行政的双重性质。

5. 向人民法院提起诉讼

向法院起诉是解决消费争议的司法手段。在消费者向人民法院起诉后，人民法院代表国家对案件行使审判权，依法对消费纠纷案件进行裁决，以解决双方当事人的争议，维护当事人的合法权益。

三、家政服务员应注意的相关问题

1. 为雇主购物之后应该索要发票

法律规定，只要消费者索要发票，不论数额多少，商家都要开具发票。这样的规定可以保证国家的税收，防止商家偷税、漏税；另外，在消费者和商家发生纠纷时能够有书面证据；同时，索要发票可以向雇主交清账目，俗话说"亲兄弟，明算账"，有发票可以避免雇主对家政服务员的误解。

2. 有自主选择商品的权利，不受商家的强迫

此时的家政服务员处于消费者的地位，其人身自由、权利受《消费者权益保护法》的保护，如不能被强迫搜身。据某报报道，家政服务员小何为雇主去某超市购物，出来时被保安叫住，怀疑她偷了东西，并在众人面前强迫她脱掉外衣跳动，看有无东西掉出来。最后，没发现任何东西，保安才说："对不起，你可以走了。"小何受到极大的刺激，一直情绪低落，觉得自己的人格受到了侮辱。经朋友提醒，小何向法院起诉，状告超市侵犯了消费者的人格尊严和名誉权。最后，法院判决该超市向小何公开赔礼道歉，并赔偿精神损失费。

3. 有自我保护的知识和技能

购物时，家政服务员应该认清商品的品种、品牌，避免购买假冒伪劣的商品。另外，要看清生产日期，不买超过食用期限或者即将到食用期限的商品。如阜阳奶粉事件，其原因一是商家的违法经营，二是消费者不能辨认商品的真伪，缺乏自我保护的知识和技能。家政服务员在雇主家使用商品或者为雇主购买商品时，都应该认真、细致，根据《消费者权益保护法》的规定维护雇主的利益。

学习单元 3　《食品卫生法》常识

 学习目标

➤了解《食品卫生法》的内容
➤掌握家政服务员应注意的相关问题

 知识要求

一、食品的卫生

《中华人民共和国食品卫生法》（以下简称《食品卫生法》）规定，食品应当无毒、无害，符合应当有的营养要求，具有相应的色、香、味等感官性状。

专供婴幼儿的主、辅食品，必须符合国务院卫生行政部门制定的营养、卫生标准。婴幼儿食品是指满足婴幼儿正常生长发育所需的食品。主食品系指含有婴幼儿生长发育所需的营养素的主要食品。辅食品是根据婴幼儿生长发育的不同阶段对各种营养素需求的增加，而添加、补充其他营养素的辅助食品。

专供婴幼儿的主、辅食品必须符合国务院卫生行政部门制定的营养、卫生标准和管理办法的规定，其包装标识及产品说明书必须与婴幼儿主、辅食品的名称相符。

二、食品添加剂的卫生

生产经营和使用食品添加剂，必须符合食品添加剂使用卫生标准和卫生管理办法的规定；不符合卫生标准和卫生管理办法的食品添加剂，不得经营、使用。

食品添加剂是指为改善食品品质和色、香、味，以及为防腐和加工的需要而加入食品中的化学合成或者天然物质。目前我国允许使用并制定有国家标准的食品添加剂有：防腐剂、抗氧化剂、发色剂、漂白剂、酸味剂、凝固剂、疏松剂、增稠剂、消泡剂、着色剂、乳化剂、品质改良剂、抗结剂、香料、营养强化剂、酶制剂、鲜味剂等 20 类。

三、食品容器、包装材料和食品用工具、设备的卫生

食品容器、包装材料和食品用工具、设备必须符合卫生标准和卫生管理办法的规定。

各种食品容器、包装材料和食品用工具、设备本身不是食品，但由于这类产品直接或间接接触食品，可能在食品生产加工、储藏、运输和经营过程中造成食品污染，或容器包装材料中有毒有害物质迁移到食品中，因此必须对这类产品的生产经营和使用进行严格的卫生管理。

食品容器、包装材料和食品用工具、设备的生产必须采用符合卫生要求的原材料。产品应当便于清洗和消毒。

四、法律责任

根据《食品卫生法》规定，生产经营不符合卫生标准的食品，造成食物中毒事故或者其他食源性疾患的，责令停止生产经营，销毁导致食物中毒或者其他食源性疾患的食品，没收违法所得，并处以违法所得1倍以上5倍以下的罚款。没有违法所得的，处以1 000元以上5万元以下的罚款。

生产经营不符合卫生标准的食品，造成严重食物中毒事故或者其他严重食源性疾患，对人体健康造成严重危害的，或者在生产经营的食品中掺入有毒、有害的非食品原料的，依法追究刑事责任。

五、家政服务员应注意的相关问题

家政服务员虽然不是食品的生产加工者，但是在雇主家做饭菜时，应该参照《食品卫生法》的规定，否则就是违法，造成损害要承担相应的责任。

1. 持证上岗

家政服务员必须身体健康，不能有间歇性精神病，不能有传染病。为保证服务员的健康，家政公司必须对家政服务员进行上岗前的体检和定期体检，否则，家政公司应该承担责任。没有经过家政公司，一般家庭直接聘用的保姆，也应符合以上的健康条件。否则，给雇主造成的损失，家政服务员应承担相应的赔偿责任。

2. 注意个人卫生

家政服务员在为雇主服务时必须始终保持个人卫生。做饭时洗干净手臂，穿好厨房专用的围裙，戴好工作帽、套袖等保护装，不要让头发垂到做的饭菜中。手指甲要勤剪，做饭菜时不可有搔头、挖耳、抠鼻子等不卫生的动作。不能随地吐痰、乱丢垃圾。

3. 不使用有问题的食材

做饭时发现原料腐败变质、生虫、污秽不堪、混有异物，或者有其他感官异常情况，都应该及时停止使用，并向雇主说明情况。已做成的饭菜也不能食用。

4. 定期消毒

雇主家的餐具、其他盛器和直接入口的食品的容器都应该清洗得干干净净，什么时候都应该保持整洁、卫生，并且应该定期消毒。

5. 制作食物不乱添加

除非传统既是食物又是药物的食品外，家政服务员不能在制作的饮食中添加药物或其他东西。如生活中有的厨师为了食品的独特风味，在制作的食物中添加一些中药以增加食物的麻、辣、酸、香味，这是违法的，家政服务员不能这样做。

做饭菜时，因为故意或者过失违反《食品卫生法》的规定，给雇主造成食物中毒或其他食源性疾病的，家政服务员应该依照民法的规定承担相应的民事责任。

第4节 实用英语

 学习单元1 购物需求交流

 学习目标

➢掌握购物场景中的常用单词及词组

➢熟悉并运用购物场景中的基本句型

 知识要求

一、情景对话

A：Good afternoon，Wang.

下午好！小王。

B：Good afternoon，Mrs. ××.

（某夫人）太太下午好！

A：Can you do shopping for me this afternoon?

今天下午你能为我去买些东西吗？

B：Yes，I can.

可以。

A：All right，please get some vegetables.

那好，请帮我买点蔬菜。

B：Okay，what vegetable?

好的，哪些蔬菜？

A：Four cucumbers and six onions.

买四根黄瓜和六个洋葱。

B：Anything else?

还要其他东西吗？

A：Yes，I want some apples.

是的，我还想要一些苹果。

B：Okay. How many（apples）do you want?

好的。要买多少？

A：One kilogram.

就买1千克吧。

B：I see.

知道了。

二、单词

1. 水果（fruit）

apple 苹果 banana 香蕉 orange 橙子 pear 梨 watermelon 西瓜
grape 葡萄 pineapple 菠萝 lemon 柠檬 mango 杧果 strawberry 草莓
cherry 樱桃

2. 蔬菜（vegetable）

cabbage 卷心菜 cucumber 黄瓜 celery 芹菜 onion 洋葱 pea 豌豆
corn 玉米 cauliflower 花菜 broccoli 西兰花 tomato 番茄 potato 土豆
mushroom 蘑菇   carrot 胡萝卜

3. 主食（staple）

rice 米 fried rice 炒饭 noodle 面条 dumpling 饺子、馄饨 steamed bread 馒头

bread 面包

4. 调味品（seasoning）

spring onion 葱　ginger 姜　garlic 蒜　chili 辣椒

oil 油　salt 盐　sugar 糖　soy sauce 酱油　vinegar 醋　pepper 胡椒粉

flour 面粉　starch 淀粉

5. 时间

morning 早晨　noon 中午　afternoon 下午　evening 晚上（good night 晚安）

today 今天　yesterday 昨天　tomorrow 明天　the day after tomorrow 后天

6. 量词

gram 克　kilogram 千克

7. 其他

supermarket 超市　　market 菜市场　　department store 百货公司

invoice / bill 发票/账单

8. 肉类（meat）

chicken 鸡肉　pork 猪肉　beef 牛肉　fish 鱼

9. 乳制品（dairy）

milk 牛奶　yogurt 酸奶　butter 黄油　cheese 芝士，奶酪　egg 鸡蛋

10. 日用品（daily necessities）

washing powder 洗衣粉　softener 柔软剂　collar cleaner 衣领净

kitchen liquid 洗洁精　rubbish bag 垃圾袋

三、常用词组

go shopping 购物

四、句型

1. I will go shopping for you，what do you want to buy? 我要去购物了，您想让我买些什么？

2. How many/much do you need? 要买多少？

3. When are you going to the supermarket? 你打算什么时候去超市？

五、课文注释

* 可数名词（如蔬菜类的 cucumber，potato，tomato；水果类的 apple，orange、ba-

nana 等）用 many 提问，不可数名词（如液体类的 milk，water 等）用 much 提问。

 学习单元 2 健康情况问候

 学习目标

➤掌握与健康有关的常用单词及词组

➤熟悉并运用询问类基本句型

 知识要求

一、情景对话

B：You don't look very well, Mrs. ××.

　　太太，你今天看上去气色不大好。

A：Yes，I got a fever.

　　是的，我发烧了。

B：Do you need me to take you to the hospital?

　　是否需要我陪你去医院？

A：No，thank you.

　　不用了，谢谢。

B：Do you need some medicine?

　　是否需要找点药吃？

A：I have taken some pills.

　　我吃过药片了。

B：Okay. You'd better drink more water, have more fruits and take a good rest.

　　那好。你多喝水，多吃水果，好好休息。

A：Yeah，I will take your advice.

　　嗯，我会照你说的去做。

B：Hope you will recover soon.

　　希望你早日康复。

A：Thank you.

　　谢谢。

二、基本单词

cold 感冒　flu 流感　fever 发烧　headache 头疼　stomachache 胃疼　toothache 牙疼

doctor 医生　nurse 护士　hospital 医院　dentist 牙医

medicine 药（总称）　pill/tablet 药片　capsule 胶囊

warm water 温水　mineral water 矿泉水　cup 杯子

三、常用词组

catch a cold 感冒

a cup of… 一杯……

take medicine 吃药

take one's advice 接受某人的建议

四、句型

1. How are you today? 今天过得怎样？ /Are you feeling better? 你今天感觉好点了吗？

　　Yes，much better，thank you. 好多了，谢谢你。

2. What's wrong with you? / What's the matter with you? 你怎么了？

3. Hope you will recover soon. 希望你早日康复。

4. Do you need any help? 你是否需要帮助？

 学习单元 3　道路交通问询

 学习目标

➤掌握与道路相关的单词及词组

➤熟练运用问路句型

 **知识要求**

一、情景对话

A：Excuse me，is there a gym nearby?

不好意思，请问附近有没有健身房？

B：Yes，I think so.

我知道有一家。

A：Where is it?

在哪里？

B：It is not far，only two blocks away from here.

离这里不是很远，仅隔了两个街区。

A：How can I get there?

我要怎么过去？

B：Turn left here，go straight ahead and you will see the supermarket，and the gym is opposite to it.

这里左转，再笔直走，你会看到超市，健身房就在超市对面。

A：I see. How long will it take?

我明白了。过去大概要多久？

B：About five minutes' walk.

走过去五分钟左右。

A：All right. Thank you very much.

好的。非常感谢！

B：Not at all.

不客气。

二、单词

straight 笔直　left 左边　right 右边　middle 中间　corner 角落
behind 在……后面　opposite 在……对面
minute 分钟　hour 小时

三、常用词组

on foot 步行

by bike/bicycle 骑自行车

by bus 坐公交

by car 开车

by underground/metro/subway 坐地铁

in front of 在······前面

beside/next to 在······旁边

ten-minute walk/ten minutes' walk 十分钟的脚程

excuse me 请问······/不好意思/对不起

四、句型

1. Excuse me，can you tell me the way to ···? 不好意思，请问到······怎么走？

2. How long will it take from here to ＋地点名？从这里到（某地点）需要多久？

3. Is it far from here? 从这里过去远吗？

4. You can take Bus No. 10 to the supermarket. 你可以坐 10 路公交车去超市。

 学习单元4　工作内容沟通

 学习目标

➤掌握家政服务的常用词汇和词组

➤熟练运用在家政服务中与主人的基本对话

 知识要求

一、情景对话

A：What day is it today?

今天星期几？

B：It is Sunday.

今天星期天。

A：Oh，I want to take Kelly for a picnic in the park tomorrow.

噢，明天我想带凯莉去公园野餐。

B：No problem，I will make some cake.

没问题，我会做一些蛋糕。

A：How is the weather today?

今天天气怎么样？

B：It's a sunny day，very warm.

大晴天，很暖和。

A：Please wash my cotton coat，then.

那就把我的棉外套洗了吧。

B：Is it the blue one?

是那件蓝色的吗？

A：Yes，thank you so much.

是的，谢谢你如此帮忙。

B：You are welcome.

不客气。

二、单词

weather 天气　weather forecast 天气预报

spring 春天　summer 夏天　autumn/fall 秋天　winter 冬天

sunny 晴天　cloudy 多云　rainy 下雨天　windy 刮风天　foggy 雾天　snowy 下雪天

warm 暖和的　hot 热的　cool 凉爽的　cold 冷的　freezing 非常冷的

sandwich 三明治　cake 蛋糕　bread 面包　pizza 披萨　sausage 香肠

pudding 布丁　dessert 甜点　chocolate 巧克力　candy 糖果

coat 外套　shirt 衬衫　dress 连衣裙　skirt 短裙　trousers 裤子　underwear 内衣

sock 短袜　stocking 长袜

red 红　yellow 黄　blue 蓝　green 绿　grey/gray 灰　white 白　black 黑

dry clean 干洗　　wash 水洗　　dry 晒　　iron 熨烫

Monday 星期一　Tuesday 星期二　Wednesday 星期三　Thursday 星期四

Friday 星期五　Saturday 星期六　Sunday 星期日

三、句型

1. How is the weather today? / What is the weather like today? 今天天气怎么样?

2. What day is it today? 今天星期几?

3. What is the date today? 今天是几月几日?

4. What do I need to prepare? 我需要准备什么?

 学习单元5 常用请假用语

 学习目标

➤掌握请假场景的常用单词及词组

➤熟练运用请假句型

 知识要求

一、情景对话

B：Hello, is that Mrs. Green?

你好，请问是格林太太吗？

A：Yes, speaking.

是的，请讲。

B：Mrs. Green, this is Xiao Wang. I am sorry I cannot come to your home tomorrow.

格林太太，我是小王。不好意思，我明天没法来您家。

A：What's the matter?

发生什么事了？

B：My daughter had a headache and I have to take her to the hospital tomorrow.

我女儿头疼，明天要带她去医院。

A：OK, I see. Don't worry.

好的，我了解了。别担心。

B：Thank you. Can I come here another day?

谢谢。我可以换一天来吗？

A：OK，no problem.

没问题。

B：Thank you so much. I think I can come to your home the day after tomorrow.

真是太感谢了。我觉得我后天可以来您家。

A：OK.

好的，可以的。

B：Sorry for bothering.

不好意思打扰您了。

二、单词

sick/ill 生病　reason 原因

family 家，家人　son 儿子　daughter 女儿　father 父亲　mother 母亲

friend 朋友　guest 客人

三、词组

ask for leave 请假

四、句型

1. I'm sorry I cannot come tomorrow. 不好意思我明天不能来了。

2. I want to ask for leave tomorrow. 我明天想请假。

3. Sorry for bothering. 不好意思打扰您了。

4. Can I come here another day? 我可以换一天来吗？

5. Can I come here tomorrow? 我可以明天过来吗？

测 试 题

一、**判断题**（下列判断正确的请打"√"，错误的打"×"）

1. 外籍雇主期望涉外家政服务员能尽心尽力地做好家政工作，但忌讳他们向自己提出为亲戚出国当担保、办签证等要求。　　　　　　　　　　　　　　　（　　）

2. 涉外家政服务员经常主动地征询外籍雇主的意见，重视他们对自己的评估，可以使自己的工作更符合他们的要求。　　　　　　　　　　　　　　　　　（　　）

3. 尊重外籍雇主、忠诚本分应成为涉外家政服务员的基本行为规范。 （　　）

4. 涉外家政服务员必须坚决维护国家主权，不说不利于祖国的话，不做有损国格、人格的事。 （　　）

5. 家政服务员要及时地调整心态，只有在心理上真正接受、热爱这份工作，才能把它做好。 （　　）

6. 未成年人由于不懂事经常犯错闯祸，必要时可予以体罚。 （　　）

7. 消费者在购买、使用商品和接受服务时享有人身、财产不受侵害的权利。 （　　）

8. 商品销售者只要保证商品质量可不必向消费者出具购货凭证或者服务单据。

（　　）

9. 《消费者权益保护法》把消费者协会调解作为解决纠纷的法定途径之一。 （　　）

10. 食品应当无毒、无害，符合应有的营养要求，具有相应的色、香、味等感官性状。 （　　）

11. 家政服务是一项服务性的工作，服务性工作的基本要求是满足顾客的需要。

（　　）

12. 夫妻吵架是关系恶化的表现，所以夫妻要避免吵架。 （　　）

13. 女性家政服务员与女主人关系好还是与男主人关系好无关紧要。 （　　）

14. 稳定心理使家政雇主不愿意随便更换家政服务员。 （　　）

15. 过分高调和过分低调都是自卑的表现。 （　　）

16. 睡眠对一个人非常重要，很多心理疾病是从睡眠问题开始的。 （　　）

17. 当遇到不开心的事情时，首先不是去处理情绪，而是应该处理问题。 （　　）

18. 日常生活中，我们用第一人称进行沟通比用第二人称更好。 （　　）

19. 自卑心理的存在，使家政服务员对歧视过分敏感。 （　　）

20. 一个人在内心不断地与自己打架，就很容易有心理问题。 （　　）

二、单项选择题（下列每题的选项中，只有1个是正确的，请将其代号填在括号中）

1. 一般单身来华工作的外籍人员，需要半天或2～3小时的家政服务，以打扫、清洗、（　　）为主，有的要求准备好晚餐。

　　A. 熨烫　　　　　　B. 午餐　　　　　　C. 烹调　　　　　　D. 照料孩子

2. 一般情况下，涉外家政服务员赴约、办事都要按时到达，切不可（　　）。

　　A. 提前1小时　　B. 准时　　　　C. 迟到一分钟　　　D. 提前一分钟

3. 外籍雇主和服务员之间产生误会或矛盾，要善于处理，更需要（　　）。

　　A. 能言善辩　　　B. 据理力争　　　C. 谦让精神　　　　D. 忍气吞声

4. 涉外家政服务员在家政服务过程中，应谦虚谨慎，（　　）。

    A. 有利团结   B. 态度明朗   C. 相互宽容   D. 不卑不亢

5. 未成年人必须完成（   ）年义务教育规定的学科学习。

    A. 6   B. 9   C. 12   D. 15

6. 消费者享有知悉其购买、使用的（   ）或者接受服务的真实情况的权利。

    A. 商品   B. 价格   C. 产品   D. 品种

7. 消费者在购买商品或者接受服务时，有权拒绝经营者的（   ）行为。

    A. 热情服务   B. 耐心解释   C. 强制交易   D. 积极推销

8. 消费者在购买、使用商品时，其合法权益受到损害的，可以向（   ）要求赔偿。

    A. 销售者   B. 生产者   C. 消费者协会   D. 经营者

9. 人民法院对消费者权益的保护是通过依法行使（   ）来实现的。

    A. 审判权   B. 调解   C. 协商   D. 行政处罚

10. 盛放直接入口食品的容器，使用前必须（   ）。

    A. 洗净   B. 洗净、消毒   C. 消毒   D. 擦干

11. 人有（   ），心态就会平和，看事情就比较客观公正。

    A. 自觉   B. 自强   C. 自立   D. 自信

12. 应对冲动型人格雇主的关键是（   ），不要主动把雇主的情绪与自己联系起来。

    A. 耐心仔细   B. 划清界限   C. 无动于衷   D. 据理力争

13. 重要的事情、不愉快的事情应避免在（   ）时间段进行沟通。

    A. 17：00—19：00   B. 14：00—16：00

    C. 19：00—21：00   D. 9：00—11：00

14. （   ）是女性的普遍心理，这与女性从小就在歧视性的环境中成长有直接的关系。

    A. 妒忌   B. 狂妄   C. 任性   D. 自卑

15. 上海籍家政服务员的特点是工作精细、心理敏感、听不起话，这是（   ）的表现。

    A. 自强自立   B. 弱势心态   C. 自尊   D. 自重

16. 女性更年期过渡是否良好与（   ）的关系比较大。

    A. 子女   B. 丈夫   C. 同事   D. 父母

17. 家政服务员初去雇主家，雇主用各种方法试探家政服务员是（   ）心理的表现。

    A. 歧视   B. 刁难   C. 沟通   D. 不安全

18. 自卑型人格因为内心常有不安全感，所以他们有比较强的（   ）意识。

A. 自我保护　　　B. 伤害他人　　　C. 自我中心　　　D. 狂妄自大

19. 强迫型人格最大的特点是（　　）。

A. 追求完美　　　B. 追求快乐　　　C. 追求轻松　　　D. 追求简单

20. 伤心时哭泣是一种（　　）的行为。

A. 伤身体　　　B. 加深痛苦　　　C. 宣泄情绪　　　D. 扩大痛苦

三、多项选择题（下列每题的选项中，至少有 2 个是正确的，请将其代号填在括号中）

1. 外籍客户期望涉外家政服务员（　　），且能尊重他们的生活习惯，不打探、传播个人隐私。

A. 能说会道　　　B. 文明礼貌　　　C. 善解人意　　　D. 勤劳能干

E. 忠厚诚实

2. 涉外家政工作干得好不好，取决于涉外家政服务员的（　　）等方面。

A. 善于交际　　　B. 服务态度　　　C. 服务水平　　　D. 善解人意

E. 工作责任心

3. 外籍雇主的家用设施比较先进，涉外家政服务员对保洁工具、家电的使用和保护不懂时，可以（　　）。

A. 大胆操作　　　B. 参阅说明书　　　C. 小心摸索　　　D. 请教行家

E. 请教雇主

4. 消费者在购买、使用商品和接受服务时享有（　　）不受侵害的权利。

A. 人身自由　　　B. 选购自由　　　C. 购物时间　　　D. 随带财物

E. 情绪体力

5. 《消费者权益保护法》规定经营者必须履行国家规定或约定的"三包"责任是指（　　）。

A. 包修　　　B. 包改　　　C. 包退　　　D. 包终身

E. 包换

测试题答案

一、判断题

1. √　2. √　3. √　4. √　5. √　6. ×　7. √　8. ×　9. √

10. √　11. √　12. ×　13. ×　14. √　15. √　16. √　17. ×　18. √

19. √　20. √

二、单项选择题

1. A   2. A   3. C   4. C   5. C   6. A   7. C   8. A   9. A

10. B   11. D   12. B   13. A   14. D   15. B   16. B   17. D   18. A

19. A   20. C

三、多项选择题

1. BCDE   2. BCE   3. BDE   4. ABD   5. ACE

风俗礼仪篇

第 2 章

海外风俗礼仪

第1节 欧美地区的风俗礼仪

 学习目标

➤熟悉欧美地区国家的称呼与问候

➤了解欧美地区国家的款待与馈赠

➤了解欧美地区国家的交谈与话题

 知识要求

欧美地区主要指美国及欧洲其他国家，一般我们统称西方国家。这些国家在社会政治、语言文化、宗教信仰、道德观念等方面与我们有很大的差异，表现在待人接物和礼仪礼节上就是非常强调以人为本、尊重隐私、信守约定、崇尚自由、爱护环境等。人与人之间强调平等意识，看重个人解决问题的能力，工作讲究效益，生活富有弹性，法制观念强。诚实、守法、明礼、竞争、主动、负责是整个西方社会所推崇的品质。

一、美国

美国是一个由移民组成的多民族国家，这决定了它开放大度的民族性。美国人以随意率直、热情开朗、不拘小节、好胜心强闻名于世，在其待人接物的礼仪上也体现了这一特点。

1. 称呼与问候

亲人间、朋友间直呼其名，以示亲善友好，上级与下级、雇主与雇员不分尊卑，但如对方是年长者、地位明显居高者，在称呼时应带上"先生""夫人"或其他称号以示尊敬，即使不相识，也会无拘无束地"嗨"一声，挥挥手都可以表示致意。初次见面，通常是握手表示问候，但美国人握手是有力的，同时目光直接接触以示热烈亲切。

2. 款待与馈赠

同其他国家相比，美国人特别爱举行鸡尾酒会招待客人，鸡尾酒会通常是饭前一小时的饮酒惯例，以此作为款待客人的形式。会客时衣着休闲、不讲究仪式，显得亲切随意。

应酬不送奢侈昂贵的礼物，因其有贿赂之嫌，这在美国是大忌。

3. 交谈与话题

美国人很健谈，交谈中礼貌用语很多，且喜欢带手势，有声有色，但个人空间神圣不可冒犯，所以交谈时要保持 50～150 厘米的距离，否则会被认为是失礼的。美国人很少花费时间闲聊，谈话往往直奔主题，其态度是"时间就是金钱，让我们立即投入工作"。美国人兴趣广泛，交谈中爵士乐、摇滚乐、古典音乐和篮球、棒球、橄榄球等都是很适宜的话题。交谈中不用拘束，不必过谦（他们认为过分谦虚是无能的表现），尽可落落大方。美国人大都认定"胖人穷，瘦人富"，所以不要随意说别人"长胖了"。个性独立的美国人最忌讳他人打听其个人的隐私。

二、英国

英国至今仍是君主制国家，这决定了它传统、守旧的民族特性。英国人喜欢按部就班、循规蹈矩，生活方式和习惯通常一成不变，感情不太外露，注重仪表修养，以"绅士风度"为荣，在待人接物的礼仪中充分体现。

1. 称呼与问候

英国人拘礼，尊重老人和妇女，恪守"女士优先"的原则，礼让妇女。英国人看重荣誉和头衔，对尊长、上级或不熟悉的人，一般称呼荣誉头衔，如果没有头衔，也要带上"先生""夫人""阁下"等尊称，绝不直呼其名。朋友见面不急于表示亲热，讲究含蓄和距离，通常只道个"早安"或"下午好"，然后就对天气略加评论。男女均习惯于握手致意。

2. 款待与馈赠

英国人爱喝茶，名气最大的饮料当推红茶和威士忌，且时间固定为每天上午 10 时左右和下午 4 时左右。朋友聚会常以"茶会"形式进行，但需事前约定。应酬往往以请客吃饭、饮酒、观看文体表演等来替代送礼，以示高雅，有时在宴请后亦送礼品，但以高级巧克力和名贵酒瓶及音乐会票为好。百合花被视为死亡象征，黄玫瑰象征亲友分离，在任何送鲜花的场合中要避免。

3. 交谈与话题

英国人含蓄委婉，谈话时喜欢用征询语，婉转了解对方和表达自己的意愿，很少直露情感，不爱张扬，不愿与别人过于亲近，这种性格也是其高度自信的一种表现。交谈要避免谈论有关宗教、金钱、价格、皇室绯闻等内容。英国人最忌讳别人谈论男人的工资和女人的年龄，就连他家的家具值多少钱也不该问。英国人爱看书、读报，注重文化修养，传统文艺、历史、建筑、园艺等都是很好的交谈话题。

三、德国

德意志是一个讲法律、守纪律，勤劳、严肃、认真的民族，办事效率高、工作节奏快、埋头实干是德国人的显著特点，也体现在待人接物的礼仪中。

1. 称呼与问候

德国人视直呼其名为不礼貌的表现，对职衔、学衔、军衔看得较重，爱以头衔尊称，这被视为向对方致敬的一种方法。见面和告别以握手致意为习惯，与德国人握手时间宜稍长一些，力量宜稍大一些。

2. 款待与馈赠

德国人待人诚恳但严肃拘谨，会见客人，男性必穿礼服，女性必穿长裙，衣着整齐，显得庄重。在饮料方面，德国人最欣赏的就是啤酒，饮起啤酒，人人都是海量。自助餐发明于德国，所以德国人很爱这一进餐方式。德国人矜持，认为送红玫瑰给妇女是暗示对她有强烈的爱慕之情，而郁金香被视为无情之花，送礼时应避免。送花给德国人，一定要将花束包装纸打开，让人看得清楚。

3. 交谈与主题

交谈时要看着对方的眼睛，语速应慢条斯理，吐词要清楚。谈话时，两手不要插在口袋里，这被认为是粗鲁无礼的。不要应承自己办不到的事，说到就要做得到。德国人兴趣爱好广泛，他们平时高效率工作，节假日尽情玩乐，因此谈个人业余爱好，如旅游、汽车、足球、美食等都是很适宜的话题。但应避免谈论第二次世界大战，这会令德国人十分反感。在公共场合窃窃私语，也被认为是十分无礼的。

四、法国

"法兰西"在日耳曼语中译意是"自由的"，法国是一个崇尚自由的国家，法国人以浪漫著称于世，他们注重修饰、讲究情调的特性，也反映在待人接物的礼仪中。

1. 称呼与问候

法国人彬彬有礼，一般人之间称呼都要使用尊称头衔。带"老"字的称呼如"老太太""老人家""老先生"，都是法国人所忌讳的。法国通行握手礼，一般朋友、同事见面都以握手表示问候，但握手时间较短也不那么有力，以示潇洒。拥抱礼和吻面礼也是使用较多、较广泛的礼节。

2. 款待与馈赠

在西餐中，法国餐可以说是最讲究的。法国人注重烹调艺术，午餐和晚餐是日常生活中的重要内容，也是款待朋友的一种方式，用餐往往要持续很长时间，以维系友情。与法国人约会必须事先约定时间，不迟到也不提前，准时到达为好，同时也要对他们可能的姗姗来迟有所准备。送法国人具有艺术品位或能激起人们思考和美感的礼物是很受欢迎的。法国的传统习俗认为黄色花象征着不忠诚，送礼时应避免。

3. 交谈与话题

法国人讲究情调，追求生活乐趣，每年八月是旅游假期，大多数人都参与，因此谈论旅游、文化、教育、体育等活动都是法国人感兴趣的话题。法国人善于修饰，引领时装新潮，高度重视美酒佳肴，法国时装、法国葡萄酒举世闻名。在此影响下，法国人拥有极强的民族自尊心和民族自豪感，在他们看来，世间的一切都是法国最棒，所以在法国人面前称赞其他国家的时装和葡萄酒时要谨慎小心。法国人热情开朗，初次见面就能亲热交谈，而且滔滔不绝。与法国人交谈是加深相互理解、增进友谊、提高语言水平的好机会，但如果和对方谈及法国历史，要特别注意。

五、其他

除了上述谈到的几个国家外，欧美很多国家，如意大利、瑞士、荷兰、比利时、加拿大等，都有不少外宾在国内落户，但大多数国家的礼仪礼节都是相似的。如欧洲大多数国家认为"13"和"星期五"是不吉利的，一般情况下，西方人不喜欢 13 日外出，不会住13 号房、坐 13 号座位，或是 13 个人同桌进餐。家政服务员在送鲜花、采购礼品或布置家庭环境时要避免"13"这一数字。西方人喜欢"3"和"7"，认为这两个数字大吉大利，会给人带来幸福和快乐。

在人际交往中，西方人是不时兴向别人借钱的，认为借钱应该去银行，找人借钱就是索要的意思。与人一起外出用餐，即使是父子、朋友也往往各付各的账。另外，着装的得体也是很重要的，在西方人看来，一个人穿着西装、打着领带去逛马路、遛公园、游迪斯尼乐园，与穿着夹克、T恤、短裤、健美裤去赴宴或出席音乐会一样，都是极不得体的。

西方人十分注重谈话的礼貌。交谈时，态度要热情大方，语气要自然稳重，言辞要文雅婉转。他们喜欢在符合礼仪的前提下直来直去，对于"听话听声，锣鼓听音"之类的做法不但不习惯，而且难以接受。讲话如果表现得过于委婉、含蓄，或是有话不明讲，而是旁敲侧击、巧妙暗示，效果未必能够尽如人意。听别人讲话时，神情要专注，眼睛应注视对方，不轻易打断别人的谈话。

送礼是讨人喜欢的，但西方人送礼主要是为了表示祝贺、慰问、感谢之意，所以不必以金钱来衡量它的价值。有时最好的礼物往往是恰当、有分寸的感激之辞，西方人认为出自一个人的内心才是最真实可信的。

总之，西方人有相似的礼仪礼节，有共同的礼貌规范。他们喜欢坦率直露的表白，不喜欢言不由衷的客套，崇尚尊重事实、实事求是，反对言过其实、夸夸其谈，提倡礼貌用语，重视个人隐私，讲究卫生习惯，厌恶不文明的行为。

第2节　亚太地区的风俗礼仪

 学习目标

➤熟悉亚太地区国家的称呼与问候
➤了解亚太地区国家的款待与馈赠
➤了解亚太地区国家的交谈与话题

 知识要求

亚洲和太平洋地区传统文化与现代文化相互交错，语言、民族、宗教错综复杂，这使亚太地区的风俗习惯、礼仪礼节也各具特色。亚洲人性格比较温和文雅，看重个人友谊，注重礼貌，不会做令客人难堪的事。失面子是亚洲地区的一个禁忌，这些都反映在待人接物的礼仪上。

一、澳大利亚

在亚太地区的所有国家中，澳大利亚可算是西方国家。它位于南半球，地处太平洋与印度洋之间，是英联邦成员之一。澳大利亚人以亲切友善、不拘礼节和不讲究排场闻名于世。提供服务或接受他人服务都很随便，体力劳动受到尊重。澳大利亚人待人坦率，直言不讳，平易近人，不摆架子，不喜欢过分富有表情和任何形式的装腔作势。

1. 称呼与问候

人们见面喜欢紧紧握手并以名字相称呼，礼节有拥抱礼、亲吻礼，也有握手礼、鞠躬礼，极富人情味。男人常常把自己亲密的朋友唤作"伙计"，女友相遇会亲吻。澳大利亚人不喜欢沉默寡言，握一下手、喝一杯啤酒，就可以达到直呼其名的熟悉程度。这种自由、实在，不但与英国人难以同日而语，而且连美国人也自叹不如。

2. 款待与馈赠

人们高度重视准时赴约，非常重视个人之间的友谊。啤酒是最普遍的国民饮料。澳大

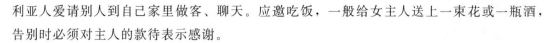

利亚人爱请别人到自己家里做客、聊天。应邀吃饭，一般给女主人送上一束花或一瓶酒，告别时必须对主人的款待表示感谢。

3. 交谈与话题

与人交谈不回避不同的意见，具有幽默感，即使在紧张的情况下也是如此。澳大利亚人不喜欢听"外国"或"外国人"这一称呼，他们认为这类称呼抹杀个性，是哪一个国家，是哪个国家的人，理应具体而论，过于笼统的称呼是失敬的做法。澳大利亚人欣赏有运动员气质的人，一切与运动有关的话题都会受到欢迎。

二、日本

日本是一个自然条件较差的岛国，而今发展成世界经济强国，全仗其勤劳顽强的民族精神。日本人好胜心强、纪律性强、集体荣誉感强，天皇世袭统治日本，又造成日本人重礼、驯服的素养，这些特点也融入了待人接物的礼仪中。

1. 称呼与问候

日本人等级观念很强，上下级之间、长晚辈之间界限分明，称呼时要加上头衔或尊称。日本重男轻女，妇女对男子特别恭敬，一般不以名字相称，而用尊称（在其姓氏后面加上一个"君"字，将其尊称为"某某君"）。鞠躬是日本传统的问候方式，初次见面，互相行 90 度鞠躬礼（一般不握手），再交换名片。日本人以鞠躬礼的虔诚闻名于世，公司培训新职员、服务员、节目主持人都要向服务对象鞠躬，日本人以不同的鞠躬行礼（鞠躬的度数大小，鞠躬的次数多少）来区分客人的等级，客人身份越高、越年长，鞠躬度数越大，次数越频繁。

2. 款待与馈赠

喝茶本是极为平常的事，但日本人把它看作是一门艺术来对待，日本人以茶道（沏茶、品茶的技艺）作为最高礼遇来款待尊贵的贵宾。赠送礼品是日本的习俗文化，礼品无论大小，都要用彩色包装纸包装。不送以"4""9"计数的任何礼物（在日本文字中，"4"与"死"，"9"与"苦"谐音）。日本人探视病人时忌用荷花、仙客来花，忌用菊花作室内装饰，认为菊花是不吉祥的。不给日本友人寄送红色的圣诞卡，因为在日本，丧事讣告习惯用红色印制。在日本，恰当的礼品远比语言更能表达送礼者的真正友情、感激和尊敬。

3. 交谈与话题

与日本人交谈应避免说否定语，他们认为任何否定都是破坏和谐的一种表示。日本人想说"不"时，会说"我将尽力按你的要求去做，但是如果我做不到，希望你能理解"。他们说"是的"并不一定意味着"是的，我同意"，通常其含义只是"是的，我听到了"，并不一定是表示同意。茶道、花道、歌舞伎都是日本传统文化，被日本人所津津乐道。体育运动，如柔道、相扑、围棋、插花艺术、书法等也是很适宜的话题。与日本人交谈要避免谈论战争，特别忌讳第二次世界大战。

三、韩国

韩国由单一民族和单一语言组成。耐心、谦虚和尊重老人是韩国人重要的品质。韩国近几年在中国的企业越来越多，因受中国文化影响较深，韩国人在待人接物、言谈举止上与中国人有许多相似之处。韩国人在一般场合都是矜持和拘礼的，在社交场合大声讲话或放声大笑（特别是妇女）被认为是失礼的行为。

1. 称呼与问候

在韩国，男女名字不易分辨，一般姓名的顺序是姓在前、名在后，与中国人的习惯相同。男人见面是微微鞠躬，用双手或用右手握手，女人见面一般不握手。在不少场合有时也采用先鞠躬、后握手的方式，作为与他人相见时的礼节。把名片放在客人面前的桌上，也是表示尊重的问候举止。

2. 款待与馈赠

韩国人非常讲究预先约定，遵守时间，并且十分重视名片的使用。韩国家庭对老人很尊重，用餐时，须先供应年长者。送礼在韩国是十分重要的，1周岁和60岁生日在韩国是特大盛会，必须送礼。如果应邀去韩国家庭做客，可以带鲜花或一样小礼物，用双手奉上。韩国人一般不会当着送礼者的面打开礼物。不要送数量与"4"相关的礼物，因为"4"与死有关。商业往来中的宴请一般在饭店举行，妻子一般不在邀请之列。韩国人饮食没有什么忌讳，每个人都可以喝酒，饮酒是韩国人流行的消遣。进入韩国家庭，一定要脱鞋。

3. 交谈与话题

不要和韩国人讨论社会主义和共产主义的话题，也不要讨论朝鲜问题和国内政治，不要评论他们的政府。韩国人的民族自尊心很强，反对"崇洋媚外"，倡导使用国货。在韩国，一身外国名牌的人，往往会被韩国人看不起。与韩国人谈论恰当的话题是文化、历史、成功举办的奥林匹克运动会等。

四、港、澳、台地区

这些地区既有传统的中国文化特色，又受西方文化的影响。香港深受英国文化影响，澳门深受葡萄牙文化影响，而台湾则是中西文化相互交融、互相影响的地区。

1. 称呼与问候

一般对地位显赫者、有专长者称呼时均带头衔或职称，如果没有头衔，则以"先生"

"小姐""夫人"等尊称称呼。朋友见面习惯握手致意，避免拥抱或挽住手臂等身体接触。如果初次见面，微微弯腰鞠躬、点头示意也是恭敬礼仪。多数人会讲英语。

2. 款待与馈赠

招待朋友宴请很普遍，宴请通常在饭店而不是在家里，祝酒、干杯是盛情的表现。中国人崇尚送礼，礼尚往来是人际交往的一种普遍形式，互相送礼是加深朋友间感情的方式。红色、黄色是喜庆色，送礼时要充分考虑这些鲜艳的色彩。礼品需成双，递送礼品或其他物品应用双手。双喜临门是中国人的"口彩"，意味着任何成双成对的事物都能带来好运。新年最流行的礼物是装在红纸袋里的"压岁钱"。

3. 交谈与话题

与港、澳、台同胞交谈，食品是很好的话题。饮食是中国的一大文化特色，这些地区都特别注重，且讲究食物色、香、味俱全，无一偏颇。家庭也是不错的话题，孩子往往是谈论的中心，其他诸如业余爱好、收藏、旅行、烹饪、艺术等话题也是适宜的。避免谈论政治、金钱、财产等话题。

亚洲是一个集伊斯兰教、印度教、佛教、道教等多种宗教的地区，要充分尊重各种教徒的宗教信仰及饮食习俗，以避免发生误会甚至冲突。

与佛教徒交往要注意，佛教徒对触及其头部特别忌讳，尤其是泰国。泰国还有一些敏感的禁忌，例如，门槛是不可踩的，因为泰国人认为仁慈的神灵栖居其下；窗户在晚上是不可打开的，否则会引入邪恶的神灵。凡是佛像都是神圣不可侵犯的，即便是名胜古迹等游览景点也绝对不准照相。记住：进入印度、马来西亚、泰国、日本、韩国人的家庭，必须脱鞋。

在伊斯兰国家，男女衣着恰当和恪守礼仪就像遵守法律一样重要。一天五次停止一切活动来进行祈祷是生活习俗，家政服务员必须尊重别人这样做，不要去打扰他们或流露出不耐烦的神情。穆斯林妇女额上或发际的小红点通常表明她是已婚妇女。给穆斯林选择礼品要注意，凡是露出女人身体任何部分的工艺品都是对穆斯林教义的冒犯，优质皮革是受欢迎的，但忌讳猪皮。穆斯林通常有严格的饮食规定。

与信仰印度教的家庭和个人交往时要注意，递送物品要用右手，不要送香烟或酒。印度教徒不吃牛肉，认为牛是神圣的动物。对长者要特别尊重。红色、黄色、绿色以及其他所有鲜艳的颜色都象征幸福。

第 3 节　海外主要节日

学习目标

➤熟悉海外主要节日的知识

➤掌握海外主要节日的相关习俗

知识要求

节日是民俗中的主要内容，海外的节日数不胜数，这里只能列举一些影响较大的节日，以供涉外家政服务员掌握并做好节庆准备，与客户同乐。

一、圣诞节

圣诞节是基督教国家的节日，比如英国、美国、法国、澳大利亚等一些欧洲和美洲国家。每年的 12 月 25 日，相传这一天是耶稣基督的诞生日。节期从 12 月 24 日至翌年 1 月 6 日。节日期间，各国基督教徒都举行隆重的纪念仪式。圣诞节本来是基督教徒的节日，但由于人们格外重视，它已成为一个全民性的节日，是西方国家一年中最盛大的节日，可以和新年相提并论，类似中国的春节。

西方人以红、绿、白三色为圣诞色，圣诞节来临时家家户户都要用圣诞色来装饰。红色的有圣诞花和圣诞蜡烛。绿色的是圣诞树。它是圣诞节的主要装饰品，用砍伐来的杉、柏一类呈塔形的常青树装饰而成。上面悬挂着五颜六色的彩灯、礼物和纸花，还点燃着圣诞蜡烛。红色与白色相映成趣的是圣诞节活动中最受欢迎的人物——圣诞老人。西方儿童在圣诞夜临睡之前，要在壁炉前或枕头旁放上一只袜子，等候圣诞老人在自己入睡后把礼物放在袜子内。

在西方，扮演圣诞老人也是一种习俗。圣诞夜，子女赶往父母身边，无子女的老人则分赴亲朋好友处团聚狂欢，互祝圣诞快乐。在法国，马槽是最富有特色的圣诞标志，因为相传耶稣是诞生在马槽旁的。人们大唱颂赞耶稣的圣诞歌之后，必须开怀畅饮，香槟和白兰地是法国传统的圣诞美酒。英国人和德国人一样，圣诞节爱喝啤酒，吃烤鹅，更喜欢利用圣诞节假日外出旅游。美国人过圣诞节着重家庭布置，吃以火鸡为主的圣诞大菜，举行家庭舞会。

12月底，正当西欧各国在寒风呼啸中欢度圣诞节时，澳大利亚正是酷热难耐的仲夏时节。因此在澳大利亚过圣诞节，到处可以看见光着上身汗水涔涔的小伙子和穿超短裙的姑娘，与商店橱窗里精心布置的冬日雪景、挂满雪花的圣诞树和穿红棉袄的圣诞老人，构成澳大利亚特有的节日图景。父母给子女最好的圣诞礼物莫过于一副小水划，圣诞节弄潮是澳大利亚的一大特征。

二、复活节

它是纪念耶稣基督复活的节日，西方信奉基督教的国家都过这个节，是仅次于圣诞节的欧美第二大节日。复活节是纪念耶稣死后三天复活的基督教传统节日，日期为每年春分月圆后的第一个星期日。欧美诸国都放两至四天的假期。

在多数西方国家里，复活节一般要举行盛大的宗教游行。游行者身穿长袍，手持十字架，打扮成基督教历史人物，唱着颂歌欢庆耶稣复活，赤足前进。如今节日游行已失去往日浓厚的宗教色彩，多了喜庆的气氛，具有浓烈的民间特色和地方特色，但穿戴一新的习俗至今保留。

复活节期间，人们还喜欢彻底打扫自己的住处，表示新生活从此开始。蛋是复活节最典型的象征，把鸡蛋染成红色则象征生活幸福。兔子也是复活节的象征，因为兔子繁殖力很强，所以人们也把它视为新生命的表现者。在复活节中，父母要特地为孩子们准备制成鸡蛋、兔子形状的巧克力糖。亲友间要互赠彩蛋。复活节的传统食品是肉食，主要有羊肉和火腿。

三、情人节

这是欧美和大洋洲一些国家特有的奇异节日，在每年的2月14日。相传，古罗马帝国虔诚的基督徒瓦伦丁，因反抗统治者而被捕入狱，狱中，他得到了监狱长女儿的爱情，但他仍未能幸免，于公元270年2月14日被处死。基督徒为纪念他，将2月14日定为瓦伦丁节，青年人为纪念这对刻骨铭心的爱侣，将此日命名为情人节。如今情人节已被世界各国沿用，成为青年男女表白爱情的节日。

情人节青年人通常给自己的恋人、朋友、亲人送情人卡，送玫瑰花，尽情抒发爱情、友情、亲情，也有互赠巧克力、饰物等以示纪念。而在中国，传统节日之一的七夕节也是姑娘们重视的日子，被称为中国的情人节。由于能表达共同的人类情怀，各国各地纷纷发掘了自身的"情人节"。

四、愚人节

每年的 4 月 1 日是西方一些国家特有的专门开玩笑的节日。这天人们可以用各种方式随意说谎、造谣、玩恶作剧，主要目的是活跃气氛、开心取乐，但最晚只能玩到中午 12 点，这是约定俗成的严格规矩。

愚人节最早风行在法国，至今已有八百年历史，家政服务员了解这一节日，可不为当天的突兀奇闻所惊奇，但要注意勿将国家大事、政治、宗教、外交等要务编造传播。

五、感恩节

美国每年 11 月的第四个星期四为感恩节。这个节日原是北美特有的民间传统节日，是喜庆丰收、增进团结的佳节。

在美国，感恩节是阖家团聚的日子，其隆重程度类似于中国的春节，全国放假三天。美国人一年中最重要的一顿饭就是感恩节的晚餐，习惯吃烤火鸡。

六、狂欢节

狂欢节在世界上不少国家都有，这个节日起源于欧洲的中世纪。古希腊和古罗马的木神节、酒神节都可以说是其前身。该节日曾与复活节有密切关系。复活节前有一个为期 40 天的大斋期，即四旬斋。斋期里，人们禁止娱乐，禁食肉食，反省、忏悔以纪念复活节前三天遭难的耶稣，生活肃穆沉闷，于是在斋期开始的前三天里，人们会专门举行宴会、舞会、游行，纵情欢乐，故有"狂欢节"之说。如今已没有多少人坚守大斋期之类的清规戒律，但传统的狂欢活动却保留了下来，成为人们抒发对幸福和自由向往的重要节日。

欧洲和南美洲地区的人们都庆祝狂欢节，但各地庆祝节日的日期并不相同，一般来说大部分国家都在 2 月中下旬举行庆祝活动。各国的狂欢节都颇具特色，但总的来说，都是以毫无节制的纵酒饮乐著称。化装舞会、彩车游行、假面具和宴会是狂欢节的几大特色，其中最负盛名的要数巴西的狂欢节。

七、开斋节

开斋节是伊斯兰教的三大节日之一，也是规模最为盛大、礼仪最为隆重的节日。开斋节系阿拉伯语"尔德·菲图尔"的意译，波斯语称"肉孜节"（"肉孜"是波斯语，意为"斋戒"）。中国部分地区的穆斯林群众称之为"大尔德"或"会礼"，新疆地区普遍称"肉孜节"。

伊斯兰教是世界三大宗教之一，自 7 世纪初由先知穆罕默德在阿拉伯半岛的麦加复兴创建，迄今已有 1 400 多年的历史，唐朝永徽二年传入中国。千百年来，伊斯兰教成为中国回、维吾尔、哈萨克、乌孜别克、塔吉克、塔塔尔、柯尔克孜、东乡、保安、撒拉等 10 个少数民族全民信仰的宗教。开斋节已融入这些民族的民俗文化，成为他们的重大节日，且在全世界有很大影响。

开斋节前夕，凡在外面工作和学习的、出差的、做买卖的穆斯林，都会提前赶回家乡过节，因故不能回家者就到当地清真寺与大家欢度佳节。每年开斋节非常隆重，一般放假三天。节日期间，穆斯林沐浴盛装，举行礼拜，互相祝贺，交换礼物，施舍穷人。许多穆斯林青年男女也会选择在节日里举行婚礼或订婚仪式。

八、父亲节

世界上的第一个父亲节，1910 年诞生在美国，在每年 6 月的第三个星期日。这一天，子女们都亲手做一些有纪念意义的贺卡和小礼物送给父亲，以表示崇敬的心意。近年，在中国的城市中也逐渐兴起这个节日。

九、母亲节

敬重母亲、弘扬母爱的母亲节，已成为一个约定俗成的国际性节日。这个节日最早出现在古希腊，而现代的母亲节则起源于美国，是每年 5 月的第二个星期日。

母亲节许多人将康乃馨赠给母亲，这是源于 1934 年 5 月美国首次发行母亲节纪念邮票。邮票上一位慈祥的母亲，双手放在膝上，欣喜地看着前面的花瓶中一束鲜艳美丽的康乃馨。随着邮票的传播，在许多人的心目中把母亲节与康乃馨联系起来，康乃馨便成了象征母爱之花，受到人们的敬重。康乃馨与母亲节便联系在一起了。人们把思念母亲、孝敬母亲的感情，寄托于康乃馨上，康乃馨也成为赠送母亲不可缺少的珍贵礼品。

在中国，母亲节是由港澳台地区流行起来之后才进入内地的。

测 试 题

一、判断题（下列判断正确的请打"√"，错误的打"×"）

1. 中国是一个礼仪之国，素有"礼仪之邦"的美誉。 （   ）
2. 美国是一个由移民组成的多民族国家，这决定了它开放大度的民族性。 （   ）
3. "OK"手势，在法国表示"一切很好"或"一切正常"。 （   ）
4. 在涉外家庭工作，说别人"长胖了"是一种礼貌的表示。 （   ）
5. 在澳大利亚，体力劳动受到尊重。 （   ）

6. 英国人以浪漫著称于世，他们注重修饰，讲究情调。　　　　　　（　　）

7. 带"老"字的称呼，如"老太太""老人家""老先生"，都是法国人所喜欢的。

（　　）

8. 在涉外家庭工作，要避免说客套话。　　　　　　　　　　　　（　　）

9. 复活节是仅次于圣诞节的欧美第二大节日。　　　　　　　　　（　　）

10. 开斋节是全世界穆斯林的盛大节日之一。　　　　　　　　　　（　　）

二、单项选择题（下列每题的选项中，只有 1 个是正确的，请将其代号填在括号中）

1. （　　）至今仍是君主制国家，这决定了它传统、守旧的民族特性。

　　A. 美国　　　　　　B. 德国　　　　　　C. 日本　　　　　　D. 英国

2. 与美国人交谈时要保持（　　）厘米的距离，否则会被认为是失礼的。

　　A. 50～150　　　　B. 60～150　　　　C. 50～100　　　　D. 50～120

3. 西方人喜欢的数字是（　　），认为这两个数大吉大利，会给人带来幸福和快乐。

　　A. 1 和 5　　　　　B. 3 和 7　　　　　C. 11 和 13　　　　D. 2 和 4

4. 澳大利亚最普遍的国民饮料是（　　）。

　　A. 威士忌　　　　　B. 葡萄酒　　　　　C. 啤酒　　　　　　D. 白兰地

5. （　　）是日本传统的问候方式。

　　A. 鞠躬　　　　　　B. 握手　　　　　　C. 拥抱　　　　　　D. 合十礼

6. 每年的 12 月 25 日为（　　），现已成为欧美西方国家的民间重大节日。

　　A. 感恩节　　　　　B. 复活节　　　　　C. 狂欢节　　　　　D. 圣诞节

7. 港、澳、台同胞招待朋友宴请很普遍，宴请通常在（　　）。

　　A. 家里　　　　　　B. 饭店　　　　　　C. 单位　　　　　　D. 露天酒吧

8. 每年的（　　）是西方一些国家特有的专门开玩笑的节日。

　　A. 2 月 14 日　　　B. 6 月 1 日　　　　C. 4 月 1 日　　　　D. 3 月 12 日

9. 狂欢节节日源于巴西，节期为每年 2 月中下旬，为期（　　）天。

　　A. 一　　　　　　　B. 两　　　　　　　C. 三　　　　　　　D. 五

10. 在美国，感恩节是阖家团聚的日子，其隆重程度类似于中国的春节，全国放假
（　　）天。

　　A. 一　　　　　　　B. 两　　　　　　　C. 三　　　　　　　D. 五

三、多项选择题（下列每题的选项中，至少有 2 个是正确的，请将其代号填在括号中）

1. 与欧美人交谈一般不要询问（　　）等私事。

　　A. 年龄　　　　　　B. 兴趣　　　　　　C. 收入　　　　　　D. 健康

E. 爱好

2. 德意志是一个勤劳、严肃、认真的民族，（   ）是德国人的显著特点。

 A. 办事效率高 B. 含蓄委婉 C. 工作节奏快 D. 埋头实干

 E. 讲究情调

3. 亚洲是一个集（   ）等多种宗教的地区，要充分尊重各教徒的宗教信仰。

 A. 伊斯兰教 B. 印度教 C. 佛教 D. 邪教

 E. 道教

4. 感恩节原是北美特有的民间传统节日，是（   ）的佳节。

 A. 阖家团聚 B. 喜庆丰收 C. 祭礼 D. 增进团结

 E. 游行

5. 圣诞节节期从 12 月 24 日直至翌年 1 月 6 日，节前家家户户（   ），还扮成圣诞老人为孩子们分送礼物。

 A. 采购物品 B. 张灯结彩 C. 燃放鞭炮 D. 敲锣打鼓

 E. 装点圣诞树

测试题答案

一、判断题

1. √ 2. √ 3. × 4. × 5. √ 6. × 7. × 8. √ 9. √

10. √

二、单项选择题

1. D 2. A 3. B 4. C 5. A 6. D 7. B 8. C 9. C

10. C

三、多项选择题

1. AC   2. ACD   3. ABCE   4. ABD   5. ABE

第 3 章

宴请社交礼仪

第1节　家庭宴请

 学习单元1　家庭宴请的准备

 学习目标

➤熟悉家庭宴请的相关知识

➤掌握家庭宴请的准备工作

 知识要求

一、家庭宴请的概念

宴会是因习俗或社交礼仪需要而举行的宴饮聚会，是社交与饮食结合的一种形式。家庭宴请是以家庭成员和亲朋好友为主体的一种家庭宴会（聚餐）形式，是为某个值得纪念的事件而准备的有一定规格质量的一整套招待程序。

1. **按宴请的菜式，家庭宴请可分为中餐宴请和西餐宴请。**

中餐宴请是指宴请时的菜点、饮品以中式菜品和中国酒水为主，使用中国餐具，并按中式服务程序和礼仪服务。中餐宴席适应面广，适用于一般的民间聚会，是我国目前最为常见的宴请方式。

西餐宴请是指宴请时的菜点、饮品以西式菜品和西洋酒水为主，使用西餐餐具，并按西式服务程序和礼仪服务。

2. **根据宴请的性质和主题，通常可以将家庭宴请分为寿宴、迎送宴、纪念宴、节日宴等几个主要类型。**

（1）寿宴。也称生日宴，是人们为纪念出生日和祝愿健康长寿而举办的宴席。

（2）迎送宴。是人们给亲朋好友接风洗尘或欢送话别而举办的宴席。

（3）纪念宴。是人们为了纪念与自己有密切关系的某人、某事或某物而举办的宴席。

（4）节日宴。是人们为欢庆法定或民间节日、沟通感情而举行的宴请活动。

二、家庭宴请的准备

从形式上看，家宴是多人聚餐的一种饮食方式。很多人在同一时间、同一地点，食用同样的食品，饮用同样的酒水；从内容上看，家宴是按照一定规格和程序组合起来，并有一定档次规格的一整套食品和酒水的搭配；从宴会的社会意义上看，又是交际、庆典、纪念的社会活动方式。因此，家宴区别于日常餐饮的三个显著特点是其聚餐式、规格化和社交性。

1. 了解情况

首先要向雇主询问清楚本次家宴的情况，包括家宴的目的、家宴的方式和种类、家宴的日期和时间、家宴的人数和人员情况、宾客特殊需要，以及对用餐环境及布置有何禁忌，菜肴酒水的具体要求、费用开支的限额等。

2. 邀请

中国人对邀宴，除特殊喜庆的结婚、订婚等以外，向来较为随便，常常当面约定或电话邀请。但对正式隆重的家宴，在面邀后一定要发帖，以示慎重。请柬要在宴请之前的一至两周发出，以便被邀请者有所准备。请柬务求大方美观，其内容通常包括：举行家宴的目的，如为庆祝某人的寿辰；主人的姓名；被邀请人之姓名，中文请柬的被邀请人姓名多写在信封上；家宴的种类及方式，如晚宴、酒会、茶会等；正式家宴的请柬上要标明举行家宴的日期，包括年月日、星期几、上午或下午；写明家庭住址，包括某街、某号、某大楼、第几层等。

3. 环境布置

宴请前要将用餐环境进行清扫和布置，以达到雇主的要求。如屋内是否需要装饰和布置，餐后是否需要休息的地方，房间里是否需要增加鲜花的摆放，餐桌或菜台如何摆放，主餐桌的布置是否有特殊要求，是否需要为带小孩的宾客准备椅子，视听设备的摆放等。

房间布置好后，开始认真布置餐桌。要铺上平整清洁的桌布，通常应当超出餐桌边缘20厘米左右。可以考虑在每套餐具下面铺上一块圆形或方形餐巾，它们可以使餐桌具有美丽的色彩。另外，还可以用鲜花和蜡烛增加餐桌的隆重气氛。桌椅摆放的位置要适当，尽量避免客人受到桌腿和别人膝盖的挤夹，要留足距离。注意不要让强风或光线直吹或直射到客人的脸上。

4. 席位安排

席位安排以礼宾次序和便于交谈为原则。通常主宾坐在主人的右手边，有时宾客身份高，也可以请其坐到主位上。如果有多桌宴请，桌次高低以离主桌远近而定，右高左低，并摆上桌次牌、席位卡等。邀请宾客时应力求将趣味相投的客人安排在一起，这样可以使宴请或聚会气氛更融洽。

家庭席位安排有两种：尊老座次、宾主座次。上菜次序、斟酒次序均根据座次的顺序而定。

（1）尊老座次。在家宴中家庭成员齐全又没有外来客人的情况下，家庭的长者坐在正座。斟酒、上菜都从主位开始。

（2）宾主座次。在家宴中家庭成员齐全又有亲朋好友及重要宾客的情况下，长者坐在正座，即第一主人席，最重要的宾客坐在主人的右边，即主宾席，斟酒、上菜都从主宾位开始。

学习单元 2　家宴摆台

学习目标

➤熟悉宴会摆台的相关知识
➤掌握中餐桌与西餐桌的摆台技能

知识要求

一、餐台及台布的选择

1. 台布的种类

台布的种类较多。按质地分，有纯棉织品和化纤织品；按色彩分，有单色、多色或彩色；按花纹分，有条纹、图案花、格子等多种；按形状分，有正方形、长方形和圆形三种。

2. 餐台的选用

一般根据就餐人数来确定餐台的大小（见表3—1）。一般而言，家庭用餐普遍使用的是方桌或长方桌，比较少用圆桌。宴请时，因人数多，中式的一般使用圆桌，西餐则一般

使用长方桌。

表 3—1　　　　　　　　　　　　　　　　　餐台的选用

餐桌形状	用餐人数	餐桌大小
方形餐桌	2～4 人	100 厘米×100 厘米
长方形餐桌	2～4 人	80 厘米×160 厘米
	6～8 人	120 厘米×240 厘米
圆形餐桌	3～5 人	直径 120 厘米
	6～8 人	直径 160 厘米
	10～12 人	直径 180 厘米

3. 台布的配用

一般根据餐桌的大小、形状来选择台布（见表 3—2）。如果餐桌是方形的，台布可以是方的也可以是圆的；如果餐桌是圆形的，台布可以是方的或圆的；如果餐桌是长方形的，台布应该选择长方形的或用两块正方形的台布拼接使用。

台布的大小以台布下垂的尺寸最少不低于 30 厘米为原则。

表 3—2　　　　　　　　　　　　　　　　　台布的配用

餐桌形状	餐桌大小	适用的台布大小
方形餐桌	100 厘米×100 厘米	160 厘米×160 厘米
长方形餐桌	80 厘米×160 厘米	140 厘米×220 厘米
	120 厘米×240 厘米	180 厘米×300 厘米
圆形餐桌	直径 120 厘米	直径 180 厘米
	直径 160 厘米	直径 220 厘米圆台布或 220 厘米×220 厘米方台布
	直径 180 厘米	直径 220～240 厘米圆台布或 220 厘米×220 厘米～240 厘米×240 厘米方台布

二、铺台布

1. 铺设前的准备

（1）检查台面是否干净清洁；

（2）检查餐桌的台脚是否固定完好；

（3）检查餐桌是否已摆在所需的正确位置上；

（4）检查所准备好的台布是否符合餐桌尺寸；

（5）检查餐椅是否已按就餐人数摆放到位。

2. 铺设要求

（1）方台台布。主线凸出定位准、台面平整无皱褶、四边下垂均整齐、四角对称都均等。

（2）圆台台布。主线凸出定位准、台面平整又挺括、十字中心线居中、四角下垂均相等。

3. 操作步骤

（1）铺方台台布

1）站立在与主线相邻的桌边，将折叠好的台布开口处朝向自己摆放；

2）用双手将台布向两边打开，将台布摆放在餐桌的中间；

3）用双手大拇指和食指捏住台布的中间层，拇指与中指夹住台布上面一层，双手向两边伸开；

4）将台布向上提一下，上身前倾，同时松开拇指与中指夹住部分的台布，将台布的最下层部分向前面的台边垂挂摆放下去；

5）轻轻朝自己的方向拉开，并顺势调整台布的中心线使其铺设在餐桌的正中。

（2）铺圆台台布

1）站立在与主位相邻的一边，将折叠好的台布开口处朝向自己摆放；

2）用双手将台布向两边打开，摆放在餐桌上；

3）双手各捏在台布的1/3处，用双手大拇指和食指捏住台布的第一层，向上提并抖开台布，用食指与中指夹住台布中间层，再次抖开台布，用无名指和小指一起将剩余台布捏在手中，向前抛的同时松开中指、无名指、小指所捏的台布；

4）双手的大拇指和食指仍然捏住台布的第一层这条边，慢慢向自己方向拉回并调整台布中心线，使其铺设在餐桌的正中。

三、摆台

摆台是宴请前将客人就餐时所需要使用的餐酒用具按照一定的规范要求摆放在餐台上，为客人提供一个舒适的就餐位置和一套必需的就餐用具。根据宴请的形式，摆台分为中餐摆台和西餐摆台。

1. 摆台前的准备

（1）检查所用的餐具、酒具数量、品种是否齐全，是否完好无损。

（2）准备好干净的托盘，洗净双手。

2. 摆台操作中的注意事项

（1）为操作安全和方便，摆放餐具时使用托盘。

（2）拿餐具时要讲究清洁卫生，做到餐盆拿边，杯子拿底部或柄脚部，调羹、刀、叉、勺拿柄。

（3）操作过程中要注意轻拿轻放，如有餐具落地必须进行更换。

 技能要求

中餐宴请摆台——10人位

操作准备

1. 圆桌一个（直径为180厘米），10把有靠背的椅子。

2. 圆桌台布一块（规格：220厘米×220厘米）。

3. 餐具：骨盆、味碟、口汤碗、调羹、水杯、葡萄酒杯、白酒杯、牙签、筷架、筷子、筷套各10件，公筷架、公勺、公筷各2件。

4. 胶木托盘1个，餐桌花1盆。

操作步骤

步骤1　在铺有台布的餐桌中心位置放上花瓶或盆花进行定位，如图3—1所示。

步骤2　将骨盆放在托盘中，用左手托盘，右手放骨盆（从主人位开始，按顺时针方向操作），放在餐位正中离桌边1.5厘米处定位，如图3—2所示。

图3—1　桌花定位

图3—2　骨盆定位

步骤3　将口汤碗和调羹、味碟、筷架、筷子、公筷架等放在托盘中，用左手托盘，右手逐一放餐具，如图3—3所示。

摆放口汤碗和调羹

摆放味碟

摆放筷架

摆放筷子

摆放公筷架

图 3—3　餐具摆放

步骤 4　将葡萄酒杯、白酒杯、水杯放在托盘中，用左手托盘，右手逐一摆放，如图 3—4 所示。

摆放葡萄酒杯

摆放白酒杯

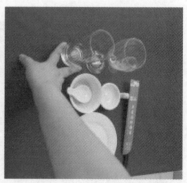
摆放水杯

图 3—4　酒具摆放

步骤 5　完成单个餐位的摆放（见图 3—5）后，可以用餐巾折花对桌面进行装饰，如图 3—6 所示。

图 3—5　单个餐位摆放

图 3—6　中餐宴请 10 人位标准摆台

质量标准

1. 餐用具摆放规范、整齐。

2. 餐位之间摆设的间距均匀一致。

西餐宴请摆台——6人位

操作准备

1. 长方桌一张（规格：120厘米×240厘米），6把有靠背的椅子。

2. 长方桌台布一块（规格：180厘米×300厘米）。

3. 餐具：装饰盆、汤勺、鱼刀、大刀、小刀、小叉、鱼叉、大叉、面包盆、黄油刀、黄油盅、甜品勺、甜品叉、水杯、红葡萄酒杯、白葡萄酒杯各6件，盐盅、胡椒盅、牙签盅各2个。

4. 胶木托盘1个，餐桌花1盆，烛台2个。

操作步骤

步骤1　将餐椅根据人数摆好定位，如图3—7所示。

步骤2　将装饰盆放在托盘中，用左手托盘，右手放装饰盆（从主人位开始，按顺时针方向操作），放在铺有台布的餐位正中离桌边2厘米处，如图3—8所示。

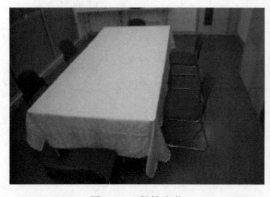
图3—7　餐椅定位

图3—8　装饰盆定位摆放

步骤3　将刀、叉、勺等餐具分类均匀地放在托盘中，用左手托盘，右手放餐具，从装饰盆右边开始依次放大刀、鱼刀、汤勺、小刀，如图3—9所示。

步骤4　从装饰盆左边依次放大叉、鱼叉、小叉、面包盆、黄油刀、黄油盅，如图3—10所示。

步骤5　在装饰盆上方放上甜品勺、甜品叉，如图3—11所示。

步骤6　将水杯、红葡萄酒杯、白葡萄酒杯放在托盘中，用左手托盘，右手摆放，如图3—12所示。

摆放大刀

摆放鱼刀

摆放汤勺

摆放小刀

图 3—9　餐具摆放（一）

摆放大叉

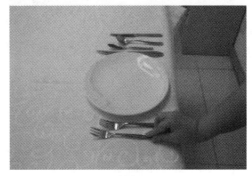

摆放鱼叉

摆放小叉

摆放面包盆

摆放黄油刀

摆放黄油盅

图 3—10 餐具摆放（二）

摆放甜品勺

摆放甜品叉

图 3—11 餐具摆放（三）

步骤 7 在完成单个餐位的摆放后（见图 3—13），将花盆、烛台、盐盅、胡椒盅等放在托盘中，用左手托盘，右手将用具一一放在餐桌中线一定的位置上，如图 3—14 所示，也可以用餐巾折花对桌面进行装饰。

摆放水杯

摆放红葡萄酒杯

摆放白葡萄酒杯

图 3—12　酒具摆放

图 3—13　单个餐位摆放

图 3—14　西餐宴请 6 人位标准摆台

质量标准

1. 餐用具摆放规范、整齐。

2. 餐位之间摆设的间距均匀一致。

 学习单元 3　餐巾折花

 学习目标

➤熟悉餐巾折花的造型种类及选择

➤掌握餐巾折花的方法与摆放的相关知识与技能

 知识要求

餐巾，又称为口布，是客人在用餐时用来保洁的用品。餐巾折花能点缀餐桌并渲染用餐气氛，具有很强的实用性和观赏性。

一、餐巾折花造型种类

1.按折叠的方法和摆设的位置分类，可分为杯花和盆花。

（1）杯花。将折叠成不同形状的餐巾放入杯中。这种花型折叠后取出使用时，餐巾平整性较差。

（2）盆花。将折叠好的餐巾花放在台面上或放在餐盆中。由于折叠简单、卫生、美观实用，被广泛使用。

2.按折叠造型的外观分类，可分为植物类造型、动物类造型和实物类造型。

（1）植物类造型（见图3—15）。根据植物花形状折制而成的有牡丹、月季、荷花、梅花等四季花卉造型。按植物的叶、茎、果实等形状折叠而成的有竹笋、仙人球、树桩、玉米等品种。

 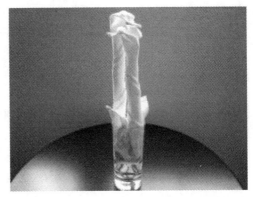

玫瑰盛开 马蹄莲花

图3—15 植物类造型

（2）动物类造型（见图3—16）。包括鱼、虫、鸟、兽造型，其中以飞禽造型为主，例如金鱼、大鹏、孔雀、鸽子、春燕、海鸥、凤凰、鸳鸯等。动物类造型有的取其整体，有的取其特征，形态逼真，生动活泼。

（3）实物类造型（见图3—17）。此类造型是模仿日常生活中各种实物而折成的餐巾花，如花篮、领带、折扇、帽子等。

二、餐巾折花的造型选择

1.根据宴会的性质选择花型

宴会的性质不同、形式不同，所选择的花型也不相同。选择与宴会性质合适的花型，可起到锦上添花的作用。例如，接待外国友人时，可选用"和平鸽""迎宾鸟"等花型，

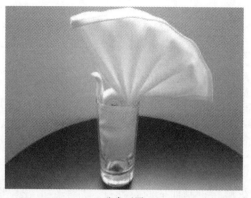

孔雀开屏

金鱼戏水

图 3—16　动物类造型

主教僧帽

扇面送爽

图 3—17　实物类造型

可表达我们热爱和平、愿意增进友好往来和欢迎嘉宾的情感；做祝寿酒席，可用"仙鹤""寿桃"等花型，以示"寿比南山""吉祥如意"等祝福。

2. 根据宗教信仰选择花型

如果宾客是信仰佛教的，勿选择动物类的造型，可选择植物、实物类造型；若宾客是信仰伊斯兰教的，勿用猪的造型等。

3. 根据接待对象选择花型

日本宾客喜爱樱花，忌讳荷花；美国宾客喜爱山茶花；法国宾客喜爱百合花等。对于信仰宗教的宾客可摆放僧帽等花型，在接待青年妇女宾客时宜选择孔雀、凤凰和各种花卉造型，在庄重的宴请中不适宜摆放小动物花型等。

总之，餐巾折花应视宴会和宾客的不同需要，掌握其特点，灵活选择花型的品种，才能做到恰到好处，从而取得良好的效果。

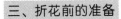

三、折花前的准备

（1）洗净双手。

（2）选择干净、平滑的桌面折花。

（3）检查餐巾是否完好、无污渍。

（4）检查用于放杯花的水杯是否完好且无水渍、污渍。

（5）选择全棉的餐巾（便于折出各种花型）。

四、餐巾折花的基本技法

餐巾折花的方法很多，但无论哪种花型、哪种折叠的方法，都有其共同的基本操作技法和要领，概括起来主要有叠、折、卷、穿、翻、拉、捏七种基本技法。折叠一个花型，一般会将几种技法结合起来运用。熟练地掌握和运用这七种基本方法，能举一反三、触类旁通，再加上丰富的想象力，就能随心所欲地创制出多种美观大方的花型。

1. 叠

叠（见图3—18）就是将餐巾一折二、二折四，单层折叠成多层，折叠成正方形、长方形、三角形、菱形等各种几何图形，还可以通过先翻角后折叠或先折叠后翻角，使餐巾花型发生变化。这是餐巾折花中最基本的手法，折叠各种餐巾花几乎都要用到此技法。

对角折叠

翻角折叠

图3—18 叠

操作要领：想好折叠的造型，一次折叠成功，避免反复折叠而留下皱痕，影响造型的美观。

2. 折

折（见图3—19）就是将餐巾叠面折成一裥一裥的形状，使花型层次丰富、紧凑、美观。折裥时，用双手的拇指、食指握紧餐巾，两个大拇指相对呈一线，指面向外，中指控制好下一个折裥的距离，拇指、食指的指面握紧餐巾向前推折到中指处，再腾出中指控制下一个折裥的距离，三个指头互相配合，向前推折。折裥又分为直裥（平行裥）和斜裥两种。每裥的宽度一般在2厘米左右。

3. 卷

卷（见图3—20）就是将折叠的餐巾卷成圆筒形的一种方法，可分为平行卷和斜角卷两种。平行卷是将餐巾两头平行一起卷拢，要求卷得平直。斜角卷是将餐巾一头固定只卷一头，或者一头少卷一头多卷的卷法。

图3—19 折

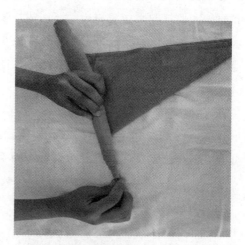

图3—20 卷

操作要领：卷一定要卷得紧、卷得挺。若卷得太松，折叠的花型就会软弱无力，容易弯曲变形，影响花型的造型美观。

4. 穿

穿（见图3—21）是指用工具从餐巾的夹层折缝中边穿边收，形成皱褶，使造型更加逼真美观的一种手法。穿时左手握住折好的餐巾，右手拿筷子，将筷子的一头穿进餐巾的夹层折缝中，另一头顶在自己身上，然后用右手的拇指和食指将筷子上的餐巾一点一点往里拉，直至把筷子穿过去。

操作要领：所穿过的折裥部分要直，皱褶细密、均匀。

5. 翻

翻（见图3—22）是在折制过程中，将餐巾折、卷后的部位翻成所需花样。翻是指餐

图 3—21　穿

巾的巾角从下端折至上端、两侧向中间翻折、前
面向后面翻折，或是将夹层里面翻到外面等，以
构成花、叶、芯、翅、头颈等形状。

　　操作要领：在翻花朵的叶子或鸟类的翅膀时，
应注意对称且大小均匀一致。

　　6. 拉

　　拉（见图 3—23）就是牵引，是在翻的基础
上，为使餐巾造型挺直而使用的一种手法，如折
鸟的翅膀、尾巴、头颈，花的茎叶等。通过拉的
手法可使餐巾的线条曲直明显，花型挺括而有生
气。

　　操作要领：拉时用力要均匀，不能猛拉，否

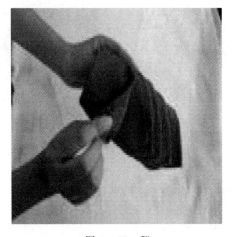

图 3—22　翻

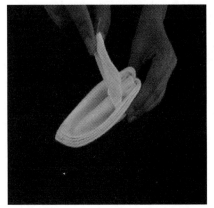

图 3—23　拉

则将破坏花型。

7. 捏

捏（见图3—24）主要是做鸟或其他动物的头所使用的方法。操作时，用一只手的拇指、食指、中指进行。先将餐巾巾角的上端拉挺做头颈，然后用食指将巾角尖端向里压下，用中指与拇指将压下的巾角捏紧，捏成一个尖嘴，作为鸟头。

图3—24　捏

操作要领：捏要棱角分明，使造型形象逼真。

五、餐巾折花的摆放要求

1. 摆放的正确性

杯花是将餐巾折花放在水杯中，摆放时要注意拿水杯的卫生。将餐巾插入水杯时只能插在水杯的2/3处，不能碰到水杯底部。

盆花是将餐巾折花放在服务盆中，摆放时要注意将餐巾花放在服务盆中央，注意花型不能斜倒、松开。

2. 摆放的艺术性

如果是正面观赏的动物花型，应将鸟头正面朝向宾客，而植物花型则须将最佳观赏面朝向宾客。

3. 错开摆放

同桌摆放不同种类的花型时，要考虑将动物和植物错开摆放，将同样折法折叠的花型搭配摆放，将形状相似的花型分开摆放。

杯花造型——富贵天竹

操作准备

餐巾 1 块，水杯 1 个。

操作步骤

富贵天竹造型操作步骤如图 3—25 所示。

餐巾反面朝上

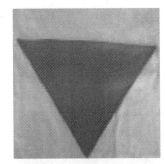
对折

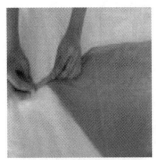
斜向卷紧

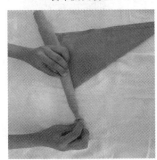
卷起两寸长

拿起一片做"叶子"

将三片"叶子"均匀放置

整理底部，插入杯中

图 3—25　富贵天竹造型操作步骤

注意事项

富贵天竹造型采用折、卷、翻、拉四种技法。卷的技法要求由细到粗形成均等的螺旋状。花蕊应结实、饱满。竹叶围花蕊要均匀地拉出大小均等的三瓣，最后包裹要求紧实平整，以达到高耸挺拔的效果。

杯花造型——四叶春芽

操作准备

餐巾 1 块，水杯 1 个。

操作步骤

四叶春芽造型操作步骤如图 3—26 所示。

餐巾反面朝上

对折

再对折

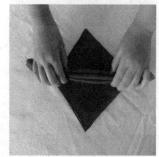
从中间起折裥，推折

将两边都推折好

将底部包平整

将底部插入杯子，拉开叶片

图 3—26 四叶春芽造型操作步骤

注意事项

四叶春芽造型采用叠、折、拉三种技法，要求推折平整、宽度一致，在整理的时候应注意层次感，以达到逼真的效果。

盆花造型——一帆风顺

操作准备

餐巾 1 块，七英寸盘 1 个。

操作步骤

一帆风顺造型操作步骤如图 3—27 所示。

餐巾反面朝上

对折

再对折

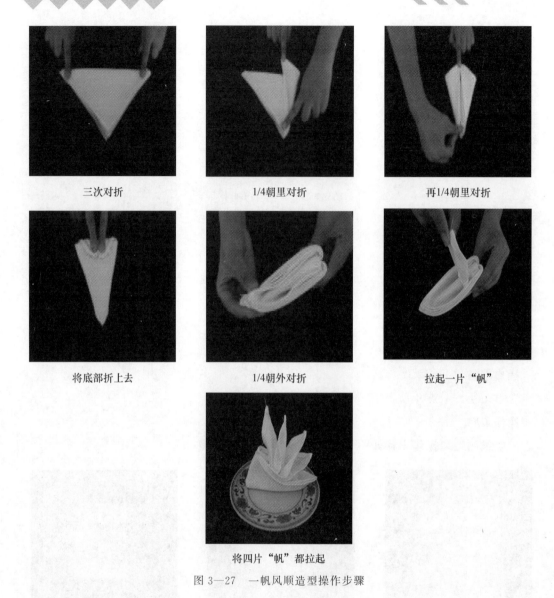

三次对折　　　　　　1/4朝里对折　　　　　　再1/4朝里对折

将底部折上去　　　　　1/4朝外对折　　　　　拉起一片"帆"

将四片"帆"都拉起

图 3—27　一帆风顺造型操作步骤

注意事项

　　一帆风顺造型采用折、拉两种技法，折叠时应间距均等、左右对称，拉的技法要求高度适宜、层次分明，以达到美观的效果。

盆花造型——企鹅漫步

操作准备

餐巾 1 块，七英寸盘 1 个。

操作步骤

企鹅漫步造型操作步骤如图 3—28 所示。

餐巾反面朝上，菱形放置

由上向下，对折成三角形

将左右两侧的角折向顶角，两边向中间对折

餐巾翻面

将尾端多余部分向上翻折

将餐巾翻面，对折

捏出鸟头

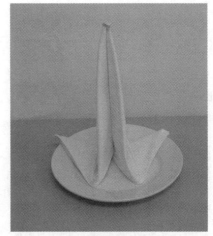

放在骨盆中间

图3—28　企鹅漫步造型操作步骤

注意事项

企鹅漫步造型采用折、捏两种技法。折时注意边角对齐，捏头时要细小一点。此花可用于西餐宴席的长者席位前，寓意长辈长寿，也可放在小宾客前，给人可爱感。此花有便于区分宾主席位的作用。

 学习单元4　家庭宴请的招待服务

学习目标

➤了解中式宴请的相关知识，掌握中式宴请的服务规范
➤了解西式宴请的相关知识，掌握西式宴请的服务规范

知识要求

一、中式宴请

1. 入席服务

当宾客和雇主来到餐桌前时，家政服务员应主动为他们拉椅让座，要先宾后主、先女

后男；等客人都坐妥后，可以斟倒酒水。

2. 斟酒服务

为宾客和雇主斟倒酒水时，要先征求意见，斟倒他们喜欢的酒水饮料。一般饮料、白酒斟八分满为宜，红葡萄酒斟 1/2 杯。当客人提出不需要某种酒时，应立即收掉相应的酒杯。客人在喝酒时，要随时观察酒量的情况，在杯中酒还剩原酒量的 1/2 时，应及时斟倒酒水。

3. 上菜服务

上菜一般按菜单顺序。冷盘通常是在开宴前 10 分钟摆上餐桌，如果天气较冷或较干燥时，应包上保鲜膜放在餐桌上，这样既卫生又防止菜肴风干影响菜品美观。冷盘摆放时要注意荤素搭配、颜色搭配、刀工搭配、菜盆间距等。热菜要等雇主示意后再开始上菜，上每个菜肴时都要报菜名，如果是多桌宴会要根据主桌用餐速度上菜。协调好上菜速度是宴请成功与否的关键。

4. 撤换餐具

当客人骨盆里的残渣、骨头较多时，需要撤换骨盆。当客人不小心将餐具掉落在地上时，应及时给予更换。当甜羹类菜肴上桌后，应同时递上口汤碗，这样客人可以甜咸分开食用。

撤换骨盆时，要待客人将骨盆里的食物吃完后方可撤换；如客人盆中菜肴未吃完，可示意客人，在征得客人同意后方可进行撤换。撤换骨盆时按先主宾后其他宾客的顺序，先撤后换，站在客人的右侧进行操作。

5. 席间服务

客人在用餐过程中，尽量不打扰他们，因为许多喜欢在家里宴请客人的雇主，其目的就是为了与客人有一个交流的空间。所以应尽量减少进出餐厅的次数，让主人、宾客可以畅所欲言，这是做好服务工作的基础。但也不能忽略服务，家政服务员可以利用上菜的时机观察客人有什么需要，为客人提供服务，如及时斟酒、换骨盆、换烟缸等。

6. 清理餐桌

当雇主提出用餐结束或需要清理时，家政服务员要立即将餐桌清理干净。清理程序是：先玻璃器皿、餐具小件，再将剩菜盆等撤下，如果客人还要坐在餐桌旁聊天，要在擦干净餐桌后迅速送上茶或咖啡、瓜子等。

二、西式宴请

1. 餐前鸡尾酒服务

一般来说，正式的西餐宴会在开始之前会有一个简单的餐前鸡尾酒会，客人们陆续到来，边喝鸡尾酒，边吃一些芝士条、龙虾片、干果仁等小吃。雇主会利用这个时间进行沟通交流，增进彼此间的感情。

2. 入席服务

当宾客陆续到齐，雇主表示可以入席时，家政服务员应主动为他们拉椅让座，要先宾后主、先女后男；等客人都坐定后，可以询问是否需要开胃酒或斟倒其他酒水。

3. 上菜服务

按菜单顺序上菜。一般顺序是：冷开胃菜—汤—鱼类—主菜—甜品—咖啡或茶。在上菜之前，应先将用完的前一道菜的餐具、酒具撤下，再上第二道菜。西餐用餐时，每上一道菜都配不同的酒，所以要先斟上配餐酒再上菜。上菜时要报菜名。

4. 席间服务

客人在用餐过程中，要尽量不打扰他们，因为在家里宴请客人的雇主，其目的就是为了与客人有一个舒适的交流空间。所以要尽量减少进出餐厅的次数，让主人、宾客可以畅所欲言，这是做好服务工作的基础。但也不能忽略服务，家政服务员可以利用上菜时机观察客人有什么需求，为客人提供服务。例如，及时斟酒，清理台面上的面包屑，收餐盆和用过的刀叉，换烟缸等。

5. 清理餐桌

当雇主提出用餐结束或需要清理时，家政服务员要立即将餐桌清理干净。清理程序是：先玻璃器皿再餐具小件，最后是台料等用具。如果客人还要坐在餐桌旁聊天的话，要在擦干净餐桌后迅速送上茶或咖啡，有些客人习惯餐后饮用白兰地，应及时送上。

第2节　对外交往礼仪

 学习单元1　涉外交往的基本原则与注意事项

 **学习目标**

➤了解在涉外服务中必须遵循的基本原则

➤掌握涉外服务的相关礼仪

 知识要求

家政服务员在涉外家庭工作，必须认真了解并遵循基本的涉外礼仪和原则以及国际交往中常规的、通行的做法。

一、涉外交往的基本原则

1. 维护形象，不卑不亢

在涉外家庭工作，个人形象是很重要的，客户往往通过与家政服务员的接触来了解中国、认识中国，家政服务员若不注意个人形象，从某种程度上讲，就有可能会因此损害中国的形象。如雇主宴请客人，家政服务员就要为主人宴请做好舒适而细致的服务，不能只顾埋头做事、冷言少语，要主动热情地帮助主人照顾宾客，要为客人挂放外套、沏茶、冲咖啡等，但又不能喧宾夺主。这就是待人接物的宗旨所在。不卑不亢是涉外礼仪的基本原则，在涉外家庭工作，言行应当从容得体、落落大方，在有关国格、人格等原则问题上，不低三下四、畏惧自卑，但一定要注意把握好度，如对一些发达国家所取得的成就，家政服务员不必视而不见或加以贬低，也不必自叹不如、自惭形秽，甚至由此认为外国的一切都比中国好。

2. 求同存异，入乡随俗

由于历史、文化、宗教、习俗等差异，中国与外国在礼仪礼节上的差异还是显而易见的，这种差异也是任何政府、任何个人难以强求统一的。如有关数字的禁忌，在中国、日本、韩国、朝鲜等亚洲国家，人们最讨厌的是"4"，而西方人最讨厌的是"13"，它们都有自己存在的必要性和合理性，没有对错可言。所以，求同就是遵守礼仪的"共性"，即国际惯例；存异就是对他国的礼俗不一概否定，允许别人与自己不同。入乡随俗是家政服务员必须遵循的基本原则之一，它的主要含义就是要尊重对方的风俗习惯，并能以友善的、敬重的心态去对待，而不是敷衍了事。如有些民族禁食猪肉，有些民族禁食牛肉，家政服务员就要对这些习俗予以尊重，并无条件地"客随主便"，千万不能做出一些令雇主感到"伤风败俗"的事情来。

3. 热情有度，不必过谦

与外国人打交道，在待人热情友好的同时，还要把握好"热情"的度，否则就会事与愿违。要掌握好这个度，就是不要让对方觉得你管得太宽，处处"越位"。如你向对方建议"天冷了，你应该多穿些衣服"，对方会觉得你在干涉他的自由，在他们看来，这纯粹是个人的选择，与你有什么相干？你管这么多干什么？所以切记，自己所做的一切都以不影响对方、不妨碍对方、不干涉对方的私生活为限。不必过谦，就是在自我评价时，不要与外国人过度谦虚与客套，而是要实事求是，对自己进行正面的评价和肯定。如别人赞美你的手艺时，你完全可以大大方方地表示"谢谢"，既表现了自己的自信，也接纳了对方的心意，没有必要因此而羞羞答答，说什么"哪里哪里，这些菜烧得不好""没什么准备，凑合着吃吧"，外国人对这类说法大多难解其意，并可能因此而误认为你不务正业。

4. 尊重隐私，信守约定

在涉外家庭工作，家政服务员要养成一个习惯：凡涉及对方个人隐私的一切问题，都应该自觉地、有意识地予以回避。一般来说，收入支出、年龄大小、恋爱婚姻、身体健康、家庭住址、个人经历、信仰政见、所忙何事等都属于个人隐私问题，务必要遵守"尊重隐私"这一涉外原则。信守约定就是与人交往，讲话要算数，承诺要谨慎，许诺要兑现。不管是客户提出的要求，还是自己主动向对方提出的建议，都一定要深思熟虑、量力而行，一切从自己的实际能力出发，考虑周全后再做决定。约定一旦做出，就必须如约而行，同时尽可能避免对自己的约定进行修改和变动。如因难以抗拒的因素失约，要主动向客户道歉，如实解释，不能避而不谈、推诿搪塞，甚至翻脸不认账。

二、涉外交往中的注意事项

1. 外出办事要守时践约

时间就是效率，外出办事要有约在先。临时拜访会使对方没有准备或无法接待，使双方都感到难堪。拜访时，按通常礼节行事就可以。如果对方正在开会、接待客人、研究问题或正在发言时，不要打断别人的谈话、破坏气氛，应立即退出办公室，并说一声"对不起"以表示歉意。如果确实事情紧急，也应该先说一声："对不起，打断一下你们的谈话。"进入室内后，若话不长可不必坐下，否则要在主人邀请下方可入座。注意不要站在门口谈事挡住通道。

无论是赴约、接人、求人办事，遵守时间都是基本的礼貌。一般情况下，要按约定好的时间准时到达，既不要提前，也不能迟到。提前到达往往会打乱对方的计划，使对方措手不及。迟到是一种不礼貌的行为。若因为某些原因迟到，应该先打电话表示歉意，说明要迟到多久。如果来不及打电话告诉对方，在见面时一定要道歉，取得对方的谅解。

2. 说话办事严谨，能保守秘密

作为家政服务员，一定要认清自己的角色，明确自己是在协助或代表雇主外出办事。在谈话中要将雇主的意图表示明晰，不要夹带自己的看法。谈话要实事求是，办事要严

谨。对自己不知道的事不要随便答复，更不能自作决定。对无把握的事不要应诺，做到言而有信。如遇到自己不能回答的问题、不便办理的事情，要听清楚后反馈雇主，由雇主来解决。在与雇主家外的人交谈时，要维护雇主家的信誉和名声，体现你的忠诚，不要议论雇主及其家庭成员的情况和家中的事情，要能为雇主保守秘密。在公众场合将雇主家的私事当话题，对别人说三道四会引人讨厌，对雇主、对自己都不利。

3. 内外有别，注意涉外交谈内容

与外方人员交谈，应注意中外习惯上的差异。例如，外方人员见面打招呼常问"早上好""您好"等，而中国人见面常用"上哪儿去啦""干嘛去"等，外方人员会认为这是查问别人的私事。又如，我们爱用的"吃饭了吗"，外方人员容易误解为若未吃饭，你准备请客。

在交谈内容上还要注意：

（1）不谈论个人、私人问题。在许多国家，尊重他人的隐私权，不探寻他人隐私是必须注意的礼节。所以，在交往中一般不要询问对方的履历、财产状况、工资收入，如谈及也要十分客气。不要询问他人的年龄，尤其是妇女的年龄，不与妇女谈论谁长得胖、身体壮、保养得好等。不探寻他人婚姻状况和家庭情况。不要好奇地询问他人的生理缺陷或残障。另外，不能询问对方的衣饰价格或赠送礼品的价钱等。

（2）不谈论荒诞离奇、耸人听闻、黄色淫秽、疾病死亡、个人愧疚等不愉快的事情。比如，对一个家中有病人的人大谈重病或死亡的话题会不得人心，大谈淫秽下流的话语只能给人品格低下的印象。

（3）不谈论双方的国家内政和民族宗教问题。在涉外交往中，尽量把谈话内容限制在业务范围内。要避免说客套话，比如"有空到我家来玩"是中国人告别时随便说的一句话，但外国人听了会当一回事，他（她）会要你确定时间、地点赴约。要避免用"也许""大概""差不多"等模糊词语，这些词语在西方人看来扭扭捏捏，吃不准到底是什么意思。

总之，这些基本原则和注意事项在涉外家庭工作中可以根据不同的国家、不同的对象灵活运用。抓住涉外家政礼仪礼节的重点，往往会事半功倍。

学习单元 2　家庭对外交往

学习目标

➤能根据雇主的要求对家庭以外的事情进行联络

➤熟悉代雇主对外交往的相关礼仪，协助雇主有效工作

知识要求

一、家庭中主要的对外交往工作

1. 为自己或为雇主安排约会

要代表雇主家去他处办事或拜访时，最好事先约定，说明拜访的目的，尽量避免临时拜访。有时，也需按照雇主要求为其安排约会，以节省雇主的时间和精力。所以，安排约会是家政服务员对外联络的首要工作。安排约会主要是确定时间、地点和内容。拜访的时间一般安排在上午9点至下午4点，太早、太晚均不合适，更不能安排在临近用餐的时间。地点最好双方都能方便到达，并要记下确切地址、房间号码及联络办法。对双方交谈的主要内容，有可能的话应事先说明，有时还应提前将有关资料、会谈提纲等交换过去，以便双方有所准备，节省会谈时间，确保会谈成功。安排约会可以用电话、传真或电子邮件等通信方式联络。

2. 代表雇主对外交往，完成所交办的事

家政服务员有时要接受雇主交代的任务，协助雇主参与一些对外交往的事情。例如，送发某项宴请或活动的邀请函或请柬，代雇主查问、咨询某个问题或通知、转告某件事情，帮雇主交付或取回某些材料或票据，甚至代表雇主去看望病人、赠送礼品、参加活动等。家政服务员代表雇主工作前，一定要了解清楚雇主的意图，明白自己要办的事，并进行充分准备。在与他人联络时要表明自己的身份，将雇主的意图表达清晰，不要夹带自己的看法。在完成工作的整个过程中，需要记录的要记录周全，并要注意自己的言行举止，不能因疏忽失礼而给雇主家造成不利的影响。事情完成后，要把事情逐一清楚地向雇主汇报。

3. 帮助雇主购买产品或求购服务

在雇主需要时，家政服务员也要协助雇主或雇主家洽谈购买某些物品或服务项目。例如，按要求为家庭购家具、电器，协助监管房屋装修，订国内外飞机、火车、轮船票，预约美容美发、健身运动，买各类歌舞影剧票，协助办理邮政业务、银行业务、股票业务等。在承担这些任务时，要仔细问清雇主的要求、希望服务的范围及支付经费的数额。在与对方联络时，要说清要求，降低支出，尽量为雇主提供满意的服务。

二、代雇主对外交往的相关礼仪

家政服务员在协助雇主对外联络时，需要与各种人交往谈话，其中也包括外国友人，所以有关交谈的礼仪非常重要。

1. 恰当的交谈方式

和谐的交谈气氛通常来自恰当的交谈方式。常用的方式有：

（1）探讨式交谈。交谈双方对所谈内容非常关注，也希望对方能尽快认可，达成方案，但又把握不准对方的想法，这时，可以各自摆出自己的方案，共同磋商探讨，最终达成共识。

（2）协商式交谈。双方对交谈的内容在看法上已经有了一致的基础，交谈时继续以相互平等、合作的方式，将某些特定问题进行协调和商量式交谈，以完善统一。

（3）请教式交谈。交谈一方对所谈的内容缺乏把握，而对方在这方面比较精通，则以求教的方式与对方交谈，以助于自己最终定夺。求教一方的态度应谦虚真诚，用语委婉有礼。对采取哪种交谈方式进行交谈，一般由交谈的主方根据对方的具体情况来选择，以满足对方的心理特点、符合对方交谈习惯为前提。

2. 艺术的语言技巧

在交往中，谁都希望自己能做一个健谈者，在与各种人员打交道时能巧问妙答，具备随机应变的能力。学会讲话的艺术，既能将事情办好，达到真正的目的，又让对方愉快接受。例如，交谈中出现沉默时，能善于提问打破僵局，诱导对方将话题转到中心上来；交谈有分歧时，能用笑容或幽默的话语调节气氛，加些润滑剂，给他人留下洒脱自信的印象；对那些对方不太容易接受的内容，学会说得委婉含蓄些，让对方揣摩体会；某些时候还可以不用语言而通过眼神、手势、身体等行为语言将自己的意向传递给对方，引起对方反应。交谈时尽量不说拒绝的语言，"不"字虽直截了当，但生硬、简单，惹人反感。拒绝可采用的方式方法很多，这些语言的艺术和技巧要在实践中体会、总结，才能运用自如。

3. 良好的姿态距离

与人交谈要有正确的坐姿或站姿，无论何种交谈姿态，上身都要挺拔，显出精神饱满的样子，并将自己的身体面向对方。如边走边说，也应不时地转头看看对方。与人交谈时，目光要自然和蔼，真诚地注视对方，同时要在对方说话时表现出极大的兴趣，细心体会对方的感受，努力产生共鸣，使对方感到你的诚意和尊重。说话时，声音的大小以对方能听清为合适，不要放开嗓门大声喧哗，也不要高声谈笑旁若无人。从交际礼仪上讲，人与人之间应保持一定的距离，这是人们维护个人自尊的需要，有人称为"私人空间"。美国人类学家提出人际距离的四个空间是：

（1）密切空间。50厘米间距之内，这种距离仅限于夫妇、情侣、家人或者密友之间，多用于谈论个人私事。

（2）人身空间。50～120厘米间距，适合朋友和熟人交谈，也可以用于交往中讨论有关的个人问题。

（3）社交空间。120～360厘米间距，适合商务、非私人性的交谈，使人感到"公私分明"，所以多见于公事公办的场合。

（4）公共空间。360厘米以上间距，用于正式场合与陌生人保持的距离，如演讲等。

距离不对，会使人感到不舒服。轻易侵入别人的私人空间是不明智的。如果自己的交际形象得不到对方的尊重，那么你也不会取得对方的信任，难以协助雇主开展工作。

4. 礼貌的对外称呼

在社交场合要做到尊重外方人员，应正确、恰当地称呼对方。先生、太太、小姐、女士是最普通和常用的称呼，是正式和受尊重的。称呼对方可带上对方的姓名，也可只带上姓，但不能单独叫名而不带姓。对于男士称先生（Mr.），如"约翰·史密斯先生（Mr. John Smith）"或"史密斯先生"。对于已婚妇女称太太。如果是一对夫妇，称呼可连用，称"史密斯先生和太太（Mr. & Mrs. Smith）"。关于小姐（Miss）的称呼，对未婚姑娘、单身老太太以及自己不了解其婚姻状况的都可用。当今也很通行女士（Ms）的称呼，可用于年长且不了解其婚姻状况的女子。而先生（Sir）和夫人（Madam）的称呼是对地位较高、年龄较长者的尊称，使用时可以不带姓名。

对地位高的官方人士，用阁下（Excellency）的尊称，如对部长、大使等。对王室及贵族，常用陛下（Majesty）、殿下（Royal Highness）的称谓。对有学衔、军衔、技术职称、学位等人士可称其头衔，如某某教授、某某博士，通常不称行政职务，如某某校长，只是在介绍时说明职务。

测 试 题

一、判断题（下列判断正确的请打"√"，错误的打"×"）

1. 为了达到雇主的要求，一般在宴请前要将用餐环境进行清扫和布置。　　　（　　）

2. 如果是多桌宴请，靠近主桌越近，参加的客人越重要。　　　　　　　　　（　　）

3. 通常主宾坐在主人左手边的位置。　　　　　　　　　　　　　　　　　　（　　）

4. 如果是按宾主席位安排的座位，斟酒、上菜都应该从主人位开始。　　　　（　　）

5. 6～8人用餐的圆餐桌一般配上120厘米×240厘米的台布。　　　　　　（　　）

6. 铺台布时一般要注意台布四边下垂均等。　　　　　　　　　　　　　　　（　　）

7. 中餐摆台，骨盆一般离桌边3厘米。　　　　　　　　　　　　　　　　　（　　）

8. 中餐摆台要放三个酒杯，即水杯、红葡萄酒杯、白酒杯。　　　　　　　　（　　）

9. 西餐摆台操作时，应该从主宾位开始，按顺时针方向进行。　　　　　　　（　　）

10. 杯花是将餐巾折花放在水杯中，所以插放时要注意操作卫生。　　　　　（　　）

11. 家政服务员可根据雇主要求为雇主安排约会，代表雇主对外交往，帮助雇主采购物品。　　　　　　　　　　　　　　　　　　　　　　　　　　　　　　　　　（　　）

12. 家政服务员在涉外家政服务过程中，需要与雇主沟通交往，交谈礼仪不可忽略。　　　　　　　　　　　　　　　　　　　　　　　　　　　　　　　　　　　　（　　）

13. 与人交谈，不仅要善于表达，更要学会倾听。　　　　　　　　　　　　　（　　）

14. 在社交场合正确、恰当地称呼外籍雇主，是对外籍雇主的尊重。　　　　　（　　）

15. 家政服务员在代雇主外出办事时，要将雇主的意图表达明晰，不要夹带自己的看法。　　　　　　　　　　　　　　　　　　　　　　　　　　　　　　　　　　　（　　）

16. 家政服务员努力发展与雇主的融洽和睦关系，才能工作顺利、生活愉快。　　　　　　　　　　　　　　　　　　　　　　　　　　　　　　　　　　　　　　（　　）

17. 涉外家政服务员要看雇主眼色行事，有时要口是心非才能取得雇主好感。　　　　　　　　　　　　　　　　　　　　　　　　　　　　　　　　　　　　　　（　　）

18. 涉外家政服务员工作中遇到不懂或不会做的事要多向他人请教。　　　　　（　　）

19. 涉外家政服务员工作中被雇主误解批评应据理力争，表白澄清。　　　　　（　　）

20. 家政服务员对于爱挑剔的雇主可不予理睬，擅自做主。　　　　　　　　　（　　）

二、单项选择题（下列每题的选项中，只有1个是正确的，请将其代号填在括号中）

1. 家庭宴请主要是指主人设宴邀请客人前来用餐的一种（　　）用餐形式。

　　A. 品尝佳肴式　　　　B. 社交式　　　　　C. 体会式　　　　　D. 体验式

2. 席位安排一般是以礼宾次序和便于（　　　）为原则。

　　A. 观看　　　　　　B. 上菜　　　　　　C. 斟酒　　　　　　D. 交流

3. 台布按质地分为纯棉织品和（　　　）织品。

　　A. 全毛　　　　　　B. 亚麻　　　　　　C. 化纤　　　　　　D. 涤纶

4. 中餐摆台时，一般可以用（　　　）托盘。

　　A. 左手　　　　　　B. 右手　　　　　　C. 双手　　　　　　D. 助手

5. 西餐摆放装饰盆时，应该距桌边（　　　）厘米。

　　A. 1　　　　　　　B. 1.5　　　　　　C. 2　　　　　　　D. 2.5

6. 西餐摆台时，黄油刀应放在面包盆的（　　　）1/3处。

　　A. 上　　　　　　　B. 下　　　　　　　C. 左　　　　　　　D. 右

7. 西餐的甜品叉应放在装饰盆的（　　　）边。

　　A. 上　　　　　　　B. 下　　　　　　　C. 左　　　　　　　D. 右

8. 餐巾折花既能点缀餐桌，又有（　　　）价值。

　　A. 观赏　　　　　　B. 品味　　　　　　C. 实用　　　　　　D. 欣赏

9. 杯花一般是插在水杯的（　　　）处。

　　A. 1/2　　　　　　B. 1/3　　　　　　C. 2/3　　　　　　D. 3/4

10. 盆花一般是放在服务盆的（　　　）位置。

　　A. 居中　　　　　　B. 上1/3　　　　　C. 下2/3　　　　　D. 左1/4

11. 家政服务员与雇主和谐的交谈气氛通常来自恰当的（　　　）。

　　A. 交谈方式　　　　B. 经济来往　　　　C. 互相奉承　　　　D. 协调商量

12. 涉外家政服务员与外籍雇主言谈中要经常恰当地使用（　　　）。

　　A. 礼貌用语　　　　B. 客套话　　　　　C. 问候语　　　　　D. 拒绝口气

13. 从交际礼仪上讲，人与人之间应保持一定的距离，这是人们维护（　　　）的需要。

　　A. 公共秩序　　　　B. 社会道德　　　　C. 个人自尊　　　　D. 家庭美德

14. 对地位高的官方人士，如部长、大使等，要用（　　　）的尊称。

　　A. 陛下　　　　　　B. 阁下　　　　　　C. 殿下　　　　　　D. 先生

15. 无论是赴约、接人、求人办事，（　　　）都是基本的礼貌。

　　A. 稍稍迟到　　　　B. 热情招呼　　　　C. 提前到达　　　　D. 遵守时间

16. 家政服务员代雇主外出办事，对无把握的事不要（　　　）。

　　A. 拖延　　　　　　B. 推却　　　　　　C. 应诺　　　　　　D. 拒绝

17. 涉外家政服务员在工作中不可与外国机构和外国人（　　　）。

A. 谈论赛事　　　　B. 礼尚往来　　　　C. 私自交往　　　　D. 文化交流

18. 人际关系指人们在精神、物质交往过程中发生的（　　）。

　　A. 生理关系　　　　　　　　　　B. 经济关系

　　C. 心理上的关系　　　　　　　　D. 利益关系

19. 涉外家政服务员要特别重视（　　），说到做到。

　　A. 服饰打扮　　　　B. 言而有信　　　　C. 外语提高　　　　D. 沟通交流

20. 涉外家政服务员与人交往首先要（　　），以自己的诚意消除雇主的心理障碍。

　　A. 客套　　　　　　B. 坦诚　　　　　　C. 冷静　　　　　　D. 交流

三、多项选择题（下列每题的选项中，至少有 2 个是正确的，请将其代号填在括号中）

1. 涉外家政服务员在社交场合要多使用（　　）等礼貌用语。

　　A. 谢谢　　　　　　B. 对不起　　　　　C. 劳驾　　　　　　D. 愿意效劳

　　E. 打扰您

2. 涉外家政服务员在工作中不要询问外籍雇主的（　　）。

　　A. 履历　　　　　　B. 习惯　　　　　　C. 财产状况　　　　D. 爱好

　　E. 收入

3. 西餐宴请时，在餐桌中间放上（　　）。

　　A. 糖盅　　　　　　B. 酱油瓶　　　　　C. 盐盅　　　　　　D. 胡椒瓶

　　E. 烟灰缸

4. 根据宴请的主题，通常可以将家庭宴请分为（　　）等主要类型。

　　A. 寿宴　　　　　　B. 迎送宴　　　　　C. 中餐宴　　　　　D. 纪念宴

　　E. 西餐宴

5. 交谈的间隔空间为 50 厘米之内仅限于（　　），多用于谈论个人私事。

　　A. 夫妇　　　　　　B. 情侣　　　　　　C. 家人　　　　　　D. 熟人

　　E. 密友

测试题答案

一、判断题

1. √　　2. √　　3. ×　　4. ×　　5. ×　　6. √　　7. ×　　8. √　　9. ×

10. √　　11. √　　12. √　　13. √　　14. √　　15. √　　16. √　　17. ×　　18. √

19. ×　　20. ×

二、单项选择题

1. B   2. D   3. C   4. A   5. C   6. D   7. A   8. C   9. C

10. A   11. A   12. A   13. C   14. B   15. D   16. C   17. C   18. C

19. B   20. B

三、多项选择题

1. ABCDE   2. ACE   3. ACDE   4. ABD   5. ABCE

家庭技艺篇

第 4 章

家庭便宴常识与制作

第1节　家庭便宴常识

学习目标

➤了解家庭便宴的准备原则及菜点的准备要求

➤掌握家庭便宴菜点配制的相关知识

知识要求

家庭便宴是以家庭成员和亲朋好友为主体的一种家庭聚餐的形式，是为某个值得纪念的事件而准备的有一定规格质量的一整套菜点。

一、准备的原则

1. 认真准备，不要太过随意

家宴的菜肴应避免原料、烹调方法、色泽和口味的单一。但家庭聚会也不宜铺张浪费，更不能把聚会作为炫耀雇主家庭实力的机会，因为聚会的目的是便于沟通，增进友谊。

2. 尊重客人的饮食习惯

不同的国家、不同的民族有着不同的饮食习惯，宴请时要充分考虑。

3. 充分考虑宾客的年龄特点

不同年龄的宾客对菜肴也有不同的要求。如老人较偏爱酥烂、软嫩、清香的菜肴，而年轻人则偏爱香、酥、松的菜肴。

4. 根据宴请标准制定菜单

宴请标准的高低是制定菜单的依据，即在雇主规定的标准内把菜点搭配好，让客人满意。这也是制定菜单的宗旨。

5. 根据季节变化特点制定菜单

一是选料讲究季节，力求将时令菜肴搬上餐桌；二是菜肴口味、色彩、盛器等要适合季节。

6. 根据地方特色、风味特点制定菜单

宴会菜肴应尽量利用当地的名特原料，充分显示当地的饮食习惯和风土人情，力求新颖别致。

二、菜点的配制

1. 筵席菜的内容

一般包括冷菜、热炒菜、大菜、甜菜（包括甜汤）、点心五大类，有的还配上水果。

（1）冷菜。习惯上称冷盘。用于筵席上的冷菜，可用什锦拼盘或四个单盘、四双拼、四三拼，也有采用一个花色冷盘，再配上四个、六个或八个小冷盘（围碟）的。

（2）热炒菜。一般要求采用滑炒、煸炒、干炒、炸、熘、爆、烩等多种烹调方法烹制，以达到菜肴的口味和外形多样化的要求。

（3）大菜。由整只、整块、整条的原料烹制而成，装在大盘（或大汤碗）中上席的菜肴称为大菜。它一般采用烧、烤、蒸、炸、脆熘、炖、焖、热炒、叉烧、氽等多种烹调方法烹制。

（4）甜菜。一般采用蜜汁、拔丝、煸炒、冷冻、蒸等多种烹调方法烹制而成，多数是趁热上席，在夏令季节也有供冷食的。

（5）点心。在筵席中常用糕、团、面、粉、包、饺等品种，采用的种类与成品的粗细取决于筵席规格的高低。高级筵席须制成各种花色点心。

2. 菜点配制的比例

在配制筵席菜时应注意冷盘、热炒、大菜、点心、甜菜的成本在整个筵席成本中的比重，以保持整个筵席中各类菜肴质量的均衡。

一般筵席，冷盘约占 10%，热炒约占 40%，大菜与点心约占 50%。

中等筵席，冷盘约占 15%，热炒菜约占 30%，大菜与点心约占 55%。

高级筵席，冷盘约占 20%，热炒菜约占 30%，大菜与点心约占 50%。

3. 菜点配制的原则

（1）数量上以每人平均能吃到 0.5 千克左右净料为原则。菜肴数量少的筵席，每个菜肴的量要丰满些，而人数少的筵席，每个菜的量可以减少些。以有 12 例菜肴的筵席为例，冷盘原料总共为 1~1.5 千克，每个热炒菜的量为 0.3~0.8 千克，每例大菜的量在 0.5~1.25 千克左右。

（2）在主料、辅料的搭配上，筵席规格高的，在菜肴中可以只用主料，而不用或少用辅料；反之，筵席档次低的，在菜肴中可配上一定数量的辅料。

（3）选料上要恰如其分。用来烹制菜肴的原料品种质量，有珍贵和一般之别，即使同种类的原料，品种不同，往往质量相差也很大。在配制筵席菜肴时，规格高的筵席应当用高档原料，反之则用一般性原料。

三、家宴菜单实例

实例 1

类别	上菜程序	菜名	上菜程序	菜名
冷盘	1	白切鸡	1	菠萝拌鸭片
	1	拌黄瓜	1	虎皮凤爪
	1	油爆虾	1	葱油拌海蜇丝
	1	松子卤香菇	1	琥珀桃仁
热炒	2	白灼基围虾	5	蚝油牛肉
	3	菠萝鸡片	6	鼎湖上素
	4	响油鳝糊	7	咕咾肉
大菜	9	葱烧海参	11	奶油咖喱鸡
	10	清蒸鳜鱼	12	绉纱蹄膀
汤	13	菌菇汤		
点心	8	叉烧酥	14	香滑芝麻糊
水果	15	时令水果		

实例 2

类别	上菜程序	菜名	上菜程序	菜名
冷盘	1	素鸭	1	柴把芹黄
	1	怪味腰果	1	异香烤麸
	1	糖醋排骨	1	卤香菇
	1	酸辣菜	1	柠汁山药
热炒	2	椒盐虾仁	5	响油鳝丝
	3	炒蟹粉	6	干烧四季豆
	4	茄汁鱼片	7	松仁鸡米
大菜	9	鸡粥鲍鱼	11	糖醋黄鱼
	10	红油群虾	12	母子相会
汤	13	竹荪腐衣汤		
点心	8	素交面	14	核桃露
水果	15	时令水果		

第 2 节 饮食美学在家庭烹饪中的运用

 学习目标

➤了解饮食美学在家庭烹饪中的运用

➤熟悉冷盘拼摆的种类及手法

➤掌握水果拼摆的知识和技法

 知识要求

一、饮食美学的概念

饮食美学是美学基本原理和饮食实践过程的具体结合，是用美学的原理与方法来解决饮食过程中的美学问题。

烹饪既是一门严肃的科学，又是一门精妙的艺术。因而，烹饪应是科学与美学的综合、技术与艺术的统一。饮食美学就是以美学的原理和方法来研究烹调过程中的一些美学问题，如菜点色泽、造型等。它能提高烹饪者的美学素养，从而提高菜点的欣赏价值。因此，它具有广泛的综合性和较强的实用性。

二、饮食美学在烹饪中的运用

1. 烹饪原料的色彩

中国烹饪讲究色、香、味、形、器、意六大要素。色彩位列第一，这是因为色先于质、味被感知，又最先映入食用者的眼帘，而色彩与饮食的关系建立在条件反射的基础上。因此，在菜肴制作过程中，其原料色彩搭配恰当与否，直接关系宴席及菜肴品质的高低。在实际生活中，人们也将很多食品的色彩与味觉联系起来。

（1）红色。红色是所有色彩中色调最暖的一种颜色，容易使人产生热烈兴奋的感觉。其色感促使人的味觉产生鲜明浓厚的香醇、甜美的感受。红色调给人以兴奋、热烈、喜庆的感觉，是传统习惯上用来表示吉祥的颜色。红色的原料有：香肠、红枣、番茄、胡萝卜、红辣椒等。

（2）黄色。光度很高，色性变暖，具有光明、辉煌、轻松、柔和的感觉。黄色可刺激神经系统和消化系统。黄色的原料有：蛋黄糕、各种油炸食品、嫩姜、菠萝、南瓜等。

（3）绿色。给人以生机勃勃、清新、鲜嫩、明媚、自然的感觉。绿色代表春天、青春、生命、希望、和平。绿色有助于消除疲劳，易于消化，给人以清新爽口、淡雅平和的感觉。特别在炎热的夏季，能给人带来清爽、醒目、宁静的感觉。绿色的食品原料有香菜、青菜松、黄瓜等。

（4）橙色。橙色给人以明亮、华丽、健康、向上、兴奋、愉快的感觉。橙色因色彩鲜亮故经常作为点睛之笔。橙色原料有：胡萝卜、南瓜等。

2. 菜肴配色方法

中国的烹调技术，十分讲究菜肴色彩的调配。菜肴配色的好坏，直接影响到就餐者的心理感受。成功的菜肴，应是色、香、味、形俱佳的作品。

（1）利用原材料的天然色彩配色。烹饪所用的原料，其自然色彩丰富多彩。运用原料的天然色彩配色，是使用最广泛的配色方法。如运用熟蛋白、白扁豆、鲜口蘑、鲜笋、花菜、白菜、白萝卜、白木耳等原料的白色，运用腌制的精瘦肉、火腿、香肠、番茄、红辣椒等原料的红色，运用菠菜、青椒、莴笋、豆苗、芹菜、香菜、青豆的绿色，运用韭黄、熟蛋黄、冬笋、姜的黄色，运用紫菜、紫菜苔的紫色，运用黑木耳、海参、黑豆、黑芝麻的黑色等配制菜肴，不仅使菜肴的色泽绚丽多彩，而且保留和丰富了菜肴的营养成分。

（2）利用调料的颜色加色。各种调料都有一定的颜色，烹调中恰当地运用这些颜色，是配色的操作方法之一。如用红腐乳汁、红油、辣酱、酱油可烹制出红色的菜，用糖可烹制出金黄色的菜，用甜酱可烹制出酱黄色的菜等。

（3）运用烹调起色。蔬菜、肉类在加热过程中色彩多数会发生变化。如炸鱼炸肉，初炸是黄色，再炸就会变成焦黄色。又如炒猪肝，初下锅时是暗红色，后是灰色，久炒就会变为铁黑色。余炒新鲜蔬菜时，火大、余炒时间短、起锅快的，就能保持菜的鲜艳原色；火小、起锅慢的，就会变成其他色。

3. 菜肴盛器的选配

俗话说"美食不如美器"，器皿不仅是盛装工具，而且能起到烘托菜肴色泽和形状的作用。因此，菜肴盛器除了具有保温特性、卫生无毒之外，盛装器皿的选配还要注意以下三点：

（1）盛装器皿的大小应与投料的规格标准相适应。要量大器大、量小器小，因出菜方法不一样，盛器的选择也有不同。另外，菜肴应装在盘内的中心圈，装碗量应不超过九成，不宜没过碗沿，否则既不美观，又易外溢。

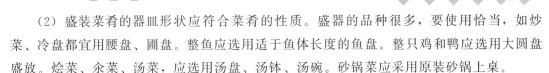

（2）盛装菜肴的器皿形状应符合菜肴的性质。盛器的品种很多，要使用恰当，如炒菜、冷盘都宜用腰盘、圆盘。整鱼应选用适于鱼体长度的鱼盘。整只鸡和鸭应选用大圆盘盛放。烩菜、氽菜、汤菜，应选用汤盘、汤钵、汤碗。砂锅菜应采用原装砂锅上桌。

（3）盛器的色彩要适应菜肴的色泽，以衬托菜肴的特色。例如白胎器皿盛装黄色的炸春卷、熘黄菜，花色的器皿装芙蓉鸡片。另外还有一些花色艺术菜，更要求盛器的选配。

三、冷盘的切配

冷盘是中国菜肴中别具特色的一大类别，是酒席中不可缺少的菜品。冷盘的原料大多是熟料，即使是生料，也是可供直接食用的，是酒席上与食用者接触的第一道菜，素有菜肴"脸面"之称。因此，凉菜拼摆的好坏直接影响着整个酒席的质量，拼摆的质量又取决于刀工技术的好坏和拼摆技巧的熟练程度。

1. 凉菜拼摆的要求

（1）各种颜色要搭配适当，相近的颜色要间隔开。

（2）各种不同质地的原料要相互配合，软硬搭配，能定型的原料要整齐地摆在表面，碎小的原料可以垫底。

（3）要注意多样化，一桌酒席中的冷盘不能千篇一律，要多种多样。

（4）要注意口味上的搭配，一桌冷盘要尽量多种口味。

（5）要注意季节的变化，夏季要清淡爽口，冬季可浓厚味醇。

（6）要注意盛放器皿的选择，使原料与器皿协调。

（7）防止菜与菜的"串味"影响质量。

（8）注意营养，讲究卫生。不要在手中长时间摆弄原料，更不能生熟不分地拼摆。应该使拼摆后的冷盘完全符合营养卫生要求。

（9）节约用料。应尽量减少不必要的损耗，注意处理好下脚料，使原料达到物尽其用。

2. 凉菜拼摆的技法

凉菜的装盘是较复杂的，但各地所采用的技法却大致相同，归纳起来一般有堆、复、排、叠、摆、围等几类。

（1）堆、复

1）堆。就是把加工成型的原料堆放在盘内。此法多用于一般拼盘的软面，也可以堆出多种形态，如宝塔形，假山风景等。

2）复。就是将加工好的原料先排在碗中或刀面上，再复扣入盘内或盘内垫底的菜面上。原料装碗时应把整齐的好料摆在碗底，次料装在上面，这样扣入盘内后的凉菜，才能整齐美观，突出主料。

（2）排、叠

1）排。就是将加工好的凉菜排成行装入盘内。用于排的原料大多是较厚的方片或腰圆形的块（形如猪腰子的椭圆形的块）。根据原料的色形、盛器的不同，又有多种不同的排法，有的适宜排成锯齿形，有的适宜排成腰圆形，有的适宜排成其他花样。总之，以排成整齐美观的外形为宜。

2）叠。就是把切好的原料一片片整齐地叠起来装入盘内。一般用于片形，是一种比较精细的操作手法，以叠阶梯形为多。

（3）摆、围

1）摆。又称贴。就是运用精巧的刀法把多种不同色彩的原料加工成一定形状，在盘内按设计要求摆成各种图形或图案。这种手法难度较大，需要有熟练的技巧和一定的艺术素养，才能将图形或图案摆得生动形象。

2）围。就是把切好的原料在盘中排列成环形。具体围法有围边和排围两种。所谓围边，是指在中间原料的四周围上一圈一种或多种不同颜色的原料。所谓排围，是将主料层层间隔排围成花朵形，在中间再点缀上一点原料。如将松花蛋切成橘子瓣形的块，既可围边拼摆装盘，又可用排围的方法拼摆装盘，这要根据酒席和拼摆设计灵活掌握。

3. 一般冷盘拼摆步骤

冷盘的种类很多，一般冷盘是最基本的凉菜拼盘，从内容到形式比较容易掌握，但要具备较好的基本功。

（1）垫底。拼摆时把一些边角料和原料垫在盘底，叫作垫底。垫底是先堆大体形状，为盖面拼摆打好基础。

（2）盖面。就是用质优而形态整齐的原料把垫底原料全部盖住，并排列出整齐的表面。一般采取刀面盘，即把质量最好、刀工加工最整齐、排列最均匀的原料铲在刀面上，然后托着把它盖在垫底的原料上面，使冷盘达到整齐、丰满、美观的效果。

（3）衬托。就是在适当部位放置一点青菜叶、红樱桃、萝卜、雕花等作为装饰品，对整个冷盘加以点缀，使之更为悦目和谐。当然，不是所有的冷盘都需要进行衬托，千篇一律、喧宾夺主都是不可取的。

四、水果拼盘的制作

水果拼盘作为宴席的压轴戏，其在日常招待客人中的作用越来越被人们所重视，成为一种消滞和胃、增进食欲、美化宴席、烘托气氛、增进友谊的"水果工艺"的作品，给人一种美的享受。

1. 选择材料

适宜做水果拼盘的原料很多，一般颜色鲜艳口感好、适宜造型的水果都可以选择。特别是目前进口水果也越来越多，增加了选料的范围。根据水果的特点，在选择时要注意：

（1）新鲜度和成熟度。每种水果都有它的品质特点和成熟季节，要根据它固有的品质特点来挑选。特别是季节性强的水果，过生过熟都会影响它的质感和营养价值，给加工成型带来困难。所以要选择八九成熟的水果，这样的拼盘才会有质量上的保证。

（2）形态与色泽。水果拼盘，常由几种不同的水果原料组合而成，形态与色泽的搭配非常重要。水果的形态首先要便于加工，软硬度要配合好。不同的水果都具有其天然的色彩，这在色彩的搭配上创造了得天独厚的条件。

（3）口味。各种水果本身提供了不同的风味特色，要充分了解它们的甜酸口味及软脆程度，进行适度搭配。

2. 造型设计

水果拼盘在制作前先要根据使用场合的主题来巧妙地构思水果拼盘的图案。要根据设计好的图案，拟定每种水果的数量搭配和加工顺序及方法，使简单的个体水果通过形状、色彩等方面的艺术性结合成为一个整体，以色彩和美观取胜，从而刺激客人的感官，增进其食欲。

一件好的水果拼盘，还需要有一个名副其实、雅致贴切的名字，来达到体现主题、活跃气氛、增进食欲的效果。命名时要考虑主题和原料的名称、主辅料的搭配、颜色的特点等多方面的因素，不要滥用辞藻、低级庸俗。

3. 选择器皿

成功的水果拼盘，不仅要原料选择好、加工好，还要盛器选择得好。在整个图案设计中，应包括选用的器皿。一般水果拼摆的盛器包括瓷器、玻璃器皿、不锈钢盘等。还有一些表皮较韧的水果也可用作盛器，但用它们作盛器时，下面要有托盘。

在选用盛器时，要依据整个造型的情况来选择盛器形状。一般长形的用鱼盘或长方形盘，造型是圆的选用圆盘，以达到整体和谐一致。

盛器的颜色，应根据水果拼盘的整体色彩来选择，切忌相同，要互相衬托，突出原料。

盛器规格尺寸，要依据水果数量和花边占盘面的多少来定，不要"小身裁大衣"，也不能"大身套小衣"。

4. 常用刀法

水果拼摆的刀法，一般要比冷盘拼盘的刀法简单，难度也相应较低。一般除了用中餐刀具外，也可用西餐法式厨刀（France）和宝龄刀（Boning）。下面介绍一下水果拼盘常见的刀法：

（1）旋刀。用小刀削去原料的外表皮，一般是指不能食用的部分。大部分水果洗净后皮可食用的就不用削皮。有些水果去皮后暴露在空气中会迅速发生色泽变褐或变红，因此，去皮后应迅速浸入柠檬水中护色。

（2）横刀。按刀口与原料生长的自然纹路相垂直的方向施刀。切片、块、段。

（3）纵刀。按刀口与原料生长的自然纹路相同的方向施刀。切片、块、段。

（4）斜刀。按刀口与原料生长的自然纹路成一夹角的方向施刀。切块、片。

（5）剥。用刀将不能食用的部分剥开，如柑橘等。

（6）锯齿刀。用切刀在原料上每直刀一刀，接着斜刀一刀，两对刀口的方向成一夹角，刀口成对相交，使刀口相交处的部分脱离而呈锯齿形。

（7）勺挖。用西瓜勺挖成球形状。多用于瓜类。

（8）挤或挖。用刀挖去水果不能食用的部分，如果核仁等。

5. 基本切法和拼摆

（1）柑橘类。这一类中的柑橘形状较大，表皮厚而易剥，而果实之口感一般，所以可用表皮进行表皮造型，即将表皮与肉进行正确分离，然后将表皮加工成篮或盅状盛器，里面盛入一些颜色鲜艳的圆果，如樱桃、荔枝、橘瓣、葡萄等，取出来的果肉可用作围边装饰。柠檬和甜橙的用途基本一样，一般带皮使用。由于其果肉与表皮不易剥离，大多数是加工成薄形圆片或半圆，用叠、摆、串等方法制成花边。

（2）瓜类。西瓜、哈密瓜的肉质丰满，有一定的韧性，可加工成球形、三角形、长方形等几何形状。形状可大可小，不同的形状进行规则的美术拼摆，既方便食用，又有艺术造型。另外，利用瓜类表皮与肉质色泽相异、有鲜明对比度这一特点，将瓜的肉瓢掏空，在外表皮上刻出线条的简单平面，将整个瓜体制成盅状、盘状、篮状或底衬，效果较好。这类水果需配食用签。

（3）樱桃、荔枝类。这一类水果形状较小、颜色艳丽，果肉软嫩含汁多，多用于装饰或点缀盅、篮等盛具的内容物。

6. 拼摆的原则

（1）便于食用。水果在加工时切的大小、厚薄形状一定要便于直接食用，不要让食者取用不便，或吃相不雅观。单一品种应做到每人一块，形状稍大些。多种水果组成的拼盘，每个品种的量要少些，用于点缀的水果尽量用小一些的。带皮、带核的水果要尽可能去皮去核，甚至可用刀稍切几刀，总之要既美观又便于食用为好。

（2）形态与色泽的配合。一份好的水果拼盘，必然是形态与色彩、盛器完美的结合体。在拼摆中应尽量利用水果本身天然颜色的多样性与盛器色彩进行巧妙搭配，达到色调一致、相得益彰。要避免清一色和色彩的过多过杂，使色彩调和、美观大方。切忌为了色彩漂亮而采用人工合成色素来染水果，这不符合食品卫生要求，更不利于人体健康。

（3）讲究卫生。水果拼摆不同于其他菜肴，是不加热而直接入口的，因此对卫生的要求更高。首先要在保证原料质量的前提下，反复洗涤干净后，用专用的消毒剂进行消毒。所使用的刀与砧板也必须做清洗消毒处理，不能带有任何异味。操作人员要尽量减少手与水果的直接接触。

水果拼盘做好后，易被尘埃和细菌所污染，故不宜久放。若暂时不用，可用保鲜膜包封，放入冰箱冷藏室保存。

 技能要求

制作水果拼盘——多彩纷呈

操作准备

1．原料准备

西瓜 1 个，苹果 2 个，橙子 2 个，奇异果 2 个，火龙果 1 个，葡萄 3 颗，圣女果 4 颗。

2．用具准备

水果刀、雕花刀、12 英寸圆果盘、专用的切水果砧板、抹布。

操作步骤

步骤 1　苹果雕花：取一个苹果平分成四份后，切去中间带子部分；用雕花刀刻好花纹；切至 2/3 处，去掉多余果皮，如图 4—1 所示。

步骤 2　切兔形橙角：取一个橙子平分成四份后，切去中间白色部分；切至 2/3 处；用左手拇指和中指按住橙角的两头，再用小刀将橙角的表皮两边切成兔耳状，向里折起即可，如图 4—2 所示。

平分成四份

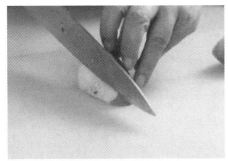

切去中间带子部分

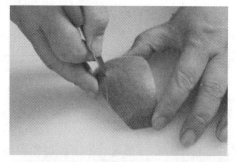
雕刻花纹

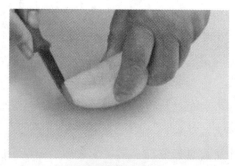
沿果皮往下削

削至2/3处，去掉多余果皮

加工后的苹果

图 4—1　苹果雕花

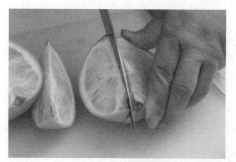
橙子平分成四份

切至2/3处

表皮两边切成兔耳状，向里折起
图 4—2　切兔形橙角

步骤 3　切西瓜片：取 1/8 个西瓜，用斜刀法去皮；切去不规则部分，将西瓜切成约 1 厘米厚的薄片，如图 4—3 所示。西瓜片待用。

取1/8个西瓜

用斜刀法去皮

切成薄片

图 4—3　切西瓜片

步骤 4　切奇异果：先去皮，然后切成圆片，如图 4—4 所示。

去皮

切成圆片

图 4—4　切奇异果

步骤 5　切火龙果：先对切，然后将 1/2 去皮，最后切成约 1 厘米厚的薄片，如图

4—5 所示。

对切

去皮

切薄片

图 4—5　切火龙果

步骤 6　把以上切好的苹果、橙角、西瓜、奇异果、火龙果摆放好，再摆上葡萄和圣女果作点缀，如图 4—6 所示。

图 4—6　"多彩纷呈"水果拼盘造型

注意事项

1. 操作前要对工作台、砧板、刀具、盛器严格进行清洁。

2. 水果在切制前必须清洗干净，特别是直接放入果盘中的小水果。

3. 每切一种水果后应马上清洗砧板，特别是在切柠檬、橙子、橘子等酸性较重的水果时。

4. 尽量现做现吃，避免水果与空气长时间接触，影响口感。

制作水果拼盘——金玉满堂

操作准备

1. 原料准备

杧果半个，荔枝 6 颗，红提 6 颗，橙子 2 个，奇异果 3 个。

2. 用具准备

水果刀、雕花刀、12 英寸圆果盘、专用的切水果砧板、抹布。

操作步骤

步骤 1 切杧果：中间切开，然后用刀将之切成网状，但不可将皮切破，如图 4—7 所示。

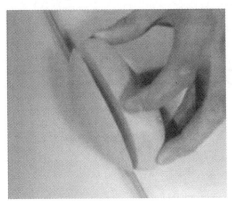
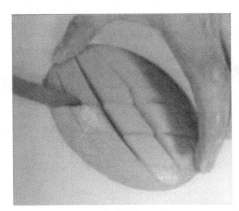

切开　　　　　　　　　　　　　　切成网状

图 4—7　切杧果

步骤 2 切奇异果：将奇异果去皮后切成薄片（见图 4—4），围成一圈。

步骤 3 将切好的杧果摆放在中间，把洗净的红提和剥去皮的荔枝摆放在空隙处，如图 4—8 所示。

图4—8　"金玉满堂"水果拼盘造型

注意事项

1. 操作前要对工作台、砧板、刀具、盛器严格进行清洁。

2. 水果在切制前必须清洗干净，特别是直接放入果盘中的小水果。

3. 尽量现做现吃，避免水果与空气长时间接触，影响口感。

第3节　中国地方菜简介和制作

 学习目标

➤了解中国各地方菜的特点

➤掌握常见地方菜和特色煲汤的制作方法

 知识要求

一、四川菜系

简称川菜，是巴蜀饮食文化的主要特征之一，以成都、重庆两地地方菜肴为代表。川菜具有以下特点：

1. 注重调味

调味品复杂多样、有特点，讲究川料川味。调味品多用辣椒、花椒、胡椒、香糟、豆瓣酱、葱、姜、蒜等。还有不少调味品为四川当地的土特产，如保宁醋、郫县豆瓣酱、茂汶花椒、涪陵榨菜、资中冬菜等。川菜以多层次、递增式调味方法见长。传统上川菜炒菜不过油，以卧油炒为主，下料狠，味浓，民间特色浓郁。川菜味型之多为其他菜系所不可比。常用的味型就有 20 多种，其中鱼香、怪味、麻辣、家常、红油为特有的味型。味多、味广、味厚素为川菜特色。

2. 烹调手法上擅长小炒、小煎、干烧、干煸

川菜炒菜不过油、不换锅，芡汁现炒现兑，急火快炒，一锅成菜。干烧菜则微火慢烧，用汤恰当，自然收汁，成汁浓而油亮，味醇而鲜。

3. 讲究汤的制作及使用

川菜的代表菜很多，有干煸牛肉丝、水煮牛肉、干烧鱼翅、宫保鸡丁、麻婆豆腐、酸菜鱼、家常海参、蒜泥白肉、回锅肉、毛肚火锅、鱼香肉丝、小煎鸡米、甜烧白等。

二、广东菜系

简称粤菜，由广州菜、潮州菜、东江菜三个地方菜组成。香港地区菜系也属广东菜系范畴。广东菜具有以下特点：

1. 选料广泛

广博奇异，善用生猛海鲜。广东菜取料之广，为全国各菜系之最。如在动物性原料上，除了常用的鸡、鸭、鱼、虾、猪、牛、羊外，还善用蛇、狗、狸、鼠等动物。善用鲜活原料为广东菜一大特色，其中以潮州菜用海鲜最为见长。

2. 刀工干练

以生猛海鲜类的活杀活宰见长。技法上注重朴实自然，不像其他菜系讲究刀工细腻。

3. 清淡爽口

广州菜口味上以爽、脆、鲜、嫩为特色，是广东菜系的主体口味。东江菜的口味则以咸、酸、辣为特色，多为家常菜。

4. 烹饪方法、调味方式自成体系

广东菜的烹调方法许多源于北方或西洋，经不断改进而形成了一整套不同于其他菜系的烹调体系。烹调方法多用煎、炒、扒、煲、焗、炖、炆、焖、蒸等。

广东菜系的调味多用老抽、柠檬汁、豉汁、OK 汁、蚝油、海鲜酱、沙茶酱、鱼露、栗子粉、芝士粉、嫩肉粉、生粉、黄油等，这些都是其他菜系不用或少用的调料。

广东菜的代表菜有文昌鸡、东江盐焗鸡、西柠煎软鸡、梅菜扣肉、铁板煎牛柳、白灼

基围虾、八珍扒大鸭、脆皮烤乳猪、豉汁茄子煲、蚝油扒生菜等。

三、山东菜系

简称鲁菜，是由济南和胶东两地的地方菜组成的。济南菜指济南、德州、泰安一带的菜肴，胶东菜起源于福山，包括青岛、烟台一带的菜肴。

济南菜在烹调手法上擅长爆、烧、炒、炸，菜品突出清、鲜、脆、嫩。济南的传统菜素以善用清汤、奶汤著称。胶东菜以烹制各种海鲜菜驰名，擅长爆、炸、扒、蒸，口味以鲜为主，偏重清淡，注意保持主料的鲜味。

山东菜总的特点在于注重突出菜肴的原味，内地以咸为主，沿海以鲜咸为特色。

山东菜的代表菜有鸡腿扒海参、白汁裙边、干炸赤鳞鱼、菊花全蝎、山东蒸丸、九转大肠、福山烧鸡、鸡丝蛰头、清蒸加吉鱼、醋椒鳜鱼、奶汤浦菜、红烧海螺、烧蛎黄等。

四、江苏菜系

江苏菜系主要由淮扬、金陵、苏锡等地方菜构成，其影响遍及长江中下游广大地区。

淮扬风味以扬州（淮安、淮阴）为中心，以大运河为主干，南起镇江，北至洪泽湖周边，东含里下河并及于沿海。这里水网交织，江河湖所出甚丰，菜肴以清淡见长，味和南北。其中，扬州刀工为全国之冠，两淮的鳝鱼菜品丰富多彩，镇江三鱼（鲥鱼、刀鱼、鲴鱼）驰名天下。

金陵风味又称京菜，是指以南京为中心的地方风味。南京菜兼取四方之美、适应八方之需，松鼠鱼、蛋烧卖、美人肝、凤尾虾"四大名菜"以及盐水鸭、卤鸭肫肝、鸭血汤为代表。

苏锡风味以苏州、无锡为代表。传统重甜出头、咸收门，浓油赤酱，近代逐渐趋向清新爽适，浓淡相宜。松鼠鳜鱼、碧螺虾仁、鸡茸蛋、常熟叫化鸡等都是脍炙人口的美味佳肴。

江苏代表菜有软兜长鱼、炝虎尾、水晶肴蹄、拆烩大鱼头、清蒸鲥鱼、野鸭菜饭、银芽鸡丝、鸡火干丝、清炖蟹粉狮子头、双皮刀鱼等。

五、浙江菜系

浙江菜系由杭州、宁波、绍兴三个地方菜组成，其中以杭州菜为代表。江菜具有以下特点：

1. 选料讲求"细、特、鲜、嫩"

选料精细，取物料精细部分使菜品达到高雅上乘；用特产，菜肴具有明显地方特色；

讲求鲜活，菜品味道醇香；追求鲜嫩，菜肴清鲜爽脆。

2.烹调方法上以南菜北烹见长，口味上以清鲜脆嫩为特色

杭州菜制作精细、变化多，以爆、炒、烩、炸为主；宁波菜鲜咸合一，以蒸、烤、炖见长，讲究鲜嫩软滑，注重保持原味；绍兴菜擅长烹制河鲜，入口香酥绵糯，汤鲜味浓，富有乡土气息。此外，在调味品上，浙江菜善用料酒、葱、姜、糖、醋等。

3.形态讲究精巧细腻、清秀雅丽

许多菜肴都有美丽的传说，文化色彩浓厚是浙江菜的一大特色。

浙江菜的代表菜有西湖醋鱼、干炸响铃、雪菜黄鱼、东坡肉、清汤越鸡、元江鲈莼羹、叫化鸡、生爆鳝片、龙井虾仁、奉化摇蚶、南湖蟹粉等。

六、北京菜

北京菜是由宫廷菜、官府菜、庶民菜、少数民族菜和素菜构成的。

宫廷菜是历代厨师辛勤劳动的结晶，特点是选料广泛、用料精纯、加工细腻，并善于猎奇。

官府菜又称府邸菜，明清时代尤为兴旺，流行于王府、皇亲国戚、富豪商贾、文武百官，近代官府菜是由民国时期的社会名流、军阀官邸的家庭厨师（俗称家厨）创造的。官府菜总的特点是用料华贵、加工细腻、应时吃鲜，礼仪习俗、饮食文化特色突出。

庶民菜是具有民俗风情的民间菜，乡土气息浓郁，它是北京菜的基础。民间菜的特点是既合乎时令又美味。

少数民族菜包括清真菜、满族菜、朝鲜族菜以及其他民族菜，以清真菜、满族菜为主体。

素菜是北京菜的重要组成部分，其特点是原料选材精致，只用蔬菜、粮食，加工精细，味鲜美。素菜包括佛教寺院素菜、道教寺院素菜、宫廷素菜以及民间素菜等。

北京菜具有以下特点：

1.精于选料，讲究时令。

2.烹调细腻。以炒、爆、熘、烧、扒、烤、焖、涮、拌、炸、烹、氽、烩、卤、煮、煨、熻、炖、蒸、拔（拔丝）等见长，多用拌法为北京菜一大特点。

3.讲究刀工，讲究火工，讲究调味。

4.讲究制汤、澄卤。

京菜代表菜有北京烤鸭、涮羊肉、烤肉、拔丝山药、坛子肉、炒麻豆腐、黄焖鱼翅、爆肚仁、全爆、菊花锅子、芥末墩、绣球干贝、荷包里脊、烤乳猪、水晶肘子、罗汉肚、萝卜丝氽鲫鱼、酥鱼等。

七、上海菜

上海菜包括上海本地风味的传统菜，又包括汇集并经过变革的各种风味菜，具有多样性、传统性和适应性有机结合的特征。

上海人称本地风味的菜为"本帮菜"。本帮菜主要取用本地鱼虾蔬菜，以红烧、蒸煨、炸、糟、生煸见长，既清淡素雅，也有浓油赤酱的特点。

上海菜的代表菜有糟猪脚、生煸草头、干烧四季豆、扣三丝、虾茸火爽鸡、网油包鹅肝、杨梅虾球等。

八、清真菜

中国的清真菜是既有伊斯兰色彩，又具有中国各地饮食风格的少数民族菜。

长期以来，中国各地信奉伊斯兰教的少数民族和当地的汉族及其他少数民族交错居住在一起，互相影响、互相学习，逐渐形成各个地区不同风味的清真菜，构成了中国清真菜的主体。

中国清真菜的构成及特点如下：

1. 西北地区即新疆、宁夏地区的清真菜，保留了较多的阿拉伯饮食特色，以炸、煮、烤制作，口味浓厚为多。

2. 长江以北以北京地区为代表的清真菜，烹调方法精细，善制牛羊，烹调最具特色。

3. 杂居在南方沿海地区的回族清真菜，口味清淡，以海鲜禽类烹调最为拿手。

中国清真菜总的特点是选料以伊斯兰饮食风俗为基础，善制牛羊驼、鸡鸭鹅、蔬菜水果、米面；不食猪肉，不食自死物，不食非伊斯兰方式宰杀的牛、羊、驼、鸡、鸭、鹅，不食动物的鲜血等。

清真菜代表菜有涮羊肉、爆羊肉、炮糊、鸡茸鱼肚、发丝百叶、新疆炒面片、新疆炮肉、山东炮肉丁、清真全羊大菜席等。

九、特色煲汤

中国菜常见的"煲汤"，是将食材加上汤水以小火慢炖细熬，秉持烹调时不加水不开盖、以简单调味料调味之原则熬炖的汤品。由于制作中比一般料理少了油煎、油炸的过程，所以食材中的营养素容易被肠胃吸收。其烹调方法简便，亦可适时加上温和的中药材，为美味的汤品增加点滋补的效果，因而逐渐成为人们饮食养生的重要方式。

煲汤时要注意以下几点：

1. 选料要得当

这是制好汤的关键所在。用于制汤的原料，通常为动物性原料，如鸡肉、鸭肉、猪瘦肉、猪肘子、猪骨、火腿、鱼类等。采购时应注意必须鲜味足、异味小、血污少。

2. 食材要新鲜

新鲜并不是传统的"肉吃鲜杀，鱼吃跳"的时鲜，现在所说的鲜，是指鱼、畜、禽宰杀后3～5小时，此时鱼、畜或禽肉的各种酶使蛋白质、脂肪等分解为人体易于吸收的氨基酸、脂肪酸，味道也最好。

3. 炊具要选择

制鲜汤以陈年瓦罐煨煮效果最佳，因为煨制鲜汤时，瓦罐能均衡且持久地把外界热传递给内部原料，而相对平衡的环境温度有利于水分子与食物的相互渗透。这种相互渗透的时间维持得越长，鲜香成分溶出得越多，汤的滋味就越香醇，食品质地越酥烂。

4. 火候要适当

煨汤火候的要诀是大火烧沸，小火慢煨。这样可使食物蛋白质浸出物等鲜香物质尽可能地溶解，使汤香醇味美。只有用小火长时间慢炖，才能使浸出物溶解得更多，既清澈，又浓醇。

5. 配水要合理

水既是鲜香食品的溶剂，又是传热的介质。水温的变化、用量的多少，对汤的风味有着直接的影响。用水量通常是煨汤的主要食品重量的3倍，同时应使食品与冷水一起受热，既不直接用沸水煨汤，也不要中途加冷水，以便食品的营养物质缓慢地溢出，最终达到汤色清澈的效果。

6. 搭配要适宜

许多食物已有固定的搭配模式，使营养素起到互补作用，即餐桌上的黄金搭配。如海带炖肉汤，酸性食品肉与碱性食品海带起到组合效应，在日本是很风行的长寿食品。为使汤的口味醇正，一般不用多种动物食品同煨。

7. 投料要适宜

注意调味用料投放顺序，特别注意熬汤时不宜先放盐，因盐会使原料中水分排出、蛋白质凝固，导致鲜味不足。通常60～80℃温度易引起部分维生素破坏，而煲汤使食物温度长时间维持在85～100℃，故在汤中加蔬菜应随放随吃，以减少维生素C的破坏。汤中适量放入味精、香油、胡椒、姜、葱、蒜等调味品，使其别具特色，但用量不宜太多，以免影响汤的原味。

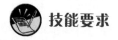技能要求

小煎鸡米（四川菜）

操作准备

1. 主料。鸡脯肉 150 克。

2. 辅料。香菇 20 克，青豆或青椒 30 克。

3. 调料。泡椒粒 10 克，郫县豆瓣酱 25 克，花椒粉 3 克，米醋 2 克，白砂糖 2 克，精盐 1 克，料酒 10 克，姜、蒜、葱白末各 5 克，酱油 3 克，红油 5 克，味精 1.5 克，肉汤 25 克，鸡蛋清 1 只。

操作步骤

步骤 1　将鸡脯肉洗净后，加工成 0.3 厘米大小的粒。香菇 20 克、青椒 30 克，加工成 0.3 厘米大小的粒。取一只盛器，将加工好的鸡米放入盛器，投入精盐、味精、胡椒粉、料酒、鸡蛋清，调匀后加入湿生粉，上浆。

步骤 2　取小碗加料酒、酱油、白砂糖、米醋、味精、高汤、水淀粉调成兑汁。

步骤 3　炒锅置于旺火上，添入 350 克精制油，加温至四成热时，推入鸡米，用炒勺轻轻推动，笊篱内倒入焯过水的香菇粒、青椒粒，将滑好的鸡米和热油同时倒入笊篱，沥去油。

步骤 4　炒锅留余油 40 克，加入郫县豆瓣酱，煸出红油后，加入葱白、姜末、蒜末、泡椒粒煸香，倒入滑好油的鸡米翻匀，烹入兑汁，边翻边撒上花椒粉，淋上红油出锅。

质量标准

色：金红；质：滑嫩；味：香辣小麻带甜酸。

要点分析

1. 鸡脯肉加工成米粒后，应用清水浸后再上浆，否则滑油时容易结团。

2. 鸡米滑油时，油温不能过高，否则容易结团发焦。

春白海参（四川菜）

操作准备

1. 主料。水发海参 200 克。

2. 辅料。小菜心 6 颗，火腿片 15 克，白煮蛋 1 只，水发香菇 50 克。

3. 调料。精盐 4 克，味精 3 克，胡椒粉、鸡油、料酒少许，水生粉适量，鸡汤 500 克，精制油 25 克。

操作步骤

步骤1　海参劈成片，待用。

步骤2　鸡蛋用冷水煮熟，剥去壳，切成4片，将鸡蛋白劈成薄片，浸入水中待用，蛋黄不要。

步骤3　炒锅置火上，下入精制油5克，烧至五成热时，煸葱、姜出香味，加酒倒入海参，套汤后出锅沥干水。

步骤4　原锅加鸡汤500克，倒入海参片、火腿片、香菇，加入精盐、味精、胡椒粉、料酒调味，烧沸后放入蛋白片和菜心勾成流芡，出锅装于盘内，再在盘的四周淋上些鸡油即成。

质量标准

色：多彩；质：滑软；味：咸鲜。

要点分析

1. 海参要去尽内膜，套汤。

2. 需用高汤烩制，勾芡时注意防止结团。

银丝干贝（四川菜）

操作准备

1. 主料。豆腐250克。

2. 辅料。干贝50克。

3. 调料。鸡汤300克，精盐10克，味精3克，胡椒粉1克，黄酒10克，葱姜汁5克，鸡油2克，湿生粉20克。

操作步骤

步骤1　将豆腐加工成0.5厘米粗、4厘米长的丝，漂于清水中去豆腥味，沥去清水浸入鸡汤内。

步骤2　将干贝洗净，放碗中加葱姜汁、黄酒，上笼在旺火上约蒸20分钟取出，去汁水，压打成丝。

步骤3　炒锅放到中火上，锅内倒入鸡汤及豆腐丝、干贝丝、葱姜汁、精盐、味精、胡椒粉，调准味后，待汤将沸时撇去浮沫，转大火淋上湿生粉，勾成米汤芡，出锅前淋上鸡油，慢慢推匀即可。

质量标准

色：洁白光亮；质：滑软；味：咸鲜。

要点分析

1. 选用质地细腻的嫩豆腐。

2. 切丝时刀要薄、要快，丝要粗细均匀。

3. 烹调时手勺不能多搅。

荷花鲜奶（广东菜）

操作准备

1. 主料。鸡蛋清 6 只。

2. 辅料。鲜牛奶 150 克。

3. 调料。鸡蛋 1 只，番茄 400 克，精盐 10 克，味精 10 克，高汤 50 克，生粉 25 克。

操作步骤

步骤 1　将鸡蛋清加入鲜牛奶 40 克，盐与味精放在鲜奶中溶化。

步骤 2　将番茄切成 6 片荷花形，排列在盘子周围，再将蛋液推成一张蛋皮，放在盘子中间。

步骤 3　烧热锅，放入精制油，加热至两成热，将加入鲜牛奶拌匀的鸡蛋清徐徐倒入，待其结成片状的鲜奶，捞出沥干油，锅内加入高汤、鲜牛奶调味，水生粉勾芡，放入制成的鲜奶，推匀，倒入盘中蛋皮上即成。

质量标准

色：洁白；质：爽滑；味：咸鲜。

要点分析

1. 油温要掌握好，蛋皮不要过大，装盘时不要盖没蛋皮，以留出 0.2 厘米蛋皮边为佳。

2. 鲜牛奶加入比例要适当，不宜过多。

菊花青鱼（广东菜）

操作准备

1. 主料。青鱼中段 300 克。

2. 调料。葱、姜、酒、盐、糖、白醋、番茄酱。

操作步骤

步骤 1　青鱼中段去龙骨、肚裆后，剞菊花花刀，改刀成正方形或三角形。

步骤 2　葱、姜拍松加酒、水、盐，将鱼浸入汁中约 5 分钟取出沥干水分。

步骤 3　锅内加油烧至五成热时，将鱼块逐根鱼丝拍上干淀粉，放入油中炸至浅黄色捞出沥油。

步骤 4　将油温升至七成热时放入鱼块，复炸成金黄色，捞出装盘。

步骤 5　锅内放水加番茄酱、盐、糖、白醋，烧开后勾芡淋油打匀浇在鱼块上。

质量标准

色：茄红光亮；质：外脆里嫩；味：酸甜适口。

要点分析

1. 青鱼加工前需略冰冻半天。

2. 拍粉要现拍现炸，不能早。

3. 番茄酱不能炒得时间长，否则容易影响色泽。

葱烧海参（山东菜）

操作准备

1. 原料。水发海参 12 只（重约 750 克），京葱段 50 克。

2. 调料。黄酒、细盐、酱油、糖色、生粉、葱姜末适量，高汤 500 克，生油 1 000 克（实耗 50 克），三味油 50 克。

操作步骤

步骤 1　将海参放入沸水锅内焯水、洗净，沥去水分。

步骤 2　烧热锅，放生油，烧至油八成热时，投海参略炸一下，倒入漏勺，沥去油。原热锅内留少许油，放葱姜末炝锅，加高汤（300 克）、黄酒、酱油、海参煨烧。待海参软烂（用筷子挑起，呈 90°状）时取出。

步骤 3　净锅内，放生油，烧至油六成热时，用小火炸京葱段，至呈金黄时取出。

步骤 4　原热油锅内，放葱姜末炝锅，加高汤（200 克）、黄酒、细盐、糖色、味精，煮沸后用网筛除净渣末，将海参推入（裂口朝上），放京葱，煨上色，至入味，待汤汁浓稠时，放少量水生粉勾流芡，沿锅边淋上三味油，端锅将海参大翻身，淋上三味油，排列整齐装盘即成。

质量标准

色泽金红，葱香扑鼻，软润滑糯，鲜美味浓。

要点分析

1. 在煨烧海参时火候要到家，用筷子挑起呈 90°状，入口即化。

2. 汁芡稠浓适量，京葱不能煸焦。

相关链接

三味油制法

猪油 500 克、鸡油 100 克、麻油 100 克、京葱段 500 克、姜片 100 克、花椒 10 克、香菜 25 克一起放入锅中熬制，熬制时须用小火，待葱呈淡黄色时，滤去渣末，油呈橘黄色时即可。

鸡火干丝（江苏菜）

操作准备

1. 主料。白豆腐干 4 块。

2. 辅料。熟鸡脯肉 50 克，菜心 6 棵，熟火腿丝 25 克。

3. 调料。浓汤 300 克，精盐 5 克，味精 5 克，料酒 15 克。

操作步骤

步骤 1　白豆腐干先劈成 12 片薄片，切成细丝，下开水锅烫 2 次（除去豆腥味），捞起沥干水分。

步骤 2　熟鸡脯肉撕成细丝，与熟火腿丝分别盛入碗内。

步骤 3　锅内放入浓汤、料酒、干丝，烩透后放入鸡丝、火腿丝、菜心、精盐，用大火收浓汤汁，取出装入汤盘内，上面放上鸡丝、熟火腿丝即成。

质量标准

色：汤白；质：软糯；味：咸鲜。

要点分析

刀工要精细，豆腐干应焯水，干丝在烹饪前应用沸水浸泡，去掉豆腥味。

松仁鱼米（江苏菜）

操作准备

1. 主料。鱼肉 200 克。

2. 辅料。松仁 40 克，圆青红椒 100 克。

3. 调料。鸡蛋清 1 只，黄酒 20 克，精盐 5 克，味精 4 克，葱姜水汁 20 克，清汤 25 克，水生粉 50 克。

操作步骤

步骤 1　将鱼肉切成松仁大小的米粒，用清水、葱姜水汁洗一下，沥干水分盛入碗内，

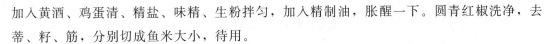

加入黄酒、鸡蛋清、精盐、味精、生粉拌匀，加入精制油，胀醒一下。圆青红椒洗净，去蒂、籽、筋，分别切成鱼米大小，待用。

步骤2 取一小碗，放入黄酒、精盐、味精、清汤、水生粉调成卤汁，待用。

步骤3 烧热锅，加入精制油，投入松仁滑散至熟滤油，原油仍倒入锅内，约三成热时，投入鱼米滑散至断生，放入圆青红椒粒，倒入漏勺内。原锅倒入小碗卤汁至稠厚时，倒入鱼米、松仁等，推匀，颠翻几下，起锅装盘。

质量标准

色：鲜艳，鱼米洁白；质：鱼米滑嫩，松仁脆；味：咸鲜可口。

要点分析

1. 松仁必须与冷油一起下锅氽，小心防焦。

2. 鱼米滑油时油温不能高，否则易结团。

龙井虾仁（浙江菜）

操作准备

1. 原料。活大虾 1 000 克，龙井新茶 1.5 克，鸡蛋 1 个。

2. 调料。绍酒 1.5 克，精盐 3 克，味精 2.5 克，淀粉 40 克，熟猪油 1 000 克（约耗 75 克）。

操作步骤

步骤1 将虾去壳，挤出虾仁，换水再洗。这样反复洗三次，待虾仁雪白取出，沥干水分，放入碗内加盐、味精和蛋清，用筷子搅拌至有黏性时，放入干淀粉拌和上浆。

步骤2 取茶杯一只，放上茶叶，用沸水 50 克泡开（不要加盖），放置 1 分钟，滤出 40 克茶汁，剩下的茶叶和汁待用。

步骤3 炒锅上火，用油滑锅后下熟猪油，烧至四五成热，放入虾仁并迅速用筷子滑散，约 15 秒钟后取出，倒入漏勺沥油。

步骤4 炒锅内留油少许置火上，将虾仁倒入锅中，迅速倒入茶叶和茶汁，烹酒，加盐、味精，颠炒几下，即可出锅装盘。

质量标准

色泽洁白碧绿，茶叶清香，虾仁鲜嫩，滋味独特。

要点分析

1. 虾仁必须洗净，沥干水分后上浆。

2. 茶叶汁水量要恰当。

糟熘鱼片（北京菜）

操作准备

1. 主料。鱼肉 250 克。

2. 辅料。水发黑木耳 50 克。

3. 调料。鸡蛋清 1 只，香糟酒 25 克，白砂糖 20 克，精盐 3 克，味精少许，生粉 50 克。

操作步骤

步骤 1　鲈鱼肉去肚裆、去皮劈成 8 片斜刀片，用水漂浸后捞出，挤干水分放入碗内，用鸡蛋清、精盐、水、生粉上浆。黑木耳摘去根蒂，洗去泥沙，焯水后待用。

步骤 2　锅置火上，放入精制油，烧热油锅至四成热时，逐片投入鱼片至鱼片发白，倒入漏勺，沥去油。黑木耳用开水烫后捞出，沥干水分，装入盘中。

步骤 3　用原热锅加入水、精盐、白砂糖、味精，投入鱼片，烧滚后撇去浮沫，用文火煨烧入味，加入香糟酒，烧开后用水生粉勾成流芡，淋上油，端锅将鱼片翻身使鱼肉朝上，淋上油倒在黑木耳上。

质量标准

色：鹅黄色；质：鲜嫩；味：咸中带甜，浓郁糟香。

要点分析

1. 鱼片必须清水浸漂后上浆。

2. 糟酒不能过早放入，容易产生酸味。

蒜爆鱿鱼卷（北京菜）

操作准备

1. 主料。水发鱿鱼 400 克。

2. 调料。蒜 1 瓣，葱 1 根，精盐 2 克，味精 2 克，料酒 5 克，米醋 2 克，胡椒粉 1 克，水淀粉 3 克。

操作步骤

步骤 1　水发鱿鱼用刀剖成麦穗花刀形，切成长方的块形。

步骤 2　烧热锅放入开水，烧滚后放入鱿鱼块，略烫，见鱿鱼卷起即倒入漏勺，沥去水分。

步骤 3　碗内放入蒜泥、精盐、味精、胡椒粉、水淀粉、汤调成兑汁芡。

步骤 4　锅内放入精制油，烧至七成热时，将鱿鱼块倒入略爆，迅速倒回漏勺，沥去油。热锅内倒入调成的兑汁芡小料，将鱿鱼卷倒入，颠翻几下即装盘。

质量标准

色：白洁光亮；质：脆嫩爽口；味：咸鲜适中。

要点分析

1. 鱿鱼刀工处理要深浅一致、整齐均匀。

2. 爆时油温略高。

3. 水淀粉要略多一些。

芫爆墨鱼花（北京菜）

操作准备

1. 主料。新鲜墨鱼。

2. 调料。香菜、青蒜、蒜、葱、盐、味精、酒。

操作步骤

步骤 1　墨鱼洗净后剞成梳子片，用小苏打水略浸片刻，放在清水中漂去碱味。

步骤 2　将香菜梗切成寸段，青蒜拍碎后也改刀成寸段，蒜切片，都放在碗内，加酒、盐、味精、水。

步骤 3　锅内放油烧至五成热时，将墨鱼片倒入爆油至原料断生，倒出沥油。

步骤 4　锅倒尽余油，放少许麻油，倒入墨鱼，烹入兑汁急翻出锅。

质量标准

色：鱼白光亮、香菜碧绿；质：嫩；味：咸鲜。

要点分析

1. 刀工深浅要一致。

2. 油温不宜过高。

3. 翻炒速度要快。

红烧黄鱼（上海菜）

操作准备

1. 原料。黄鱼一条（500 克），冬笋 50 克，水发冬菇 25 克。

2. 调料。葱、姜 10 克，料酒 25 克，酱油 50 克，糖 25 克，猪油 150 克，清水 500 克，胡椒粉、水淀粉、麻油适量。

操作步骤

步骤 1　将黄鱼刮去鳞，挖去鳃，除去内脏，斩去鳍，去掉头上皮衣，洗净，用刀在两侧鱼肉厚的地方各划三刀，将黄鱼放在盘内，用少许酱油拌一拌。冬笋切滚刀块，冬菇切成片待用。

步骤 2　炒锅烧热，放入猪油 100 克，把黄鱼下锅两面煎黄，然后投入葱段、姜末炝锅，随即烹入料酒，加盖略焖后揭盖，加入酱油、糖烧几秒钟后，再加入清水、胡椒粉、冬菇片、笋块，烧沸后转用小火烧 5 分钟。见鱼已熟，再用旺火收浓汤汁（汤汁余下 100 克），即用水淀粉勾芡，边转动锅边淋入猪油和麻油，出锅装盘，上面撒上葱花即成。

质量标准

色：深红色；质：嫩；味：鲜。

要点分析

1. 破腹洗鱼，鱼体容易碎。

2. 煎鱼时鱼身须略干，否则鱼皮易脱。

3. 烧鱼时间不能过长，否则鱼肉容易碎。

扣三丝（上海菜）

操作准备

1. 原料。水发冬菇 150 克，黄萝卜 1 个，扁尖笋 150 克，鲜笋 200 克，嫩豆苗少许。

2. 调料。盐、味精、麻油适量，冬菇汤 250 克，鲜汤 750 克。

制作步骤

步骤 1　将冬菇剪去根蒂，洗净沙泥，同鲜笋一起切成细丝，扁尖笋用开水浸泡后撕成细丝，排齐，切成 5 厘米长的段。

步骤 2　先将八分直径的黄萝卜片放在碗底当中，再将 1/3 的冬菇、鲜笋、扁尖笋扣贴在碗底，分成三色排齐，其余的冬菇丝、笋丝、扁尖笋丝都放在碗的中间，加上盐、味精、冬菇汤，上笼蒸约半小时后取出，覆在大汤碗里。

步骤 3　炒锅烧热，加入鲜汤、盐、味精，待烧沸后放入豆苗，倒在汤碗内，揭去扣碗，浇上麻油即成。

质量标准

色：黑、白、灰；质：脆；味：鲜。

要点分析

1. 三种原料粗细长短要一致。

2. 三种原料丝排列整齐，大小一致扣紧。

3. 蒸的时间要恰当，用高温。

三 片 汤

操作准备

1. 主料。鸡脯肉50克，鸡肫50克，青鱼肉50克。

2. 辅料。豆苗15克。

3. 调料。料酒10克，精盐3克，味精2克，高汤750克，胡椒粉1克，鸡蛋清半只，生粉15克。

操作步骤

步骤1　将鸡脯肉剔去筋，用刀劈成长5厘米、宽2厘米的柳叶薄片，用精盐、鸡蛋清、生粉上浆。鸡肫劈切成同鸡片一样的薄片，浸入水中，青鱼肉劈成长5厘米、宽3厘米的薄片，加盐、蛋清、生粉上浆。

步骤2　净锅加入清水，沸后倒入鸡脯片至八成熟，捞入盛器内。再将青鱼片烫至八成熟，捞出放在鸡脯片上，将鸡肫连同血水一起下锅，氽至八成熟捞出放在鱼片上，将锅内汤澄清，撒上豆苗，倒入盛器内即成。

质量标准

色：清澈；质：嫩爽；味：咸鲜。

要点分析

1. 氽肉片，汤水不要翻滚，然后撇去浮沫，澄清见底。

2. 氽三片时，火要旺，水要沸，保留原汤，片形均匀、不碎。

酸 辣 汤

操作准备

1. 主料。鸡血50克，豆腐50克。

2. 辅料。鸡蛋1只，冬笋肉或茭白50克，水发冬菇50克，熟猪精肉50克。

3. 调料。葱花10克，酱油5克，醋10克，盐5克，味精、胡椒粉、麻油、水生粉、黄酒适量，汤900克。

操作步骤

步骤1　将鸡蛋打散。将上述原料分别切成火柴梗丝。取汤碗1只，放葱花、醋、胡椒粉、麻油待用。

步骤2　净锅内，加汤，将上述原料下锅。烧沸后撇去浮沫。加酱油、黄酒、盐、味精，烧沸，用水生粉勾玻璃芡。再将蛋液淋入锅内，边淋边用铁勺轻轻推动。煮沸后起锅，盛入汤碗内。

质量标准

汤味酸，辣、鲜、味美，开胃可口。

要点分析

1. 原料都切成柴梗丝。

2. 淋蛋液时火要小些。

测 试 题

一、判断题（下列判断正确的请打"√"，错误的打"×"）

1. 在菜肴制作过程中，其原料色彩搭配恰当与否，直接关系着宴席及菜肴品质的高低。 （ ）

2. 川菜中特有的味型是糖醋味。 （ ）

3. 煲是广东菜菜系中的烹调方法之一。 （ ）

4. 上海菜以红烧、蒸煨、炸、糟、生煸见长，既清淡素雅，也有浓油赤酱的特点。
 （ ）

5. 浙江菜系在选料上讲求细、特、鲜、嫩。 （ ）

6. 烩的烹调方法是浙江菜系中的主要烹调方法之一。 （ ）

7. 讲究时令，刀工、火工、调味和制汤是北京菜的特点。 （ ）

8. 家庭便宴是以家庭成员和亲朋好友为主体的一种家庭聚餐的形式，所以不必认真准备。 （ ）

9. 凉菜拼摆的好坏直接影响着整个酒席的质量，拼摆的质量又取决于刀工技术的好坏。 （ ）

10. 水果的成熟度也是选择水果原料的标准之一。 （ ）

二、单项选择题（下列每题的选项中，只有1个是正确的，请将其代号填在括号中）

1. 在菜肴制作过程中，其原料（ ）搭配恰当与否，直接关系到宴席菜肴品质的高低。

   A. 外观　　　　　B. 口味　　　　　C. 色彩　　　　　D. 成本

2. 制定菜单的依据是根据（ ）把菜点搭配好，让客人满意。

   A. 宴请标准　　　B. 饮食习惯　　　C. 年龄特点　　　D. 季节变化

3. （ ）是筵席菜的五大类内容之一。

   A. 甜菜　　　　　B. 素菜　　　　　C. 炸菜　　　　　D. 烧菜

4. 一般每个热炒菜的重量在（ ）克。

     A. 200～300   B. 300～800   C. 300～400   D. 350～450

5. 鱼香味、怪味、（　　　）、家常、红油都是川菜中特有的味型。

     A. 五香   B. 咸鲜   C. 麻辣   D. 甜酸

6. （　　　）、小炒、干煸、干烧是川菜擅长的烹调方法。

     A. 小煎   B. 滑炒   C. 滑熘   D. 生爆

7. 广东菜主体口味是清淡爽口，以（　　　）、鲜嫩为特色。

     A. 软   B. 脆   C. 松   D. 酥

8. 山东菜总的特点在于注重突出菜肴的（　　　），内地以咸为主，沿海以鲜咸为特色。

     A. 原味   B. 脆嫩   C. 软糯   D. 酥松

9. 浙江菜系以南菜北烹见长，以爆、炒、（　　　）、炸为主。

     A. 熘   B. 烩   C. 烧   D. 煨

10. 北京菜的特点之一是精于选料，（　　　）。

     A. 讲究时令   B. 浓油赤酱   C. 甜酸并重   D. 讲究围边

三、多项选择题（下列每题的选项中，至少有 2 个是正确的，请将其代号填在括号中）

1. 菜点的盛器应做到（　　　）。

     A. 保温   B. 保湿   C. 透明   D. 卫生

     E. 无毒

2. （　　　）和（　　　）都是四川较为有名的菜肴。

     A. 红烧黄鱼   B. 酸菜鱼   C. 盐焗鸡   D. 宫保鸡丁

     E. 烤鸭

3. 广东菜主体口味是清淡爽口，以爽、（　　　）为特色。

     A. 脆   B. 酥   C. 鲜   D. 甜

     E. 嫩

4. 在选择水果原料时，除了掌握水果的新鲜度和成熟度，还要注意（　　　）和口味。

     A. 形态   B. 色泽   C. 重量   D. 粗细

     E. 长度

5. 中国的烹调技术，十分讲究菜肴色彩的调配。成功的菜肴，应是（　　　）俱佳的作品。

     A. 色   B. 香   C. 鲜   D. 味

     E. 形

测试题答案

一、判断题

1. √   2. ×   3. √   4. √   5. √   6. √   7. √   8. ×   9. √

10. √

二、单项选择题

1. C   2. A   3. A   4. B   5. C   6. A   7. B   8. A   9. B

10. A

三、多项选择题

1. ADE   2. BD   3. ACE   4. AB   5. ABDE

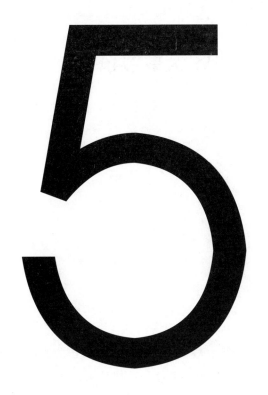

第 5 章

海外饮食习俗与菜肴制作

第1节　欧美地区饮食习俗

 学习目标

➢ 了解欧美主要国家的饮食习惯

➢ 熟悉欧美地区主要国家的饮食喜好和禁忌

 知识要求

一、英国

英国家庭通常一日四餐，即早餐、午餐、午茶餐和晚餐。

英国人早餐以熏咸肉、烩水果、麦片、咖啡、鸡蛋、橘皮果酱、面包为主。早餐的时间是 7 时许。早餐相当丰盛，一般为麦片、煮鸡蛋、果汁、牛奶、新鲜水果、煎饼等点心。

午餐一般在 12 点至下午 2 点之间，上班族一般在外面用快餐，在家吃午饭的也较简单，大多就吃些头天晚上剩下的冷肉，外加用土豆、黄瓜、西红柿等蔬菜制成的凉菜，以及肉饼、布丁和水果，饭后喝杯咖啡。

午茶餐约下午 4 点，英国人称此为"茶休"。时间约 20 分钟，通常喝茶，习惯吃一些茶点，如蛋糕、点心、三明治等。

晚餐比较讲究，是一天中最丰富的一餐，一般在晚上 7 点多钟。习惯吃些烧鸡、烤羊腿、牛排和甜点心，特别喜食隔水蒸的布丁。一些讲究的人家进餐前要换上晚礼服。正规的晚餐至少上三道菜，最常见的主菜是烤肉类浇肉汁，以及牛排、火腿、鱼等，通常是每人一大块肉（鸡肉、牛肉、猪肉、羊肉等），一盘拌了黄油的土豆泥，一盘青菜（沙拉）。另外，饭前每人一盆汤，饭后有点心和冰激凌以及水果。

英国人用餐讲究座次、服饰、方式，平时吃西餐以英、法菜为主，对中国菜也较喜爱。英国人较丰盛的宴会备有两种以上的酒，吃鱼的时候上白葡萄酒，吃肉时上红葡萄酒，规模较隆重的宴会还备有香槟酒，席间不劝酒。每餐都喜欢吃水果，晚餐还喜欢喝咖啡，夏天吃各种水果冻、冰激凌，冬天吃布丁、浓汤等。

英国人爱喝茶，习惯于清晨起床前喝杯浓红茶，把喝茶当作每天必不可少的享受。倒茶前要先往杯子里倒入冷牛奶，接着冲以热茶，加点糖。若先倒茶后倒奶会被认为无教养。目前，英国人的饮食正朝着"更有益于健康"的方向演变，尽可能少吃糖和奶油，多吃蔬菜、牛肉、禽肉及鱼肉，少喝茶和咖啡，多喝果汁和低脂牛奶。素食主义者人数正在增加。

二、法国

法国人的日常饮食是一日三餐。早、午餐比较简单，晚餐较丰富。

早餐一般在七八点钟，通常是一杯加奶咖啡或红茶，吃几片涂有果酱、黄油的面包或油酥月牙面包或巧克力，再来一只煮鸡蛋。

午餐一般在中午12点半至下午1点。大半职工和学生回家用餐，也有不少职工在食堂进餐，以胡萝卜沙拉、猪排加土豆泥、小红肠以及蔬菜、水果等为主食，食堂里还备有各种酒、饮料。而年轻人则喜欢上快餐店，买一份火腿三明治加甜点或麦当劳快餐，吃点水果，再喝一杯咖啡。

晚餐一般在六七点钟，主食仍然是面包，但菜肴酒水充足，汤、各种沙拉、烤牛排、青蛙腿、罐焖鸡以及鱼虾等，是晚餐桌上的佳肴。法国人有临睡前喝点东西的习惯。

法国人十分讲究作料的调配并精于此道。大多数法国人不爱吃辣椒。法国人喜欢吃奶酪，人均年消费量居世界首位。法国人喜欢喝咖啡，一日三餐都少不了，法国的大街小巷均设有咖啡馆。

法国人的宴会十分考究，饭前先喝威士忌等开胃酒。

上菜讲究顺序：第一道是汤；第二道是开胃菜，多为肉肠、火腿肉就小哈密瓜之类的菜；第三道是主菜，通常是炸牛排、烧羊肉、烤鸡、海鲜等；第四道菜是蔬菜，多为番茄、生菜配以作料搅拌而成的沙拉，或是由其他青菜与火腿肉拌成；第五道是各式各样的奶酪；第六道是蛋糕、巧克力等甜食和冷饮；第七道是水果和咖啡，席间配有各色葡萄酒和长面包；最后还有一道白兰地之类的烈酒或香槟酒。

法国人很喜欢饮酒。善饮的法国人很讲究酒具，非常注重酒与菜的搭配，吃鱼或海鲜的时候喝白葡萄酒，吃肉时喝红葡萄酒，另有一种味道较淡的玫瑰红葡萄酒，吃鱼吃肉均可饮用。法国人还喜欢喝矿泉水和酸牛奶。冷菜习惯自己切着吃。若用中餐招待法国人，要在摆中餐具的同时摆上刀叉。

三、俄罗斯

俄罗斯人日常以面包为主食，鱼、肉、禽、蛋和蔬菜为副食。他们喜食牛、羊肉，口味比较浓重，油水较足，喜欢酸、甜、咸和微辣。

俄罗斯人早餐比较简单，几片黑面包，喝杯酸牛奶即可。

午餐和晚餐比较讲究，必须有各种浓汤，如葱头牛肉汤、猪肉汤、鸡杂汤、肉丸汤、鱼片汤、冷菜肉汤、红白菜汤等，而且汤汁要求很浓。

俄罗斯人爱吃中国的许多肉类菜肴，对北京烤鸭、辣子鸡、糖醋鱼、烤羊肉等十分喜爱，但不吃木耳、海蜇、海参等食品。俄罗斯人爱吃番茄、生洋葱、酸黄瓜、酸白菜、酸牛奶拌沙拉等凉菜，他们进餐吃凉菜的时间较长。

俄罗斯人喜喝啤酒佐餐，酒量较大，爱喝高度烈性的"伏特加"，对中国的茅台、西凤、二锅头等烈性酒也很感兴趣。他们不爱喝葡萄酒，不爱喝绿茶，喜喝加糖的红茶。

四、德国

德国人的饭量一般比较大，每日三餐。

早餐简便，主要吃面包和蛋糕，还有黄油、蜂蜜、果酱、香肠、火腿和煮得很嫩的鸡蛋，喝咖啡或可可。

午餐是主餐，主要包括汤、带配菜的肉食和甜食，以及男士喜欢喝的啤酒、白兰地等，饭后上冰激凌和咖啡。

晚餐比较简单，一般吃冷餐，并喜欢用小蜡烛照明，有时喝点酒，晚饭后要饮茶。

德国人注重饮食的含热量、维生素等营养成分，喜欢口味清淡、微酸甜的菜肴，不喜欢过于肥腻、辛辣的食品。喜欢吃猪肉和牛肉，不喜欢吃羊肉，爱吃土豆。除了做菜，还经常以煮土豆、土豆泥、土豆团子当主食。

德国人对餐具很讲究，一般家庭都备有各种碟盘、杯子、刀叉和汤匙。吃肉、鱼、奶酪要分别使用不同的刀子。通常右手持刀，左手持叉。饮酒也有规矩，吃饭时应先喝啤酒再喝葡萄酒，吃凉菜饮甜葡萄酒，吃野味饮烈性红葡萄酒，吃干奶酪时饮啤酒。伏特加酒要一饮而尽，而甜酒和白兰地则分若干口喝完。

五、意大利

意大利人喜欢吃海鲜，也喜欢吃生的牡蛎及蜗牛。意大利人以面食为主，例如包馅的比萨、面包、面条和精美的甜点心等，通心粉做的各种面条更是花样繁多。偶尔吃米饭，副食也丰富多彩，主要有牛肉、鸡肉、鱼、火腿、香肠、鸡蛋以及土豆泥、番茄、豌豆等多种蔬菜。

意大利人对中国的粤菜、川菜比较喜欢，但要无辣或微辣。意大利人无论男女，都离不开酒，特别是葡萄酒，连喝咖啡也要掺酒。吃一顿饭，菜只有两三道，酒却配很多，要喝上1～2个小时。

六、美国

美国人一日三餐很随便。

早餐喜欢吃各种水果汁和糖油煎饼夹火腿、椒盐小面包、鸡蛋、火腿肠和牛奶以及咸中带甜的点心。

午餐一般在单位用工作快餐，常常是几片三明治，几块饼干，一些蔬菜沙拉等，配香蕉或苹果等水果，再冲上一杯咖啡。有的则到附近的快餐店吃快餐。

晚餐一般比较丰盛，通常先上一份果汁或浓汤，然后上大盘沙拉和几盘凉菜，接着上主菜。人们最爱吃的主菜有烤鸡、烤肉、牛排、猪排、火腿、炸鸡、炸虾等，主食为炒米饭和面包片，餐后还有甜食和冷饮，最后再喝一杯咖啡。

美国多数家庭有睡前小吃的习惯，孩子们通常喝牛奶，吃块小甜饼，成人则吃些水果和糖。

美国人的饮食有几个明显的特点：

一是忌油腻，喜清淡。新鲜的蔬菜生的、冷的都吃。鸡、鸭、鱼、带骨的食品要剔除骨头后才做菜。

二是喜欢带甜味的食品。烹调的方法偏爱煎、炒、炸，但不用调味品，而是把番茄沙司、胡椒粉、盐、辣酱油等调味品放在桌上，随进餐者按自己的口味自由调配。

三是讨厌奇形怪状的食物。如鳝鱼、鸡爪、海参、猪蹄之类。不吃脂肪含量高的肥肉和胆固醇含量高的内脏。对第一次见到的菜不轻易品尝。

水果是美国菜肴中不可缺少的配料，如用苹果、紫葡萄、凤梨等来烧肉类、禽类食品。在蔬菜方面，美国人喜欢吃青豆、菜心、土豆、番茄、豆苗等。目前美国人的饮食越来越重视食品营养，吃肉越来越少，而对海味和蔬菜越来越感兴趣。

美国人很喜欢吃中国菜，如川菜、粤菜都很受欢迎。在调料上一般不用生酱油，没有食醋的习惯。中式餐馆几乎遍布美国所有城市，经过改良的中式菜肴很受欢迎。

美国人一日三餐总要喝些饮料。餐前饮些开胃、增进食欲的果汁饮料，用餐时饮牛奶、汽水、啤酒、葡萄酒等，一般不多喝烈性酒。餐后喝咖啡助消化。美国人喝酒不讲究菜，有时只吃点炸土豆或干果类食品。美国人饮料消费量极大，男女老幼都对冷饮感兴趣，往往是越冰越好。由于喜欢吃甜食，在喝饮料时也常常加糖。

七、加拿大

加拿大人的饮食习惯和美国人比较接近，喜食牛肉、鱼、野味、黄油、奶酪、鸡蛋、土豆、胡萝卜、番茄、生菜等，不爱吃辣味菜肴。日常为一日三餐。

早餐通常有面包、牛奶、鸡蛋、果汁、咖啡等。

中餐有面包、米饭、牛排、虾、鸡、土豆丝、果汁、葡萄酒、咖啡、水果等。

晚餐往往全家一起进餐，除了吃面包、烤肉、干贝、多种蔬菜外，还要喝原汁原味的汤，饮酒（有白酒、甜酒、红葡萄酒、啤酒、威士忌等）。饭后喝咖啡，吃水果。

加拿大人极喜欢烤牛排，半生不熟，吃时还冒着血水。加拿大人口味偏酸甜，喜欢清淡，不吃动物内脏和肥肉。加拿大名菜多为法国风味菜，如煎牛排、洋葱汤、浓汁豌豆汤等。此外，加拿大各地也有一些特色菜肴，如蒙特利尔市居民用苹果作填料烹制的布罗美湖鸭，北部的因纽特人做的鲑鱼等。

八、澳大利亚

澳大利亚人平时以英式西餐为主，口味清淡，不喜欢辣味，喜欢吃新鲜的蔬菜，还有牛肉、煎蛋和中式的脆皮鸡、油爆虾、糖醋鱼等。当地的名菜是羊、牛排。

澳大利亚人偏爱广东菜，进餐时习惯用很多调味品，在餐桌上自己调配。啤酒是最受欢迎的饮料，也有相当一部分人喜欢饮茶。

第2节　亚洲国家的饮食习俗

 学习目标

➤了解亚洲主要国家的饮食习惯

➤熟悉亚洲主要国家的饮食喜好和禁忌

 知识要求

一、日本

日本人的饮食比较讲究，菜量少而精，注重菜品的营养价值。他们把饮食称为料理。其主食以米饭为主，早餐一般爱喝牛奶、稀饭，午餐和晚餐吃大米饭。一日三餐中较重视晚餐。进餐时总爱吃一些"开胃菜"，如生拌甜酸萝卜丝、酸黄瓜、泡菜、酸甜酱菜等，目的是增加食欲。

日本人饮食口味偏清淡，少油腻，喜酸甜、微辣、麻香、味鲜略带甜。他们对中国菜尤为喜爱，最喜欢品尝中国的地方风味，如中国的风味火锅，爱喝浙江的绍兴酒（烫热的）等。他们爱吃的食品有：牛肉、鸡、鸭、鸡蛋、鱼、虾、蟹、甲鱼（团鱼）以及豆腐、竹笋和新鲜蔬菜等。习惯以米饭为主食。爱吃的点心有小笼包、水饺、什锦炒饭、各式炒面等。对于太辣的和加豆豉汁烧制的菜肴不太喜欢。吃水果偏食瓜类，如西瓜、哈密瓜等。

日本人以熟食为主，但也喜吃生食，酷爱吃鱼，吃时都要去掉鱼刺，做法五花八门，煮、炸、煎、烤、汤煮、生吃等。吃生鱼片必须非常新鲜。做冷菜装盘时常撒上一些芝麻、紫菜末、生姜丝和白糖，既是点缀和调味，也是未被人动用过的标志。还喜欢吃酱汤、酱菜、紫菜和酸梅，味鲜带咸，清淡素雅，有时略带酸甜和辣味。吃菜采用分食制。

日本人忌食肥猪肉、动物内脏、羊肉以及油腻过重的菜肴。忌绿色，忌讳荷花、梅花图案，还忌"四""九"2个数字。因此，赠送礼品或宴会桌上的用具、装饰物要忌用。

日本人对餐具很讲究，注重美感。大量使用比较保温的漆器，餐具形状多姿多彩，有高有低，有圆有扁，有八角形、叶状等。吃中餐、日餐用尖头筷子，吃西餐时使用刀子和叉。习惯于用筷子把饭碗里的米饭夹进嘴里，而不是把饭碗送到嘴边用筷子扒进口中。请客时，客人和主人都要等主宾拿起筷子才能跟着拿起筷子用餐。

二、韩国

韩国人以大米和白面为主食，通常伴有其他杂粮。口味特点是清淡、不油腻，喜欢辣味，通常爱吃烤、蒸、煎、炸、炒之类的菜肴。其辣味调味品主要有干辣椒、辣椒粉、胡椒粉、大蒜、芝麻辣酱等。

他们爱吃的副食品主要有牛肉、瘦猪肉、鸡、鱼、虾、海鲜、狗肉、野味等动物类，蔬菜有黄豆芽、卷心菜、萝卜、菠菜、洋葱等。来中国的韩国人，大多爱吃川菜和湘菜。

韩国人在饮食习惯上有一些独特之处：其一，早餐习惯于吃大米饭，而不吃稀饭；其

二，辣泡菜和汤是他们每餐必备的食品；其三，一般不喝清汤，喜欢喝带色的浓汤；其四，凉拌菜中可以放醋，而热菜中不放醋。

韩国人忌讳的食物有羊肉、鸭子、肥猪肉等，不太喜欢加糖过多或放花椒之类的菜肴。

三、新加坡

新加坡人以米饭和包子为主食，通常吃中餐，中餐有海味、豆腐和各种蔬菜等。下午还有吃点心的习惯。传统早餐是油条和热豆浆。晚餐较丰盛，饭后常喝茶。新加坡人大多不吃馒头，端午节有吃粽子的习惯。他们的口味特点是爽、脆、鲜、嫩，一般喜欢煎、炸、炒烹制而成的菜肴。

新加坡人对中国的福建、广东菜很感兴趣，尤其爱吃新鲜鱼虾类菜肴。此外，一些不信仰印度教的人还爱吃牛肉。水果是新加坡人每天必备的食物，尤其爱吃桃、荔枝和梨。中国绿茶在新加坡很受欢迎。

四、泰国

泰国人的饮食颇有特色。他们以大米为主食，大多爱吃西式早餐，有的还爱喝豆浆、吃油条。午餐和晚餐则喜爱吃中式饭菜。他们的口味特点是清淡、味鲜、忌油腻，酷爱辣味菜肴，素有"没有辣椒不吃饭"的习俗。在泰国的餐馆里，几乎每张餐桌上都有辣味调味品，甚至连酱油中也泡着辣椒。

泰国人还爱吃鲜味调味品，如鱼露和虾酱等。他们在做菜、烧汤、吃面条时都得加入鱼露和辣椒，但一般不放糖和酱油。吃蔬菜时，爱拌上虾酱作为下饭菜。

火锅是泰国人饮食上的一大特色，吃火锅不分季节。尽管当地长年炎热，依然可见一个个火锅端上餐桌，人们围着火锅，蘸着很辣的辣酱，吃得津津有味。

中国的川菜、云南菜和广东菜很受他们欢迎。泰国人有饭后吃水果的习惯。饮料方面爱喝咖啡、红茶、葡萄酒、橘子水、白兰地兑苏打水，还爱喝冰茶。

泰国人忌讳的食物有海参、牛肉、狗肉、野味、红烧类的菜肴。

第3节　西餐基础知识

 学习目标

➢了解西餐的特点和菜式分类

➢熟悉西餐常用的制作工具和烹制方法

 知识要求

西餐是我国和部分东方国家及地区的人们对西方国家特别是对欧洲各国菜点的统称。广义上讲，也可以说是对西方餐饮文化的统称。"西方"习惯上是指欧洲国家和地区，以及由这些国家和地区的移民为主体的北美洲、南美洲和大洋洲的广大区域，因此西餐主要指的便是以上区域的餐饮文化。

以上国家的各个民族，在其自身的发展过程中形成了独特的饮食习惯和特点，这些习惯和特点，通过饮食方式、菜肴、点心、小吃、饮料、烹饪方法等多方面表现出来。在西餐众多的菜式中，较有代表性的是法、英、美、意、俄等国的菜式。

一、主要菜式分类

1. 法国菜式

烹饪技术以精美于外、美味其中和精巧细腻著称于世。特点是用料广，用料新，花色品种繁多。

法国菜的选料，除其他国家常用的原料外，蜗牛、马兰、洋百合、椰树芯等也都是烹调原料。由于法国菜讲究生吃，所以选料严格，如煎、烤牛肉、羊腿等菜，只需七八成熟即可；又如煎、烤野鸭，一般只需三四成熟就可食用。

法国菜的调味很讲究用酒，要求严格，好比中国使用绍酒一样。如清汤用葡萄酒，海味用白兰地、白酒，肉类和家禽用雪利酒，野味用红酒，各种点心和水果大都用甜酒。

法国菜还讲究蔬菜的使用，每道菜里都要配上两三种蔬菜，包括土豆、米饭、面制品等。另外，法国的菜品大都是以地名、人名、物名等来命名的，如土豆巴黎圣、沙尔马生菜、焖鹌鹑瓦伦西安等。

法式菜肴的名菜有：马赛鱼羹、牛肉清汤、鹅肝酱、巴黎龙虾、红酒山鸡、沙福罗鸡、鸡肝牛排等。

2. 英国菜式

特点是油少、清淡，调料很少用酒，烹调较简单。调味品，如盐、胡椒粉、醋、色拉油、芥末酱、辣酱油、番茄沙司和各种酸果等，都放在餐桌上，由客人进餐时自己选用。烹调上主要有煮、烤、清烩、蒸、煎、炸、焗等方法。

英式菜肴的名菜有：鸡丁沙拉、烤大虾苏大力、薯烩羊肉、烤羊马鞍、冬至布丁、明治排等。

3. 美国菜式

特点是咸中带甜，常用水果作为菜肴的配料，如菠萝焗火腿、苹果烧鹅鸭、橘子烧野鸭等。美国菜是在英国菜的基础上发展起来的，在烹调上大致和英国菜相似，铁扒一类菜较为普遍。美国人对沙拉很感兴趣，原料大都采用水果，如香蕉、苹果、梨、菠萝、橘子，拌上鲜奶油，口味很别致，但对辣味一般不感兴趣。

美式菜肴的名菜有：烤火鸡、橘子烧野鸭、美式牛扒、苹果沙拉、糖酱煎饼等。

4. 意大利菜式

在罗马帝国时代，意大利曾是欧洲的政治、经济、文化中心，就西餐烹饪来讲，意大利是始祖，可以与法国、英国媲美。

特点是味浓，以原汁原味闻名，口味接近于匈牙利、奥地利等国。在烹调上以炒、煎、炸、红烩、红焖等方法著称，擅长做各种各样的面食。其制作面条有独到之处，各种形状、颜色、味道的面条至少有几十种，如字母形、贝壳形、实心面条、通心面条等。意大利人还喜食意式馄饨、意式饺子等。

意大利人吃饭的习惯一般在食物六七成熟就吃，这是其他国家所没有的。

意式菜肴的名菜有：通心粉素菜汤、焗馄饨、奶酪焗通心粉、肉末通心粉、比萨等。

5. 俄罗斯菜式

特点是油大，制作较简单。俄罗斯人喜吃酸、辣、甜、咸的菜，烹调方法以烤、腌熏为特色。烹调上大都采用酸奶油、奶渣、柠檬、辣椒、酸黄瓜、洋葱、白塔油、小茴香、香叶等作调味品。俄罗斯人特别喜欢食鲑鱼、鲱鱼、鲟鱼、红黑鱼子、腌熏过的咸鳇鱼、鲳鱼等鱼类制成品以及部分海味。但肉类、家禽菜肴和各种各样的肉饼，非要烧制很熟才吃，还喜欢吃用鱼肉、各种碎肉末、鸡蛋和蔬菜制成的包子。

俄式菜肴的名菜有：什锦冷盘、鱼子酱、酸黄瓜汤、冷苹果汤、鱼肉包子、黄油鸡卷等。

6. 德国和普鲁士地区菜式

特点是食用生菜较多，如生牛肉拌生鸡蛋等。很多菜都带酸味，如酸焖牛肉、酸咸猪脚和其他很多的酸菜类。各种各样的香肠是当地的特产。咸鲱鱼沙拉、多种制法的土豆，几乎每餐必食，也是他们的部分主食。

挪威、丹麦、瑞典、芬兰等北欧国家，地处寒带，气候较冷，日常生活习惯大致和俄罗斯人相似，喜吃腌制的鲱鱼、沙丁鱼、鲑鱼、鳕鱼等海味菜。另外，香肠、火腿、熏肉等肉类腌制品和酸菜、酸黄瓜、各种乳制品等也都是当地人民日常的副食品。

捷克、匈牙利、保加利亚、罗马尼亚、波兰、奥地利等东欧国家，接近斯拉夫民族生活习惯，喜吃酸牛奶、乳酪制品、生洋葱、大蒜、辣椒、酸菜、酸黄瓜、腌制过的肉类、香肠、熏鱼等食品。对于有刺激性的食品也喜欢吃。

二、西式餐饮特点

西餐虽然有多个派系，但有很多共同点。

一是制作方法、制作工具基本相同。制作工艺较为复杂，制作工具较多。

二是西餐礼仪相通。均比较复杂而规范。

三是进餐方式相同。每个人只享用自己盘中的饭菜。在多道菜的情况下，由于菜肴不同、食用方式各异，餐具也随之改变。

四是一般以刀叉为餐具，以面包及面食为主食。

三、主要烹调方法

1. 煮（Boil）

煮就是将原料完全浸没于水或汤中，通过加热使之达到所需的要求。所煮的食物在整个煮沸过程中必须完全浸在水或汤中，如果蒸发过多，则需再加水或汤。

2. 烧烤（Roast）

将经过腌渍或加工的原料，借助于铁叉工具，置于烤炉或明火之上，利用辐射热能使原料成熟。烤有明火烤和暗火烤两种。明火烤一般是用敞口的火炉或火盆，炉上最好配有铁架；暗火烤是将原料叉在烤叉上，放入可以封闭的烤箱内。烧烤一般都是热炉、高温，原料放进去后再调节火候。还要注意经常翻动，以免一面烤焦一面没熟。

3. 烩（Stew）

将加工成丁、条、丝、片、块的原料，氽烫或油煎成半成品，再用旺火制成半菜半汤的一种烹调方法。烩菜都要勾芡，油热后用葱姜炝锅，加鲜汤和调料，火候一般先大后小，时间视原料大小、老嫩而定。其特点是原汁原味，香鲜酥软。烩菜可分红烩、白烩、黄烩、清烩四种。

4. 焖（Braise）

将经过炸、煎、煮、炒等初熟处理后的原料放入锅中，加入调味品和汤汁，用明火烧开后，再转用文火长时间加热成熟的一种烹调方法。焖可以分为清焖（水或清汤为主要汤汁）、浓汁焖（以浓沙司为主要汤汁）和黄油焖（清汤为主要汤汁，加入黄油，有明显的黄油香味）等，适用于大肉块、整只禽类。其特点是汁浓味厚，酥烂香醇。

5. 炸（Fry）

炸是用大火加大油量的烹调方法。炸时要锅大油多，一般超过原料3～4倍。炸可以分为清炸、面糊炸、面包粉炸等。下锅时油温可以低一些，一般掌握在七八成热。嫩的原料，一旦发现油温过高，可离火炸熟。炸的食品口味一般具有香、酥、脆、嫩的特点。

6. 蒸（Steam）

以蒸汽加热使食品成熟的烹调方法。由于用油少，所以蒸制的菜肴一般比较清洁，同时具有原汁、原味的特点。所蒸的原料一定要新鲜，不能串味。

7. 煎、炒（Saute）

煎是用少量的油涂遍锅底，用小火加热，原料入锅，将其两面煎黄并成熟。煎时要注意原料应是片状或扁平状，火候应保持在中火至小火之间，切勿用旺火。如发现油少了，可适量加些油再煎。煎可分为清煎和软煎两种。清煎是先用调味料浸渍原料入味后再入锅，煎后即可食用。软煎是将蘸过面粉的原料再裹上一层蛋清或全蛋液后下锅煎制，菜品里嫩外酥、香脆可口。

炒的烹调方法，是将原料放入锅中用少而热的油进行加热，并快速翻动使之成熟。

四、主要西餐用具

西餐所用的工具，规格讲究、种类较多，与中餐差异很大。常用工具如下：

1. 煎盘

西餐烹调中的主要工具，也称平底锅、法兰盘。圆形、浅底、有柄的平底锅，分大、中、小三种，用于煎制食品。如法式煎猪排。

2. 烤盘

用不锈钢板制成的平底方铁盘，有带沿和不带沿两种，用于烤食品。如德式烤猪腿。

3. 汤罐

不锈钢板制成的圆桶，有耳，分大、小两种，用于煮鸡、调吊汤以及焖、烩菜。

4. 炸锅

用不锈钢板制成的圆桶，嵌上一长把，用于炸制食物。

5. 西餐厨刀

（1）生菜厨刀。又称西餐大厨刀，长 30～40 厘米，宽 5～6 厘米，刃利，背厚，顶端尖，用于剁、切配原料。

（2）熟菜刀。又称西餐小厨刀，长 25 厘米左右，宽 3～4 厘米，背厚，刃利，用于切熟食和凉菜。

（3）尖刀。又称剔刀，长 25 厘米，宽 2.5 厘米，顶端尖，用于剔带骨食材。

（4）拍刀。长 15 厘米，宽 10 厘米，厚 1.5 厘米，带柄，无刃，用于拍薄、拍松、拍散各种原料，如拍猪排和鸡肉等。

（5）刻花刀。种类较多，形状大小不一，随操作习惯和需要而定。

6. 扦子

铁银制品。有长 20 厘米和 80 厘米两种，用于串烤鱼、肉等。

第 4 节　西餐的制作

 学习目标

➤熟悉西式菜肴中汤类、热少司、热菜、沙拉的制作方法

➤掌握西餐中常见菜的制作

 知识要求

西餐有广义西餐和狭义西餐之分。广义西餐包括西式正餐、西式快餐、西式休闲餐三类。狭义西餐仅指西式正餐。对正规西餐而言，应包括餐汤、前菜、主菜、餐后甜品及饮品。最正式的西餐当属法式西餐。

一、西餐汤类制作

西餐汤可分成以下几种：清汤、奶油汤、蔬菜汤、浓汤、冷汤、特制的汤、地方性或传统性的汤。清汤就是用牛肉或鸡肉、鱼及蔬菜等煮制出来并除去脂肪等杂渣的汤。浓汤就是加入面粉、黄油、奶油、蛋黄等制作出来的汤。

西餐汤风味别致、花色多样，世界各国都有其著名的有代表性的汤。例如，法国洋葱汤、意大利蔬菜汤、俄罗斯的罗宋汤、美国的奶油海鲜巧达汤等。

1. 清汤的制作

清汤的色泽与茶色很相似。西餐正餐或宴会中，常常使用这种汤作为开胃的"开路"先锋。这种汤除去了脂肪，既有营养又不油腻，深受现代人的普遍青睐。

（1）原料。习惯选用鸡、牛肉及新鲜虾肉与骨头，而不选用猪肉、猪骨制汤。

（2）汤料与水的比例。一般是1：3，但这不是绝对的，制作中可根据菜肴的标准灵活掌握。如用于高级宴会，汤料与水的比例可为1：2；如用于一般便饭，汤料与水的比例可降至1：5，但汤料的比例也不宜过少，否则汤就失去了鲜味，影响菜肴的质量。

（3）制作过程

1）把汤料洗净，注入清水，用旺火加热。

2）加热至80℃左右时，汤料表层的蛋白质开始凝固，其中血红蛋白形成丝絮状连同汤中污物一起漂浮上来。随着温度的升高，还会有一些丝絮状的汤沫漂浮上来，要随时撇去。

3）加热至100℃时要及时改用微火，使汤面微沸即可。这时如还有一些汤沫浮出，也要随时撇去。由于温度升高，一些脂肪也逐渐溶出，浮至汤面，要随时撇出，留作别用。

4）汤中的浮油撇净后，再把葱头、胡萝卜切成片，在炉板上烤至微煳，与鲜芹菜一起放入汤中，以增加汤的香味。

5）煮制汤主要使用微火，要使汤料中的可溶性成分充分溶解出来，这需要较长的时间，一般鸡清汤需2～3小时，牛清汤需3～4小时，鱼清汤45分钟即好。清汤煮好后用细箩过滤备用。

6）如煮制的清汤因某种原因不很清澈，就需要进一步加工，这个过程称为"清汤"。方法是：选用含蛋白质较丰富的原料，如牛肉、鸡肉、蛋清等，先把肉剁成细末，然后放入过滤后的汤中，用中火逐渐加温，并用汤勺搅动，使肉末与汤液的接触面增大。随着温度的升高，蛋白质的温度上升至90℃以上时，立即改用微火，不使汤液翻滚。当蛋白质全部凝固后立即过滤，使汤液更加清澈透明。

（4）要点分析。汤不宜多滚。按照西餐装盆规则，凡冷汤（菜）用冷盆，盆子冷藏后揩干；热汤（菜）用热盆，即盆子放暖箱或用开水烫后揩干。

（5）制作实例

1）牛肉茶

①原料。瘦牛肉2 250克，清水3 000克，葱头75克，胡萝卜75克，芹菜75克，盐15克。

②制作过程。把牛肉中的肥膘剔净，剁成末，加少量水搅匀，要汤面不得有油滴。胡萝卜、葱头、芹菜切成碎片。把牛肉末及葱头、胡萝卜、芹菜放在清水内上火加热，当牛肉粘连在一起时，改用微火使其微沸，煮2～3小时放盐调味，然后轻轻将其过滤即可。

牛肉茶的另一种做法是在牛肉末内加些蛋清搅匀，在清水内浸约1小时，再加入温清汤及蛋皮上火加热，同时用搅板轻轻搅动。然后改用微火使其微沸，煮2小时，加盐调味，再将其轻轻过滤。

③特色。色泽呈浅褐色，清澈透明，口味鲜美、浓郁、微咸。

2）蘑菇鸡清汤

①原料。熟鸡肉80克，鸡清汤5汤盘，听装蘑菇5汤匙，盐、白胡椒粉少量。

②制作过程。鸡肉切成丝，如用新鲜蘑菇，可将蘑菇洗净后煮熟切片。将鸡清汤加热至微滚，放入盐、白胡椒粉。把熟鸡丝与蘑菇片分放盘中，盛上汤即可。

③特色。清、鲜、素，清口。

3）清汤芦笋

①原料。牛肉清汤2 000克，芦笋300克，盐15克，雪利酒200克。

②制作过程。把芦笋切成小段，用原汤热透。牛清汤内放盐调味，沸后即好。起汤时调入雪利酒，放上芦笋段。

③特色。色泽浅褐色，口味鲜美，微咸，有明显的酒香味。

4）皇室清汤

①原料。鸡清汤2 000克，火腿100克，煮鸡肉100克，煮鸡蛋4只，面包100克，雪利酒15克，盐15克。

②制作过程。把火腿、煮鸡肉、煮鸡蛋都切成小丁。把面包切成小丁，用净油炸上色。把鸡清汤烧开，放盐调味。走汤时放上以上汤料，调入雪利酒即可。

③特色。色泽黄褐色，清澈透明。口味鲜美，酒香，微咸。

2．奶油汤的制作

奶油汤是用油炒面粉加牛奶、清汤、奶油及一些调味品调制而成的汤类。奶油汤是基础汤，在此基础上加上各种不同的汤料，即可制成多种奶油汤。

（1）制作步骤。制作奶油汤可分油炒面粉制作和调制奶油两个步骤。

1）油炒面粉制作

①原料。面粉和油脂。面粉宜选用精白面粉，过细箩，去除杂物，油脂宜选用黄油。面粉与油脂的比例为1：1或1：0.8。

②制作过程。选用厚底的少司锅，放入油，加热至油完全溶化（约50％～60％）；倒入面粉搅拌均匀，炒面粉的温度不可过高，在120～130℃的炉面上慢慢炒制，并定时搅

动，用微火把面粉炒干炒透，以免煳底。炒制的程度以稍见黄为宜，以能闻到炒面的香味时即好。调汤时多加些鲜奶油。

2）调制奶油

①牛奶和清汤调制

a. 原料。油炒面粉 400 克，牛奶 1 000 克，清汤 1 500 克，鲜奶油 150 克，盐 20 克。

b. 制作过程。先把黄油炒面粉炒好，趁热冲入滚沸的牛奶（约 500 克），边倒入边搅拌，把牛奶和炒面粉充分搅打均匀，要使牛奶和油炒面粉保持最高温度，这样可使面粉充分溶化，汤不易溜。再用力搅打至汤与油面粉完全融为一体，表面洁白光亮、手感有劲时，再逐渐加入其余的牛奶及清汤，同时用力搅打均匀，然后调上盐、鲜奶油，开透即可。在搅打奶油汤时，速度要快而有力，如汤中出现面粉颗粒或其他杂质，可用细箩过滤。

②清汤调制

a. 原料。油炒面粉 400 克，清汤 2 500 克，鲜奶油 300 克，胡萝卜 100 克，葱头 100 克，香叶 2 片，丁香 2 粒。

b. 制作过程。先在油炒面粉内放入切碎的胡萝卜、葱头及香叶、丁香。然后逐渐加入清汤，用蛋抽搅打均匀，搅打时不必太用力。油炒面粉和清汤，其中一种是温的，另一种是热的为好，这样不易出现颗粒。沸后用微火煮至汤液黏稠，注意不要煳底，一般要煮 30 分钟以上。过滤后再放入鲜奶油、盐，调味，再开起即好。

c. 特色。乳白色，有光泽，60℃以上时近似流体。浓香，微咸，浓、滑、细腻。

（2）制作实例

1）奶油鲜蘑汤

①原料。奶油汤 2 500 克，鲜蘑 150 克，烤面包丁 100 克。

②制作过程。把鲜蘑切成片，用原汤热透。把鲜蘑片及原汁汤盘盛上奶油汤，撒上或单配面包丁即可。

2）奶油芦笋汤

①原料。奶油汤 2 500 克，芦笋 200 克，烤面包丁 100 克。

②制作过程。把芦笋去掉老纤维，切成 1.5 厘米的段，然后放在鸡清汤内，加微量盐煮熟。把芦笋放在汤盘内，盛上奶油汤、撒上烤面包丁即可。

3）奶油鸡丝汤

①原料。熟鸡胸肉 80 克，鸡清汤 4 汤盘，油面酱少量，牛奶 1 瓶，鲜奶油 2 汤匙，盐少量。

②制作过程。将鸡胸肉切成丝。鸡汤烧滚，加入适量油面酱用打蛋器打散，加入盐、

牛奶、鲜奶油略滚。奶油汤的厚度同粥汤相仿。将鸡丝分装在盘中，盛上汤即可。

③质量标准。光亮洁白，鲜香浓醇。

3. 蔬菜汤的制作

先用油和蔬菜制作汤码，再加清汤调制的汤类。由于这类汤大多带有一些肉类，又称肉类蔬菜汤。蔬菜汤类品种很多，而且色泽鲜艳、口味多变，可诱人食欲，作为第一道热菜非常适宜。由于调制蔬菜汤使用的清汤品种不同，又分为牛肉蔬菜汤、鸡肉蔬菜汤、鱼虾汤。

（1）牛尾清汤

1）原料。牛清汤2 500克，牛尾1 000克，葱头150克，胡萝卜200克，白萝卜200克，土豆100克，芹菜100克，黄油100克，面粉50克，香叶4片，番茄酱50克，雪利酒50克，盐20克。

2）制作过程。将牛尾刮洗干净，于骨节处切成段。放入少量切碎的葱头、胡萝卜、芹菜、香叶4片上火加水，把牛尾煮熟。然后把牛尾冲净，晾凉。把胡萝卜、白萝卜、土豆、葱头切成小丁。然后用50克黄油先把葱头丁、香叶2片炒香，放入胡萝卜、白萝卜、土豆稍炒，加入少量牛肉清汤炖熟。用50克黄油把面粉炒香，加入番茄酱炒透。加入牛清汤搅匀，烧至沸腾。然后放入汤码、牛尾、盐，开透加入雪利酒即可。

3）特色。色泽浅红，间有蔬菜的红白色，60℃以上为流体，汤面有少量浮油，口味鲜香微咸，牛尾软烂，蔬菜鲜嫩。

（2）烂蔬菜汤

1）原料。鸡清汤2 500克，土豆250克，青豆200克，番茄100克，洋葱100克，芹菜100克，蒜末50克，培根50克，圆白菜100克，胡萝卜100克，米饭50克，黄油100克，盐15克，胡椒粉2克，芝士粉100克，茜子香料100克。

2）制作过程。圆白菜及培根切成丝，其他汤料切成丁。用黄油把蒜末炒香，随之放入培根、圆白菜、胡萝卜、芹菜、番茄稍炒，然后冲入清汤，沸后放青豆，用微火把汤料煮烂，放入米饭、盐、胡椒粉、茜子调味。均匀地把所有汤料盛入汤盆内，撒上芝士粉即成。

3）特色。色泽浅黄，间有汤料的各种颜色，流体，口味鲜美，微带芝士的香味，蔬菜软烂。

二、热少司的制作

1. 少司的作用

少司是法语"Sauce"的音译，也有的译成沙司。在西餐厨房中，把制作少司列为一项单独的工作，由有一定经验的厨师专门制作。这种少司与菜肴原料分开制作的方法，是西餐烹调的一大特点。

少司是西餐菜点的重要组成部分，在整道菜肴中具有举足轻重的作用。

（1）确定或增加菜肴的口味。各种少司是由含有丰富鲜味物质的汤汁制作而成的，大部分少司有一定的浓度，能均匀地裹在菜肴的表层，这样能使一些加热时间短、未能充分入味的原料同样富有滋味。一些用少司直接调制的菜肴，其口味主要由少司确定。

（2）保持菜肴的温度。由于多数少司有一定的浓度，可以裹在菜肴的表层，故可使菜肴内部的温度不易散失，防止菜肴风干。

（3）增加菜肴的美观。制作少司时，由于原料不同，会产生不同的颜色，如褐色、红色、白色、黄色等，同时由于使用了油脂，使少司色泽鲜艳光亮。

2. 制作实例

（1）布朗少司

1）原料。布朗基础汤 10 千克，杂蔬菜（洋葱、胡萝卜、芹菜）1 千克，番茄酱 500 克，红酒 100 克，雪利酒 50 克，黄油炒面粉 50 克，盐 15 克，香叶 2 片，百里香 3 克，辣酱油适量。

2）制作过程。蔬菜洗净切碎，炒香后加入番茄酱，炒至呈暗红色，放入布朗基础汤中，微火煮 1~2 小时，调入红酒、雪利酒、盐、辣酱油，并用油炒面粉调节深度，同时起到增稠作用，最后过箩即可。

3）特色。色泽棕褐，近似流体，口味浓香。

（2）白少司

1）原料。黄油 100 克，白色基础汤 500 克，面粉 100 克，盐、胡椒粉少量，香叶 1 片。

2）制作过程。用黄油把面粉炒香，先加入一半基础汤，同时用力搅拌，至汤与面粉完全融为一体时再加上其余的汤及香叶，在微火上煮约 20 分钟，同时不断搅动，以免糊底。然后放入盐、胡椒粉调匀即成。

3）特色。色泽洁白光亮，60℃以上为半流体，口味浓香、微咸。

（3）番茄少司

1）原料。鲜番茄 15 千克，番茄酱 2 千克，植物油 500 克，面粉 500 克，葱头 2 千克，大蒜 500 克，糖 300 克，盐、胡椒粉适量，百里香 5 克，罗勒 3 克，香叶 3 片。

2）制作过程。把番茄洗净，在沸水内氽一下，去皮、去蒂，粉碎机打碎。把葱头、大蒜切末用植物油炒香，加入番茄酱炒出红油，下入面粉炒透后加入鲜番茄汁，用抽子搅匀，随之加入百里香、罗勒、盐、糖、胡椒粉，在微火上煮约 30 分钟即成。

3）特色。色泽鲜红，半流体，口味浓香咸酸，口感细腻。

三、热菜的制作

在西餐中，热菜是一餐的主菜，正餐和正式宴会均以热菜为主。热菜品种很多，应从学习各种烹调方法入手，掌握制作菜肴的规律，做到触类旁通、举一反三。

1. 配菜

（1）配菜的概念。配菜是热菜菜肴不可缺少的组成部分。一般西餐热菜是在菜肴的主要部分做好后，还要在盘子的边上或是另一盘内配上少量加工成熟的蔬菜或是米饭面食等菜品，从而组成一份完整的菜肴。这种与原料相搭配的菜品就叫配菜。

（2）配菜的作用。各种配菜大多是用不同颜色的蔬菜制作的，而且要求加工精细，一般要加工成一定的形状，如条状、橄榄状、球状等，从而增加菜肴的美观。

（3）配菜的使用。配菜的使用有很大的随意性，但一份完整的菜肴要求在风格上和色调上统一、协调。一般有以下三种形式：

1）以土豆和两种不同颜色的蔬菜为一组的配菜。如炸土豆条、煮胡萝卜、煮豌豆可为一组配菜，烤土豆、炒菠菜、黄油菜花也可以为一组配菜。这样的组成形式是最常见的一种，大部分煎、炸、烤的肉类菜肴都采用这种配菜。

2）以一种土豆制品单独使用的配菜。多种形式的配菜大都依据菜肴的风味特点搭配使用，如煮鱼配煮土豆、法式羊肉串配里昂土豆等。

3）以少量米饭或面食单独使用的配菜。各种米饭大都用于带汁的菜肴，如咖喱鸡配黄油米饭。各种面食大都用于意大利式菜肴，如意式焖牛肉配炒通心粉。

（4）配菜的制作

1）炸土豆条

①原料。净土豆500克，植物油100克，盐适量。

②制作过程。把净土豆切成1厘米见方、5～6厘米长的条，用水煮至六七成熟捞出，把水滤净；把油加热至160～170℃，放入土豆条炸上色，把油滤净备用。配用时再用热油炸透，滤净油，撒上盐、胡椒粉即成。

2）煸番茄

①原料。番茄500克，芝士粉10克，盐、胡椒粉少量。

②制作过程。把番茄洗净去蒂，撒上盐、胡椒粉，再撒匀芝士粉，入炉煸上色即成。

3）土豆泥

①原料。净土豆500克，牛奶150克，黄油25克，盐5克，豆蔻粉、胡椒粉适量。

②制作过程。把土豆洗净切大块，加水煮熟，在烤盘内浇上鸡蛋黄、芝士粉、红椒粉

混合液，烤上色即成；倒去煮土豆的水分，放入盐，趁热将土豆捣碎成泥，逐渐倒入煮沸的牛奶，搅成糊状，然后加黄油、胡椒粉、豆蔻粉搅匀即成。

4）煮胡萝卜

①原料。胡萝卜 500 克，黄油 50 克，盐少量。

②制作过程。把胡萝卜切成 5 毫米厚、2 厘米长的方条，煮熟控净水分，用黄油炒透加盐调味即成。

5）炒菠菜

①原料。净菠菜 500 克，黄油 50 克，葱头 30 克，蒜 10 克。

②制作过程。把菠菜切成段用沸水烫软，再用冷水冲凉，滤净水分；葱头、蒜切成末用黄油炒香，放入菠菜炒透，调入盐、胡椒粉，翻炒均匀即成。

6）焗菜花

①原料。菜花 500 克，奶油少司 250 克，芝士粉 10 克。

②制作过程。菜花掰成小朵用沸水焯熟，滤净水分。把奶油少司内调入芝士粉，浇在菜花上，入炉焗上色即成。

7）东方米饭

①原料。大米 500 克，青椒 30 克，红椒 30 克，葡萄干 20 克，黄油 50 克，盐 5 克，香叶 2 片，胡椒粉少量。

②制作过程。大米洗净，加入盐、香叶蒸熟；青、红椒切成丁，葡萄干洗净；用黄油把青、红椒丁和葡萄干炒香，放入米饭，调入盐、胡椒粉翻炒均匀即成。

2. 初步热加工

即用水或油过一下，是制作菜肴的初步加工过程。初步热加工分为冷水加工、沸水加工和热油加工三种形式。

（1）冷水加工法。把要加工的原料放入冷水加热至沸，再捞出并用冷水过凉。冷水加工主要适宜加工动物性原料，如牛骨、鸡骨、牛肉及内脏等。通过加工可去除原料中的不良气味，并可去除原料中的残留血污、油脂和杂质。例如，加工牛骨，先把牛骨洗净，放在汤锅内，再放入凉水浸没牛骨，加热至沸，然后将沸水倒掉，用冷水冲净备用。

（2）沸水加工法。把要加工的原料放入沸水中，加热至所需的火候再用冷水或冰水过凉。沸水加工的适用范围广泛，蔬菜类原料如番茄、芹菜、豌豆、菜花等，动物性原料如牛肉块、鸡块等。例如，沸水加工番茄，先把番茄洗干净，放入沸水中，当番茄的果皮刚一软化，立即取出放入冰水中，然后把番茄从冰水中取出，轻轻剥去皮，并使其表面保持光滑。

（3）热油加工法。把要加工的原料放入热油中，加热至需要的火候取出。热油加工适宜加工土豆、牛肉、鸡等。通过加工可使原料初步成熟，为进一步用热油炸上色做准备。例如，加工土豆条，先把土豆去皮切成长条，洗净后用干布擦去水分，再放入加热至130℃的油中，当土豆变软并稍上色时捞出，控净油放在盘中备用。

3. 制作实例

（1）炸鸡肉饼

1）选料

①原料。鸡肉250克，鸡蛋1只，面包（咸或淡）150克。

②调料。牛奶2汤匙，奶油1汤匙，酒、盐、胡椒粉少量，油300克，柠檬2片。

2）刀工处理

①取100克面包芯用刀切成小丁（最好晾干），余下面包用牛奶略浸。

②鸡肉斩细或铰细。

3）制作过程

①将斩好的鸡肉中放入浸过牛奶的面包、鸡蛋、奶油、酒、盐、胡椒粉充分调匀，将鸡肉做成圆饼形，放入面包丁内滚一滚，用手略压成扁圆形。

②分批入油锅中炸至两面金黄即可。装盘后将柠檬配旁边。供两人用。

4）质量标准。金黄色，松软鲜香。

5）要点分析。炸鸡肉饼油要热，但不宜过多，油多会使面包丁沸散脱落。

（2）炒奶油牛肉丝

1）选料

①原料。牛里脊肉500克，洋葱、蘑菇共80克。

②调料。鲜奶油3汤匙，瓶装番茄沙司2汤匙，白脱油25克，鸡蛋1只，辣酱油、盐、胡椒粉、生粉少量。

2）刀工处理。将牛肉按横纹切成长短粗细划一的肉丝，放入盐，胡椒粉拌匀后，再放入少量蛋液和生粉拌匀。

3）制作过程。将洋葱丝用白脱油炒黄后放入牛肉丝煸炒，见牛肉丝松散开血水断生时，加少量辣酱油和鲜奶油、番茄沙司、蘑菇片，略微颠翻即可。供两人用。

4）质量标准。粉红色，嫩、鲜、略酸。

5）要点分析。切牛肉丝时应注意将刀口与牛肉本身的纹路垂直，这样炒出来口感嫩，如顺着牛肉的纹路切，则口感会变得老韧，不易咀嚼。牛里脊肉本身很嫩，不宜多炒，炒至断生即可。

（3）咖喱明虾

1）选料

①原料。明虾 10 只，洋葱 1 个。

②调料。油 100 克，姜少许，咖喱粉 1 茶匙，油咖喱 1 茶匙，糖、盐、胡椒粉、面粉少量。

2）刀工处理。明虾洗净、沥干，撒上盐、胡椒粉和面粉。

3）制作过程。明虾放入法兰板中用油煎至两面呈金黄色，加洋葱末和姜末炒出香味后放入咖喱粉和油咖喱，略炒后放少量糖、盐和胡椒粉调味，明虾装盘，浇上咖喱沙司即可。供五人用。

4）质量标准。色黄，香辣鲜嫩。

5）要点分析。明虾粗加工时需将须、爪剪去，然后用剪刀剪去头部尖硬刺，用剪刀头挑出小黑囊，再用剪刀沿脊背中线剪开，挑出泥肠，这样烧时入味、食时无泥沙。咖喱粉放入油中不可多炒，以免发焦发苦。明虾烧熟即可，不要多烧，防止老化。

四、沙拉的制作

沙拉是英语"Salad"的音译，我国北方习惯译作"沙拉"，上海译作"色拉"，广东、香港则译作"沙律"。如果将其意译为汉语，指的是凉拌菜。

1. 特点

沙拉是用各种凉透了的熟料或是可以直接食用的生料加工成较小的形状后，再加入调味品或浇上各种冷沙司或冷调味汁拌制而成的。沙拉的原料选择范围很广，各种蔬菜、水果、海鲜、禽蛋、肉类等均可用于沙拉的制作。但要求原料新鲜细嫩，符合卫生要求。沙拉大都具有色泽鲜艳、外形美观、鲜嫩爽口、解腻开胃的特点。

2. 制作要点

（1）做水果沙拉时，可在普通的蛋黄沙拉酱内加入适量的甜味鲜奶油，制出的沙拉奶香味浓郁，甜味加重。

（2）在沙拉酱内调入酸奶，可打稀固态的蛋黄沙拉酱，用于拌水果沙拉，味道更好。

（3）制作蔬菜沙拉时，如果选用普通的蛋黄酱，可在沙拉酱内加入少许醋、盐，更适合中国人的口味。

（4）在沙拉酱中加入少许鲜柠檬汁或白葡萄酒、白兰地，可使蔬菜不变色。如果用于海鲜沙拉，可令沙拉味道更为鲜美。

（5）制作肉类沙拉时，可直接选用一些含有芥末、胡椒、蒜等原料的沙拉酱，也可在普通蛋黄酱内调入这些原料。

（6）制作蔬菜沙拉时，叶菜最好用手撕，以保新鲜。蔬菜洗净，沥干水后再用沙拉酱搅拌。

（7）沙拉入盘前，用蒜片擦一下盘边，沙拉味道会更鲜。

3. 制作实例

（1）什锦沙拉

1）选料

①原料。土豆 800 克，红肠、方腿、熟猪肉、熟牛肉等共 200 克，青豆、番茄少许。

②调料。色拉油沙司 250 克。

2）刀工处理

①土豆洗净后用水煮熟取出冷却，趁温热时剥去皮，冷后切丁。

②将红肠、方腿、猪肉、牛肉或其他什锦肉切成小丁；番茄切丁，青豆余熟冷却。

3）制作过程。将土豆用色拉油沙司拌和均匀，即成清沙拉。再放入什锦肉等拌匀即成什锦沙拉。供八人用。

4）质量标准。色白，爽口，肥而不腻，略酸。要是沙拉内加入洋葱末，则其口味更佳。

5）要点分析。检验土豆是否熟，可用筷子在土豆上戳一下。拌沙拉时不能用钢质器皿，因色拉油沙司内含醋精，接触后会起化学变化，使沙拉发黑。冷冻后食用更佳。

（2）苹果鸡沙拉

1）选料

①原料。土豆 300 克，苹果 300 克，青生菜 2 张，新鲜番茄 1 个，鸡胸肉 50 克。

②调料。色拉油沙司 150 克。

2）制作过程

①土豆洗净煮熟后剥去皮，冷却后切成五分硬币大小的圆片；苹果去皮、核后也切成同样大小的圆片。

②鸡胸肉煮熟后冷却，劈成长薄片。青生菜与番茄用冷开水洗净，番茄切成薄片。

③用色拉油沙司将土豆片和苹果片拌匀。在盘中填上青生菜，将沙拉堆在青生菜上，把鸡片斜放在沙拉上排列规则，沙拉边上摆放番茄薄片。

3）质量标准。沙拉洁白，口感嫩肥带脆性，配色悦目。

4）要点分析。苹果去皮后不要在空气中放置过久，否则表面会发黑。装沙拉应尽量堆高，不要摊开。

技能要求

制作蛋煎鲳鱼（一人份）

操作准备

1. 原料

鲳鱼 1 条（400 克），鸡蛋 1 只，土豆 2 个，芦笋 20 克，柠檬 1/4 个，香菜少许。

2. 调料

白兰地 15 克，黄油 15 克，盐、胡椒粉、鸡精、面粉、色拉油适量。

3. 刀工处理

鲳鱼去内脏洗净，拆骨、去皮，肉处理成 4 片，用盐、胡椒粉调味。

芦笋去老根，留嫩头，切段，焯水后，加黄油、盐拌匀。

土豆削成橄榄形煮熟，加黄油、盐拌匀。

食材刀工处理如图 5—1 所示。

拆骨

去皮

刀工处理后的鱼片

加工后的芦笋和土豆

图 5—1　食材刀工处理

操作步骤

步骤1   鸡蛋全蛋液打匀；鱼肉拍粉；热锅冷油将鱼蘸蛋液后下锅，煎至两面金黄至熟。

步骤2   洒上白兰地、黄油和柠檬汁装盘。

步骤3   将芦笋、土豆配于盘边，用柠檬和香菜作装饰。

操作如图5—2所示。

煎鱼

装盘

图5—2 蛋煎鲳鱼

质量标准

1. 色：鱼金黄，芦笋青，土豆白。

2. 味：咸鲜香。

3. 质：肥嫩。

4. 形：完整，出肉率高。

注意事项

1. 鲳鱼要新鲜，不能煎焦。

2. 配料口味要调准。

制作黑椒牛排（一人份）

操作准备

1. 原料

牛腓脷150克，薯条10根，南瓜20克，刀豆15克。

2. 调料

油，盐，黑胡椒，番茄沙司，淡奶油，白兰地，黄油，辣酱油，面粉，黄油。

3. 刀工处理

牛腓脷去筋和薄衣后，处理成 2～3 片排状，用刀背拍松成椭圆形，撒上盐、黑胡椒和面粉待用，如图 5—3 所示。南瓜去皮切条煮熟，刀豆去头切段焯水后，分别加盐、黄油、胡椒粉。

图 5—3　牛腓脷刀工处理

操作步骤

步骤 1　锅烧热，油加热，小火将牛排下锅，煎至所需成熟度，洒上白兰地、辣酱油装盘。

步骤 2　将土豆条炸至金黄色，与煮熟后的南瓜条、刀豆一起装盘，作配菜。

步骤 3　锅内放黄油、番茄沙司、淡奶油、辣酱油、黑胡椒烧滚，制成黑椒沙司，浇在牛排上。

操作如图 5—4 所示。

质量标准

1. 色：褐带粉红。

2. 质：牛肉嫩脿。

3. 味：浓香辣鲜。

4. 形：装盘合理，配菜美观。

注意事项

1. 牛腓脷要新鲜，拍时要手法正确。

2. 不能煎得太老。

煎牛腓胭

加工后的配菜

装盘

图 5—4　黑椒牛排

制作法式煎猪排（一人份）

操作准备

1. 原料

猪大排 100 克，新土豆 100 克，番茄 1 个，洋葱半个，酸黄瓜 50 克。

2. 调料

白兰地 25 克，盐 10 克，辣酱油、胡椒粉少许，番茄沙司、植物油 250 克。

3. 刀工处理

猪排用刀背将肉拍松，撒上盐、胡椒粉及面粉腌好待用，如图 5—5 所示。

操作步骤

步骤 1　土豆蒸熟，冷却后去皮切厚片，放油炒成金黄色。加入洋葱条一起炒香，加盐、胡椒粉调味装盘。

步骤 2　番茄切成圆片，蘸点面粉用黄油煎一下装盘，作配菜。

步骤 3　煎盘放油加热至五成热，放入猪排煎成金黄色至熟，倒出油烹上白兰地、辣

图 5—5　猪排刀工处理

酱油装盘。

步骤 4　将切成细末的洋葱、酸黄瓜另起油锅煸炒，加入番茄沙司，制成沙司浇在猪排上。

操作如图 5—6 所示。

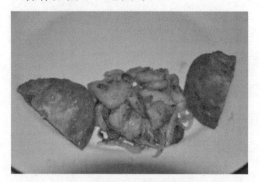

加工后的土豆、洋葱和番茄

制成的沙司

煎好的猪排

装盘

图 5—6　法式煎猪排

质量标准

1. 色：淡褐色。

2. 质：肉香嫩。

3. 味：咸鲜略酸。

注意事项

1. 猪排要新鲜，拍片时注意手法。

2. 煎的时间不能过长，否则质地变老。

制作虾仁沙拉（两人份）

操作准备

1. 原料

净虾仁 50 克，土豆 300 克，生菜叶 2 片，小番茄 4 个，鸡蛋 1 只。

2. 调料

沙拉酱 100 克，番茄沙司 20 克，美国辣椒汁、洋葱少量。

操作步骤

步骤 1 土豆去皮切小丁煮熟，沥干、冷却待用；将虾仁倒入加过洋葱烧开的水中，加几滴白兰地烧熟，捞出沥干、冷却待用。

步骤 2 将土豆丁用沙拉酱拌成沙拉，虾仁用沙拉酱、番茄沙司、几滴美国辣椒汁拌匀。

步骤 3 取生菜叶垫底，将土豆沙拉、虾仁沙拉分层堆装。

步骤 4 鸡蛋煮熟去壳，用刀切成锯齿状作装饰用；小番茄切开后作盘边点缀。

操作如图 5—7 所示。

质量标准

1. 色：青、白、红诱人。

2. 味：虾仁微酸，土豆爽口。

3. 形：装盘有层次，点缀悦目。

注意事项

1. 虾仁要煮熟，土豆不能煮得太酥。

2. 现做现吃，不宜久放，注意器具卫生。

加工虾仁

加工后的土豆和虾仁

装盘

图 5—7　虾仁沙拉

第 5 节　日本菜常识与烹制

 学习目标

➢了解日本料理的烹制知识

➢掌握寿司、茶碗蒸的制作

知识要求

一、概述

日本菜，按日本人的习惯又称为"日本料理"。日本料理即"和食"，起源于日本列岛，并逐渐发展成为独具日本特色的菜肴。日本菜是当今世界上一个重要的烹调流派，有它特有的烹调方式和格调，在不少国家和地区都有日餐菜馆和日菜烹调技术，其影响仅次于中餐和西餐。

日本的国菜为生鱼片。日本人自称为"彻底的食鱼民族"。不同的季节吃不同的鱼，春季吃鲷鱼，初夏吃松鱼，盛夏吃鳗鱼，初秋吃鲭花鱼，秋季吃鲑鱼，冬季吃河豚。日本人吃鱼有生、熟、干、腌等各种吃法，而以生鱼片最为名贵。国宴或平民请客以招待生鱼片为最高礼节。

日本菜在各地均有自己的地方风味，总的可分为两大类地方菜，即关东料理与关西料理。关东料理以东京菜为主，关西料理以京都、大阪料理为主，区别主要在于关东料理的口味浓重，关西料理的口味清淡。

"日本料理"，按照字面的含义来讲，"料"包含着质量，"理"包含着盛器，就是把料配好的意思。日本料理主要分为三类：本膳料理、怀石料理和会席料理。日本料理讲究营养的配比，而且喜吃生食，龙虾、金枪鱼、三文鱼，都是蘸了绿芥末和调料生食，吃时喝一些清酒。除生鱼片、寿司外，日式料理的名菜还有铁板烧、天妇罗，蘸生鸡蛋吃的牛肉火锅和类似中国涮羊肉的牛肉水锅。

二、制作特色

日本菜首先以它的清爽颜色和独特的造型吸引人，每一款都像一件精巧的艺术品。

1. 五感来品尝的料理

即：眼——视觉的品尝；鼻——嗅觉的品尝；耳——听觉的品尝；触——触觉的品尝；舌——味觉的品尝。

2. 五味和五色为基础

五味可能同中国料理相同，即甜酸苦辣咸。料理还需具备五色，即黑白赤黄青。五色齐全使菜肴营养均衡。

3. 烹饪方法比较单纯

烹调方法主要保持菜的新鲜度和菜的本身味道，做到清淡不腻。由五种基本的调理法构成，即切、煮、烤、蒸、炸。

4．讲究拼摆和器皿

拼摆多以山、川、船、岛等为图案，并以三、五、七单数排列，品种多、数量少、自然和谐。用餐器皿多为瓷质和木质，有方形、圆形、船形、五角形、兽形、仿古形等，高雅、大方、古朴，既实用又具观赏性，使就餐者耳目一新。

三、寿司制作

寿司是日本人最喜爱的传统食物之一，主要材料是用醋调味过的热饭，冷却后再加上鱼肉、海鲜、蔬菜或鸡蛋等作配料，用海苔或紫菜卷成。其味道鲜美，很受日本民众的喜爱。

1．寿司饭的制作

做寿司，寿司饭是关键。

（1）用质量好一点的大米。

（2）寿司饭既可用电饭煲煮熟，也可入笼蒸熟，但应比一般的大米饭稍硬。

（3）寿司饭蒸熟后，应趁热加入调料，迅速拌匀，也可用电风扇降温，以免饭粒粘连在一起。

（4）控制好寿司醋和饭的比例。

（5）寿司饭要充分打松后，均匀地淋上寿司醋，拌匀。不要压饭粒，以保持饭粒的完整、松软。

2．寿司的做法

寿司有两种，一种是饭团式，一种是卷。卷又分为两种，一种外卷，一种内卷。

（1）外卷的做法。取紫菜一张，对折分成 2 片。取其中半片（紫菜分正反面），光滑的一面朝下，在粗糙的一面上均匀涂上米。米的用量：手攥一个比手心略小的饭团，放在紫菜的中央，由里往外，从中间向两边推开。手如果觉得黏，可以蘸些清水润手。整张紫菜铺满米饭后，中间撒些芝麻，然后把紫菜翻过来，中间涂上一点绿芥末，再放上喜欢的东西就可以卷了。

（2）内卷的做法。和外卷不一样的是要用个竹帘子，这样寿司的形状不容易散。半张紫菜放到竹帘的下方部位，然后手里攥个比手心小 1/3 的饭团，放入紫菜的中间，慢慢地把米向外推，涂芥末，放喜欢吃的东西。注意，卷的时候要把紫菜拉到和竹帘的下边对齐，再向中间卷。

（3）寿司制作实例

1）三文鱼寿司

①原料。市贩三文鱼 1 盒，紫菜一张，芥末少许，卷席 1 张。

②制作过程

a. 三文鱼去掉血块，改刀成同紫菜长度相同的条，待用。

b. 取半张紫菜放在卷席上面，再取上述拌好的寿司饭放在卷席的中下方，摊平（约占紫菜面积的2/3），上面留少许空隙，然后在饭的中间涂上少许芥末，放上加工好的三文鱼条，最后，从寿司饭的一边将卷席卷到紫菜的另一边，压紧，即成。

c. 切成长段即可食用。

2）梅肉寿司

①原料。市贩梅肉1盒，紫菜1张，紫苏叶1盒，卷席1张。

②制作过程

a. 紫苏叶纵向用刀切成丝，待用。梅肉去核，剁成泥状，然后拌入上述切好的紫苏叶丝，拌匀。

b. 取半张紫菜放在卷席上，再取寿司饭放在卷席的中下方，摊平（约占紫菜面积的2/3），然后在饭的中间涂上已加工好的梅肉泥，最后，从寿司饭的一边将卷席卷到紫菜的另一边，压紧，即成。

c. 改刀成长条形即可食用。

3）紫菜山药卷

①原料。寿司饭1团，山药120克，天妇罗面酱适量，鸡蛋2只，水200克，面粉少许，木鱼花汁水200克，生抽40克，糖35克，葱少许。

②制作过程

a. 山药去皮，磨成泥状。

b. 制作天妇罗酱。盛器中加入鸡蛋打匀，加水，加入面粉混合调和后，以面粉充分吸水为宜。汁水：锅中把木鱼花汁水和生抽、糖加热待用。

c. 紫菜改刀成长6厘米、宽4厘米的条，在紫菜的表面均匀涂上山药泥，四边蘸上天妇罗面酱，做成口袋状即可。

d. 锅中放入油烧至170℃时，放入天妇罗面酱的山药包，用中火炸成金黄色即可。吃时蘸上所配的汁水。

四、茶碗蒸制作

茶碗蒸即日式蒸蛋，是日本风味小吃的一种。茶碗是日文汉字，就是茶杯。茶碗蒸，顾名思义就是用喝茶的杯子来蒸蛋。在日本，茶碗蒸的名气很响，是日本料理中女人和孩子最喜欢吃的菜肴之一。

1. 原料

鸡蛋 2 只，虾仁 50 克，鸡脯肉 50 克，白果 4 颗，香菇 2 只，汁水（木鱼花汤 120 克，生抽 5 克，盐少许）。

2. 制作过程

（1）虾仁去筋，用开水汆一下；鸡脯肉用刀剔筋切丝，用开水煮熟；白果去皮煮熟，香菇去蒂、洗净泥沙煮熟待用。

（2）鸡蛋打好与汁水充分混合后过滤。鸡蛋与汁水的比例一般为 1 只鸡蛋中加入 100 毫升的汁水。

（3）将原料均匀倒入茶碗中，其量以茶碗的 2/3 为宜，先旺火急蒸 2 分钟，后改用小火慢蒸 8 分钟即成。

测 试 题

一、判断题（下列判断正确的请打"√"，错误的打"×"）

1. 英国人喜欢喝茶，习惯于清晨起床前喝杯浓红茶。 （　　　）

2. 法国人喜欢喝咖啡，一日三餐少不了。 （　　　）

3. 俄罗斯人日常以面包为主食，鱼、肉、禽、蛋和蔬菜为副食。 （　　　）

4. 德国人注重饮食的含热量、维生素等营养成分。 （　　　）

5. 酒是意大利无论男女都离不开的，特别是葡萄酒。 （　　　）

6. 浓汤就是用牛肉或鸡肉、鱼及蔬菜等煮制出来并除去脂肪等杂渣的汤。 （　　　）

7. 韩国人喜欢吃中国的四川菜。 （　　　）

8. 英国菜特点是油少、清淡，调料很少用，烹调较简单。 （　　　）

9. 美国菜是在英国菜的基础上发展起来的。 （　　　）

10. 制作寿司时，饭要烧得软一点。 （　　　）

二、单项选择题（下列每题的选项中，只有 1 个是正确的，请将其代号填在括号中）

1. 英国人做菜时不爱放（　　　）。

　　A. 糖　　　　　　B. 醋　　　　　　C. 酒　　　　　　D. 盐

2. 法国人十分讲究（　　　）的调配并精于此道。

　　A. 原料　　　　　B. 配料　　　　　C. 作料　　　　　D. 汤料

3. （　　　）是俄罗斯人日常的主食。

　　A. 面包　　　　　B. 米饭　　　　　C. 牛肉　　　　　D. 羊肉

4. 德国人口味特点之一是喜欢（　　　）菜肴。

A. 浓味　　　　　　B. 咸鲜　　　　　　C. 清淡　　　　　　D. 香辣

5. 意大利人喜欢吃（　　）。

　　A. 河鲜　　　　　　B. 海鲜　　　　　　C. 羊肉　　　　　　D. 猪肉

6. 美国人喜欢带（　　）味的食品。

　　A. 咸　　　　　　　B. 甜　　　　　　　C. 酸　　　　　　　D. 辣

7. 加拿大人的口味偏（　　），喜欢清淡。

　　A. 酸甜　　　　　　B. 咸鲜　　　　　　C. 麻辣　　　　　　D. 椒麻

8. 日本人以熟食为主，但也喜欢吃生食，酷爱吃（　　）。

　　A. 虾　　　　　　　B. 蟹　　　　　　　C. 贝　　　　　　　D. 鱼

9. 日本料理讲究（　　）的配比，而且喜吃生食，吃时喝一些清酒。

　　A. 科学　　　　　　B. 营养　　　　　　C. 蔬菜　　　　　　D. 海鲜

10. 对正规西餐而言，应包括（　　）、前菜、主菜、餐后甜品及饮品。

　　A. 清汤　　　　　　B. 奶油汤　　　　　C. 餐汤　　　　　　D. 浓汤

三、多项选择题（下列每题的选项中，至少有 2 个是正确的，请将其代号填在括号中）

1. 法国人的主菜通常是煎或烤（　　）等。

　　A. 牛排　　　　　　B. 羊肉　　　　　　C. 鸡肉　　　　　　D. 海鲜

　　E. 蔬菜

2. 日本料理中的五味是指（　　）。

　　A. 甜　　　　　　　B. 酸　　　　　　　C. 咸　　　　　　　D. 苦

　　E. 辣　　　　　　　F. 麻

3. 俄罗斯菜中，酸、（　　）味的菜肴较多。

　　A. 苦　　　　　　　B. 辣　　　　　　　C. 鲜　　　　　　　D. 甜

　　E. 咸

4. 西式菜肴常用（　　）、蒸、煎等烹调方法。

　　A. 炒　　　　　　　B. 焖　　　　　　　C. 烧烤　　　　　　D. 烩

　　E. 炸　　　　　　　F. 熘

5. 日本菜很讲究拼摆，以（　　）单数排列。

　　A. 一　　　　　　　B. 三　　　　　　　C. 五　　　　　　　D. 七

　　E. 九

测试题答案

一、判断题

1. √   2. √   3. √   4. √   5. √   6. ×   7. √   8. √   9. √

10. ×

二、单项选择题

1. C   2. C   3. A   4. C   5. B   6. B   7. A   8. D   9. B

10. C

三、多项选择题

1. ABCD   2. ABCDE   3. BDE   4. ABCDE   5. BCD

第 6 章

西点与饮品

第1节　西式点心的制作

学习目标

➤了解西式点心的基本知识

➤熟悉常见西式点心的制作

知识要求

一、西点的特点

西式糕点简称西点，西点是从国外传入中国的糕点的统称。西点具有西方民族风格和特色，因地域与民族的差异，其制作方法千变万化。

西点用料十分讲究，不同的品种要求使用不同的原料、标准及比例，而且要求计量准确。面粉、鸡蛋、乳品、油脂、糖、水果等，是西点的常用原料。西点具有较高的营养价值，含有丰富的蛋白质、维生素等营养成分和人体必不可少的营养素。

西点工艺性强，每做一种西点都要求按照特定的工艺精工细作、形态多姿、色彩绚丽，装饰手法简洁明快，能表达很多美好情感。不仅具有食用价值，还具有观赏价值。

西点是西餐烹饪的重要组成部分，它以用料讲究、造型艺术、品种丰富等为特点，在西餐饮食中起着举足轻重的作用，是西方饮食文化的代表作品。

二、西点制作中常用的原料

1. 面粉

面粉是制作点心、面包的基本原料。面粉根据蛋白质含量不同，可分为低筋粉、中筋粉、高筋粉和一些特殊面粉、蛋糕粉等。根据不同品种的需要，面粉可单独使用也可以掺入其他辅料一起使用，西点中的水调面团、混酥面团、面包面团等都是以面粉为主要原料。由于淀粉和蛋白质成分的存在，面粉在制品中起着"骨架"作用，能使面坯在成熟过程中形成稳定的组织结构。

2. 糖

西点常用的糖及制品主要有白砂糖、绵白糖、蜂蜜、饴糖、淀粉糖浆、糖粉等。在西点的制作中，糖可增加制品甜味，提高营养价值，改善点心的色泽，装饰美化点心的外观，还能调节面筋筋力，控制面团性质，调节面团发酵速度，同时保持水分，具有防腐作用，特别是在烘烤过程中，能使蛋糕表面变成褐色并散发香味。

3. 油脂

面包、点心制作中常用的油脂有黄油、人造黄油、起酥油、猪油、植物油等，其中黄油的用途最广。

油脂能增加营养，补充人体热能，增进食品风味；在饼干等酥性面团中添加适量油脂，可以调节面筋的胀润度，降低面团的筋力和黏度；增加面团的可塑性，有利于点心成型；面团中加入适量油脂，可以保持产品组织的柔软，延缓淀粉老化的时间，延长点心的保存期。

4. 蛋品

蛋品是生产西点的重要原料，对于改善西点的色、香、味、形等风味特征及提高制品营养价值等方面都有一定的作用。

常见的蛋品主要包括鲜蛋、冰蛋、蛋粉等。在西点制作中运用最多的是鲜鸡蛋。

5. 乳品

乳品是西点制品常用的辅助原料，一般常用的乳品有牛奶、酸奶、炼乳、奶粉、鲜奶油、乳酪等。它们在西点的制作过程中能改善制品组织结构，提高制品营养价值，优化西点的色、香、味、形等风味特征。

三、西点制作中常用的配料

1. 酵母

酵母是西点制作时普遍采用的一种用作面包面团发酵的膨大剂。酵母的种类不同，使用的方法和用量也有所不同。即发干酵母由新鲜酵母脱水而成，是呈颗粒状的干性酵母。由于它使用方便、易储藏，是目前最为普遍采用的用于制作面包馒头等的一种酵母。

2. 果品

果品是西点制作的重要辅料，果品的使用方法是在制品加工中将其加入面团、馅心或用于装饰表面。西点常用的果品有子仁、果仁、干果、果脯、蜜饯、干果泥、新鲜水果、罐头水果等。

3. 可可粉

有高脂、中脂、低脂，经碱处理、未经碱处理等数种，是制作巧克力蛋糕等品种的常用原料和调色料。

4. 巧克力

巧克力分硬质、软质和巧克力米。硬质巧克力通常经加热软化成浓稠状淋饰在烘焙制品表面起装饰作用，或与乳、油混合作夹心；软质巧克力能直接涂抹于烘焙制品的表面，作蛋糕的装饰；巧克力米有形状、大小、颜色之分，一般用于表面装饰。

5. 调味品

西点制作中常用的调味酒有红酒、樱桃酒、朗姆酒、橘子酒、白兰地酒、薄荷酒、橙皮利口酒等。

西点常用调料还有丁香粉、桂皮粉、肉蔻粉、茴香籽，多用于圣诞点心、苹果派和面包的制作等。

此外，盐也是西点常用的咸味调料，是西点制作中重要的辅助原料之一。根据盐的加工精度，分有精盐（再制盐）和粗盐（大盐）两种，其中精盐多用于西点制作。

四、制作西点的基本用具

西点品种多、工艺性强，因此使用的工具、餐具与设备也较多。现罗列一些在家庭制作时要使用的基本用具。

1. 烤箱

西点都需烤制而成，所以烤箱当然是最重要的用具。

2. 烤盘

烤盘的材质有玻璃、陶瓷、金属等，还有一次性锡纸烤盘和耐热塑胶烤模，尺寸和形状也各不相同，家庭烘焙时可根据个人的喜好选择自己喜欢的烤盘。

3. 打蛋器

以不透明钢丝缠绕而成，用于打发或搅拌食物原料，如蛋清、蛋黄、奶油等。

4. 筛网

用于过筛面粉。可使面粉在搅拌过程中不会形成小疙瘩或是结块，确保制品的口感细腻。

5. 橡皮刮刀

用于搅拌材料。在制作过程中，软质的橡皮刮刀可以轻易将材料刮起并随意搅拌。

6. 秤、量勺或量杯

原料的测量工具，保证制品基本原料的准确配比。

7. 烤盘纸

俗称油纸，在烘焙过程中起到防黏的作用。

 **技能要求**

香橙烩薄饼

操作准备

原料：香橙汁 50 克，面粉 100 克，糖 50 克，黄油 20 克，鸡蛋 1 只，牛奶少许，盐少许，柠檬半只。

操作步骤

步骤 1　面粉加鸡蛋、牛奶、少许盐调成薄糊。

步骤 2　用小平底锅摊成薄饼 4 张。

步骤 3　平底锅烧热，放入黄油、柠檬汁、香橙汁，糖滚至起稠，放进 4 张折成三角形的薄饼，转锅待汁慢慢吸入饼内，表面有亮光，起锅装盘。

质量标准

色：橙色，浅黄；味：甜、酸、香；质：糯；形：呈扇形，造型美观。

要点分析

1. 糊厚薄要调制适当。

2. 煎薄饼不能煎焦。

炸　香　蕉

操作准备

原料：香蕉 2 根，面粉 50 克，鸡蛋 1 只，牛奶 100 克，黄油 30 克，糖粉少许，色拉油 250 克。

操作步骤

步骤 1　香蕉去皮，竖对切开。

步骤 2　面粉加鸡蛋、牛奶调成薄糊状。

步骤 3　平底锅放色拉油烧至 150℃，将香蕉挂糊，入油锅中炸至金黄色捞出，浇上黄油、撒上糖粉即可。

质量标准

色：金黄；味：甜香；质：脆糯；形：造型美观、装盘合理。

要点分析

1. 香蕉不能太酥，要硬一些。

2. 炸时不能炸至焦化。

苹果布丁

操作准备

原料：面包（淡或甜）100克，苹果1只，鸡蛋2个。

辅料：牛奶1瓶，白脱油1片，油、肉桂粉（可用五香粉代替）等少许。

操作步骤

步骤1　在烙碗里搽上白脱油。面包去皮后切成小薄片。苹果去皮、核切片后用油略炒，加少量糖和肉桂粉即可。

步骤2　在碗里铺上1/3的面包片，然后铺上苹果片，再将余下的面包片铺在苹果上。取大碗1只，放入牛奶、鸡蛋、糖打散打匀，慢慢注入烙碗内，使面包吸足蛋奶。在面包上放一小片白脱油，放入烤箱烤至金黄色，胀发至熟。熟后覆出（不覆出也可）上席。

质量标准

色：金黄；形：松、高；味：香甜软嫩。

要点分析

1. 碗底须搽油，防止熟后黏结。

2. 面包应吸足蛋奶，呈饱和状态时烤炙胀性最大。

3. 布丁表面呈金黄色时可转小火俟其胀高。

4. 布丁放入蒸锅蒸也可，但香味欠佳。

第2节　家庭饮品的制作

 学习单元1　酒品知识

 学习目标

➤掌握中国主要酒类知识

➤ 了解外国的名酒知识

 **知识要求**

一、中国酒

中国酒品种繁多，分类的标准和方法不尽相同，有以原料进行分类的，有以酒精含量高低分类的，也有以酒的特性分类的。最为常见的分类方法是将中国酒分为白酒、黄酒、啤酒、米酒和药酒等五类。

1. 白酒

中国特有的一种蒸馏酒。以粮谷为主要原料，由淀粉或糖质原料制成酒醅或发酵醪经蒸馏而得，又称烧酒、老白干、烧刀子等。酒质无色（或微黄）透明，气味芳香醇正，入口绵甜爽净，酒精含量较高，经储存老熟后，具有以酯类为主体的复合香味。中国各地区均有生产，以贵州、四川、山西等地产品最为著名。

2. 黄酒

黄酒是世界上最古老的酒类之一，源于中国，且唯中国有之，与啤酒、葡萄酒并称世界三大古酒。黄酒因其色黄亮而得名。以糯米、黍米和大米为原料，经酒药、曲发酵压榨而成。酒性醇和，适于长期储存，有越陈越香的特点，属低度发酵的原汁酒。黄酒的特点是酒质醇厚幽香，味感谐和鲜美，有一定的营养价值。黄酒除饮用外，还可作为中药的"药引子"。在烹饪菜肴时，它又是一种调料，对于鱼、肉等荤腥菜肴有去腥提味的作用。黄酒产地较广，品种很多，是我国南方和一些亚洲国家人民喜爱的酒品。

3. 啤酒

啤酒是以大麦为原料、啤酒花为香料，经过发芽、糖化、发酵而制成的一种低酒精含量的原汁酒。人们通常把它看成一种清凉饮料，是水和茶之后世界上消耗量排名第三的饮料。啤酒是人类最古老的酒精饮料，于二十世纪初传入中国，属外来酒种。其酒精含量一般在 2‰～5‰。啤酒的特点是有显著的麦芽和啤酒花的清香，味道醇正爽口。啤酒含有大量的二氧化碳和丰富的营养成分，能帮助消化、促进食欲，有清凉舒适之感，所以深受人们的喜爱。啤酒中含有多种维生素和 17 种氨基酸，故有"液体面包"之称。

4. 米酒

米酒，又称甜酒、甜曲酒和沸汁酒。米酒是我们祖先最早酿制的酒种，几千年来一直受到人们的青睐，也是汉民族的特产之一。米酒是以大米、糯米为原料，加麦曲、酒母边糖化边发酵的一种发酵酒。各地品种浓淡不一，含酒精量多在 10%～20%，属一种低度酒，口味香甜醇美，深受人们喜爱。米酒含有多种人体必需的氨基酸，因此人们称其为

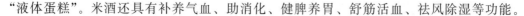

"液体蛋糕"。米酒还具有补养气血、助消化、健脾养胃、舒筋活血、祛风除湿等功能。

5. 药酒

药酒是以成品酒（大多用白酒）为酒基，配以各种中药材和糖料，经过酿造或浸泡制成，具有不同作用的酒品。药酒可以分为两大类：一类是滋补酒，它既是一种饮料酒，又有滋补作用，如竹叶青酒、五味子酒、男士专用酒、女士美容酒；另一类是利用酒精提取中药材中的有效成分，以提高药物的疗效，此种酒是真正的药酒，大多在中药店出售。

二、外国酒

1. 白兰地（Brandy）

以葡萄为原料，经过发酵、蒸馏后，用橡木桶存放，使无色透明的酒液变成了琥珀色。以法国干邑（Cognac）和雅文邑（Armagnac）两个地域酿造的白兰地最负盛名。著名品牌有：马爹利（Martell）、轩尼诗（Hennessy）、人头马（Remy Martin）、拿破仑（Courvoisier）等。

2. 威士忌（Whisky）

以大麦芽为原料，其制造技术是用泥炭作燃料烘干大麦芽，在干燥的过程中令其熏上一种烟味，最后，再用单式蒸馏机进行两次蒸馏。酒的特征是具有强烈的诱人芳香和醇厚浓重的口感。苏格兰威士忌有纯麦芽威士忌和谷物威士忌两大类。著名品牌有：格兰菲迪（Glenfiddich）、百龄坛（Ballantine）、芝华士（Chivas Regal）等。

3. 伏特加（Vodka）

以玉米、大麦、小麦、黑麦（也有使用马铃薯）等谷物为原料，经糖化、发酵后，用连续蒸馏机制成谷物烈性酒，然后再用水勾兑成酒精度为 $40° \sim 60°$，再用白桦木木炭过滤制成成品为 $40°$ 的酒液。著名品牌有：斯道里西那亚（Stolichnaya）、斯道洛法亚（Stolovaya）、莫斯科夫斯卡亚（Moskovskay）等。

4. 金酒（Geneva）

以谷物为原料，经过糖化、发酵、蒸馏之后，再同杜松子和其他植物的根茎及香料一起再次进行蒸馏。其酒色无色透明，口感辛辣。著名品牌有：将军（Beefeater）、哥顿（Gordon's）、钻石（Gilbey's）等。

5. 朗姆酒（Rum）

以甘蔗为原料，经发酵、蒸馏、陈酿和调配等程序制成。它的酒精含量超过 $42° \sim 45°$，酒液呈琥珀色，有甜、香味，但不"冲"。著名品牌有：美雅士（Myers）、百家地（Bacardi）、摩根船长（Captain Morgan）等。

6. 雪利酒（Sherry）

以西班牙的巴罗米洛葡萄为主要原料，经榨汁、发酵后，储存在木桶中并逐年换桶的陈酿。其口感甘洌、清爽、新鲜。著名品牌有：菲诺雪利酒（Fino）、奥罗露索雪利酒（Oloroso）。

7. 波特酒（Port）

以葡萄牙杜罗河谷的葡萄为原料，经榨汁、发酵后，将酒液泵至贮酒桶，加入白兰地，使之中断发酵而进入储存阶段。其口味醇厚，果香、酒香协调，甜爽温润。著名品牌有：好年成波特酒（Vintage Port）、类好年成波特酒（Vintage Character Port）。

 学习单元2　鸡尾酒

 学习目标

➤了解鸡尾酒的知识

➤熟悉鸡尾酒的调制方法

 知识要求

鸡尾酒起源于美国，现已成为西方社交场合招待客人最常用的饮料，以鸡尾酒为主要饮料举行的宴会称鸡尾酒会。

鸡尾酒的特点是一年四季一般都加冰块。鸡尾酒非常讲究色、香、味、形的兼备，故又称艺术酒。

一、鸡尾酒的组成

鸡尾酒（Cocktail），是由两种以上的酒掺入果汁、香料、苦味剂等配制而成的混合酒，是一种量少而冰镇的饮料。它是由基酒、辅料、配料和装饰物组成。

1. 基酒

一般以烈性酒为主，又称底酒。主要有金酒、威士忌、白兰地、朗姆酒、伏特加等。

2. 辅料

一般有橙汁、柠檬汁、西柚汁、汤力水、苏打水、干姜水、汽水、菠萝汁、可口可乐等。

3. 配料

糖（糖浆）、红石榴汁、牛奶、淡奶、咖啡、鸡蛋、胡椒粉等。

4. 装饰物

樱桃（红、绿）、橙、柠檬、菠萝、黄瓜、西芹、薄荷叶、水酿橄榄等。

二、常用器具及设备

1. 酒杯（见表6—1）

表6—1 酒杯的分类

图示	说明
	水杯 水杯是各类玻璃杯中使用最多的一种，主要用于盛装各类饮料、啤酒、冰水等。形状可分为一般水杯和高脚水杯，通常宴请铺台时使用
	鸡尾酒杯 主要用于盛装各类鸡尾酒，具有多种造型，常见的有V形和细颈形。而且鸡尾酒杯的大小也很不一样，一般能装120～150克酒

图示	说明
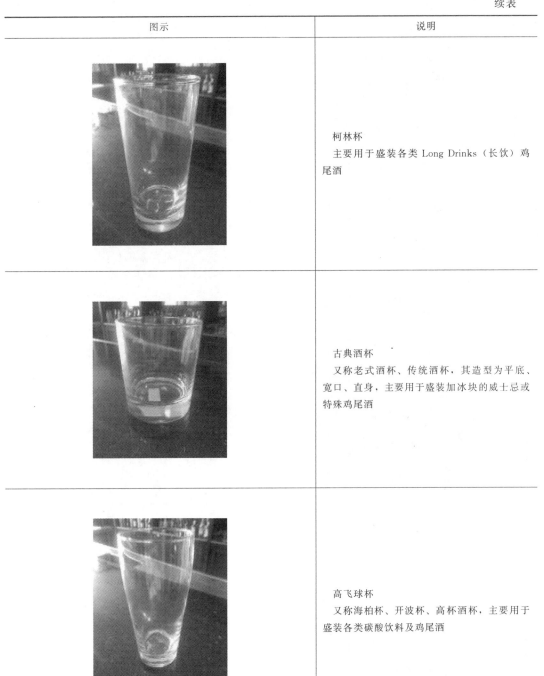	柯林杯 主要用于盛装各类 Long Drinks（长饮）鸡尾酒
	古典酒杯 又称老式酒杯、传统酒杯，其造型为平底、宽口、直身，主要用于盛装加冰块的威士忌或特殊鸡尾酒
	高飞球杯 又称海柏杯、开波杯、高杯酒杯，主要用于盛装各类碳酸饮料及鸡尾酒

图示	说明
	**果汁杯** 又名求司杯，主要用于盛装各类果汁、冰红茶等，常被摆放于自助早餐餐台上
	白酒杯 主要用于盛装烈性酒，是宴会铺台选用的三种杯子中的一种
	红葡萄酒杯 主要用于盛装红葡萄酒。其高脚酒杯的形状，既可避免手部高温接触杯身影响品质，又便于品酒时嗅觉及视觉的鉴赏

续表

图示	说明
	白葡萄酒杯 主要用于盛装白葡萄酒，其形状类似红葡萄酒杯，但杯身和容量都比红葡萄酒杯略小些
	马克杯 主要用于盛装生啤酒。此杯体积较大，其盛酒容量也较大，杯壁比较厚重、结实
 浅碟形　　　 郁金香形	香槟酒杯 主要用于盛装香槟、气泡酒。常见的香槟酒杯有两种款式。这种酒杯能使香槟酒特有的气泡更好地显现出来，而且能使香槟酒的发泡时间更长一些

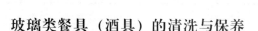
相关链接

玻璃类餐具（酒具）的清洗与保养

家庭使用的玻璃器皿质地较薄、易破碎，在清洗与保养中应注意清洗方法和揩擦方法。

应将玻璃类餐具与其他餐具分开洗涤。洗涤程序是：用冷水先冲洗去除异味，然后用清洗剂洗刷，再用清水过净后进行蒸汽消毒，最后用消毒抹布擦干水迹，使之透明光亮。

揩擦玻璃类餐具时动作要轻，力度要得当，以免造成损坏。以杯子为例，具体的揩擦方法：首先用消毒抹布包住并用左手托住杯子底部，再用右手取消毒抹布的一角包住杯口，大拇指伸入杯内，四指夹住杯身，沿杯口左右来回擦拭三圈，同时左手以反方向回擦杯座。经过揩擦后的水杯应无水痕和手纹，呈现光亮、透明状。

2. 调酒工具

主要有开瓶器、量酒器、吧匙、调酒壶、调酒杯、调酒棒、冰夹、滤冰器、砧板、果刀等。

3. 调酒设备

主要有冰箱、制冰机、碎冰机、榨汁机、搅拌机及清洗设备等。

三、调制方法

1. 兑和法

适合不含有比重大的糖浆、奶油，且使用少量辅料成分（三种以内）的鸡尾酒。其方法是将各种调酒原料按比重的不同，使用吧匙的匙背依次倒入酒杯中，使酒液在杯中形成层次。"彩虹"鸡尾酒就是用此种方法调制的。

2. 调和法

适合调制那些比较复杂，包含多种成分，但不需要摇动的鸡尾酒。其方法是：首先，在摇酒壶底部放入冰（至少半杯），在鸡尾酒杯中装满冰块使其冷却；按配方一次将配料倒入调酒杯中；用吧匙搅拌；最后，把鸡尾酒杯中的冰块倒掉并沥干水，然后将调好的鸡尾酒滤至杯中。日出鸡尾酒就是用此种方法调制的。

3. 摇和法

也称摇荡法，它是将各种基酒和辅料放入调酒壶中，通过手的摇动达到充分混合的目的。此种方法主要用来调制配方中含有鸡蛋、糖、果汁、奶油等较难混合的原料时使用。红粉佳人鸡尾酒就是用此种方法调制的。

 **技能要求**

制作彩虹鸡尾酒

操作准备

1. 原料

红石榴糖浆 0.5 盎司，绿薄荷 0.5 盎司，茴香酒 0.5 盎司，伏特加、嘉利安奴 0.5 盎司。

2. 工具

酒杯、量酒器、调酒棒。

操作步骤

操作如图 6—1 所示。

在量酒器中倒入红石榴糖浆

将红石榴糖浆倒入酒杯

在量酒器中倒入绿薄荷

将绿薄荷顺着调酒棒缓缓倒入杯中

在量酒器中倒入嘉利安奴

将嘉利安奴顺着调酒棒缓缓倒入杯中

在量酒器中倒入茴香酒

将茴香酒顺着调酒棒缓缓倒入杯中

在量酒器中倒入伏特加

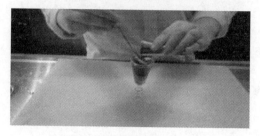
将伏特加酒顺着调酒棒缓缓倒入杯中

作品完成

图 6—1　制作彩虹鸡尾酒

注意事项

1. 在调制时，必须做到心平气和，尽量避免手的颤动，以防影响酒液的流速，冲击下层酒液使酒液色层融合。

2. 要按照酒的配方量进行调制，不同的量会影响鸡尾酒的颜色、口味。

3. 要现调现喝，调完之后不可放置太长时间，否则将失去其应有的韵味。

制作日出鸡尾酒

操作准备

1. 原料

红石榴糖浆 0.5 盎司，金酒 1 盎司，橙汁 3 盎司。

2. 工具

酒杯、量酒器、冰桶、冰夹、调酒棒。

操作步骤

操作如图 6—2 所示。

酒杯内放2/3杯冰块

量酒器中倒入1盎司金酒

金酒倒入酒杯

量酒器中倒入1盎司橙汁

将橙汁倒入杯中

用调酒棒搅动

量酒器中倒入0.5盎司红石榴糖浆

将红石榴糖浆均匀倒入杯中

作品完成

图6—2　制作日出鸡尾酒

注意事项

1. 要按照酒的配方量进行调制，不同的量会影响鸡尾酒的颜色、口味。

2. 用调酒棒搅动时，要把金酒和橙汁用力摇匀至冷。

3. 要现调现喝，调完之后不可放置太长时间，否则将失去其应有的韵味。

制作红粉佳人鸡尾酒

操作准备

1. 材料

主料：红石榴糖浆 0.5 盎司，伏特加 0.5 盎司。

辅料：橙汁。

配料：鸡蛋、红樱桃。

2. 工具

摇酒壶、酒杯、量酒器、冰桶、冰夹

操作步骤

操作如图 6—3 所示。

敲碎鸡蛋

滤出半个蛋清

将冰块加入摇酒壶

量酒器中倒入伏特加酒

将伏特加酒倒入摇酒壶

量酒器中倒入红石榴糖浆

将红石榴糖浆倒入摇酒壶

量酒器中倒入3盎司橙汁

将橙汁倒入摇酒壶中

将蛋清倒入摇酒壶

盖上壶盖、壶帽

左右手协调护住摇酒壶，向上、向下摇动

打开壶帽，滤出酒液（八分满即可）

杯口加上红樱桃作装饰

图 6—3　制作红粉佳人鸡尾酒

注意事项

1. 使用的原材料要新鲜。

2. 要按照酒的配方量进行调制，不同的量会影响鸡尾酒的颜色、口味。

3. 摇酒壶时注意左右手协调：右手大拇指抵住壶帽，食指和中指夹住壶身；左手大拇指、食指和中指夹住壶底，大拇指护住壶身。

4. 掌握好摇壶的时间，上下摇动到壶身出现"挂霜"即可。

5. 要现调现喝，调完之后不可放置太长时间，否则将失去其应有的韵味。

学习单元 3　茶

 学习目标

➤了解茶叶的品种及不同地区的饮茶习俗

➤熟悉茶叶的保藏和鉴别

➤掌握茶的冲泡

 知识要求

茶，是中华民族的举国之饮。它源于神农，兴于唐朝，盛在宋代，如今茶叶已成了风靡世界的三大无酒精饮料之一，饮茶嗜好遍及全球。

在我国，茶区分布很广，茶树品种繁多，制茶工艺技术的不断革新，形成了丰富多彩的茶类品种。根据茶叶制作方法不同和品质上的差异，将茶叶分为绿茶、红茶、青茶（乌龙茶）、白茶、黄茶和黑茶六大类，这六大茶类被称为"基本茶类"。用这些基本茶类的茶叶进行再加工，如窨花后形成花茶，蒸压后形成紧压茶，浸提萃取后制成速溶茶，加入果汁形成果味茶，加入中草药制成保健茶，把茶叶加入饮料中制成含茶饮料等。

一、茶叶的品类特征

茶叶的种类如图 6—4 所示。

1. 绿茶

绿茶是历史最悠久的茶类，也是我国产量最大的茶类。产区主要分布于浙江、安徽、江西等省。代表茶有西湖龙井、信阳毛尖、碧螺春、黄山毛峰、庐山云雾。

2. 红茶

因其汤色以红色为主调，故得名。红茶可分为小种红茶、功夫红茶和红碎茶，为我国第二大茶类。代表茶有滇红、宜兴红茶、祁门红茶。

3. 乌龙茶

乌龙茶是我国几大茶类中独具鲜明特色的茶叶品类。既有红茶的浓鲜味，又有绿茶的清芬香。乌龙茶的药理作用，突出表现在分解脂肪、减肥健美等方面。在日本被称为美容茶、健美茶。代表茶有文山包种茶、安溪铁观音、冻顶乌龙茶、武夷大红袍。

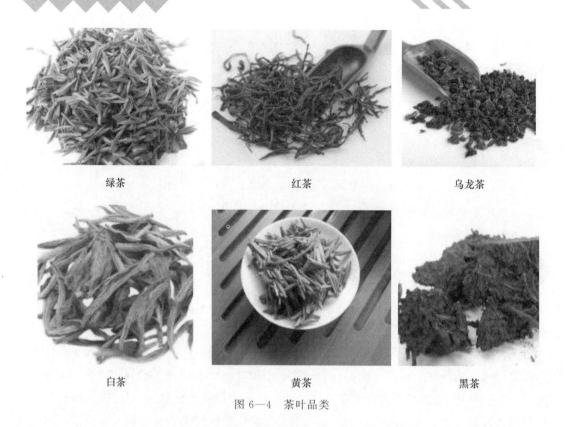

绿茶　　　　　　　　红茶　　　　　　　　乌龙茶

白茶　　　　　　　　黄茶　　　　　　　　黑茶

图6—4　茶叶品类

4. 白茶

白茶是我国茶类中的特殊珍品。因其成品茶多为芽头，满披白毫，如银似雪而得名。主要品种有白牡丹、白毫银针。

5. 黄茶

黄茶是人们在炒青绿茶中发现，由于杀青揉捻后干燥不足或不及时，叶色即变黄，于是产生的新品类。代表茶有君山银针、蒙顶黄芽、霍山黄芽。

6. 黑茶

黑茶是我国生产历史十分悠久的特有茶类。既可直接冲泡饮用，也可以压制成紧压茶（如各种砖茶）。代表茶是普洱茶。

二、茶叶的鉴别

茶叶，因自然条件、茶树品种、茶园管理和采制方法的差异，其色香味特色和品质水平也不同。鉴别的方法可以概括为：看外形、闻香气、尝滋味、看汤色和看叶底。

1. 看外形

茶叶的外形因品种不同而异。如绿茶的眉茶以条索紧秀，珠茶以颗粒圆结，龙井等扁茶以平削光滑、匀净、色泽翠绿或苍绿油润为好；红茶的功夫茶以条索紧结，红碎茶以颗粒细小、匀净、色泽乌润为好；乌龙茶以条索卷曲、色泽青褐光润为好；花茶以条索紧实、匀净、色泽绿润或绿中微黄而润泽为好。如果茶的外形粗糙松碎，色泽枯褐花杂，梗片过多，均是质量低次的标志。

2. 闻香气

茶叶的香气主要来源于芳香类物质，但茶中的蛋白质、氨基酸和多酚类等化学成分在加工过程中的变化，也是形成茶的不同香气的因素。花茶以芬芳扑鼻，绿茶以清鲜隽永，红茶以浓烈醇正，乌龙茶以馥郁清幽为上品。如果茶香低沉而带有粗异气味，则为次品。

3. 尝滋味

茶的滋味主要有浓、鲜、甘、醇、苦、涩、淡、酸等类型。绿茶以鲜爽醇永，红茶以浓厚甘醇，乌龙茶以酽而甘冽，花茶以鲜灵可口为上品。平淡乏味或有粗涩异味的，则是次品。

4. 看汤色

看汤色主要看汤色的浓淡、深浅、明暗、清浊等程度，还要看茶汤中沉淀物的多少。红茶以深浓、鲜艳、明净的红橙色为好，绿茶以清澈、碧绿或绿中呈黄为好，乌龙茶以金黄而艳丽为好，花茶以浅橙黄而明亮者为好。汤色浅薄、浊暗的，都是茶质低次的表现。

5. 看叶底

用沸水冲泡过的茶叶，称为叶底。叶底的好坏，主要从嫩度、匀度、色泽三方面去观察。叶底以细嫩、多芽、柔软、肥厚、匀齐、芽叶完整的为好，以粗老、多筋梗、坚硬、瘦薄、混杂、断碎茶多的为差。叶底的色泽，绿茶以绿翠、绿中微带柠黄而明亮的为好，带有青张、晦暗、红梗、红叶的为差；红茶以红艳明亮的为好，带乌条、花青的为差；乌龙茶以叶边带红而明亮的为好，以褐色或混杂的为差；花茶以绿匀而微黄明亮的为好，褐暗而杂的为差。

三、茶叶的保藏

酒要陈、茶要新，这是人所共知的常识。茶叶保藏不好，极易陈化劣变，轻则失去新鲜的香气滋味，重则产生异味甚至霉变。要保藏好茶叶，最重要的是要使茶叶始终保持干燥。有条件的话，加上低温、隔氧等方法效果会更好。

保持茶叶干燥的方法很多。以干燥剂而言，可以使用变色硅酸，也可以使用石灰、干燥木炭等；对防潮容器而言，可以用干燥清洁的陶瓷坛子、保暖瓶，也可以使用2～3层薄膜食品袋和复合薄膜袋。总而言之，只要密封性能好，潮湿空气进不去就行。少量已密封包装好的名贵茶叶，也可以放在冰箱内冷冻，以减缓茶叶陈化劣变的速度。如发现茶叶干燥程度不够，或有些受潮，可在保藏前小心烘焙一下。

四、茶的冲泡

1. 茶具的选用

所谓茶具，是指用于泡、饮茶的专门器具。我国的茶具主要有：陶器、瓷器、铜器、锡器、金器、银器、玉器、玛瑙器、漆器，还有玻璃、搪瓷、塑料等。各类茶具中，以瓷器、陶器最好，玻璃杯次之，搪瓷、塑料茶具较差。

表6—2   茶具分类及特点

器具	优点	缺点
瓷器茶具	传热不快，保温适中，不会发生任何化学反应，沏茶能获得较好的色香味，而且一般造型美观、装饰精巧，具有艺术欣赏价值	不透明，茶叶冲泡后难以观赏
陶器茶具	造型雅致，色泽古朴。特别是紫砂壶，泡茶香味特别醇郁，色泽格外澄洁，茶汁过夜不会变质	观赏性差
玻璃茶具	观赏性强	保温效果较差

2. 水的选用

茶与水的关系非常密切，只有选用好水才能显出好茶的香醇甘美。在自然界中各种水源分为硬水和软水两种。天然水中，只有刚下的雨水、雪水是软水，其余几乎都不是软水，但通过煮沸后便成了软水。用软水泡茶，汤色明亮，香、味俱佳。用硬水泡茶，会破坏茶叶中某些有效成分，导致茶汤变色，失去鲜爽味。用高硬度的水泡茶，茶汤会又苦又涩，大失茶味，甚至完全失去饮用价值。

3. 冲泡方法

（1）用水量。用水量过多，不仅茶味淡薄，而且水多热量大，极易烫熟茶叶，破坏有效成分，特别是维生素C；用水量过少，茶汤中茶素与氨基酸比例失调，茶味苦涩不爽，甚至对口腔黏膜造成不利影响。一般绿茶、红茶，以1克茶叶冲水50～60毫升的比例为好。细嫩茶叶用水量宜减少，较粗的茶叶用水量则可稍多些。如果茶叶多而用水量少，就要缩短冲泡的时间。

（2）水温。一般绿茶，以刚刚沸滚的水为好。水温在60℃时，茶叶中的氨基酸会溶解出来；水温在 70℃时，茶叶中的维生素 C 不会受到破坏。因此 70～80℃的水温是最理想的。如水沸滚过久，水中所溶解的少量空气逸出，水中含有的一些有利物质也会受到破坏，用来泡茶，则鲜味减弱，有的会变成苦涩味；反之，如水温过低，则往往由于水分渗透性减弱，造成茶叶浮而不沉，茶水不香、淡而无味，且达不到消毒的目的。

（3）冲泡时间。茶叶冲泡时间的长短，会影响到茶叶有效成分的浸出，以及茶汤中各种成分的比例。沸水冲泡 3 分钟，可获得茶素及其他水溶物浸出最多而茶多酚浸出最少的茶汤；随着冲泡时间的延长，会使茶多酚浸出较多，而茶素则逐渐蒸发，其含量减少。因此，一般红、绿茶的冲泡时间以 3 分钟为最合适。但事实上，这种茶汤茶味较淡薄，缺乏一般饮者所需要的刺激性，因此泡茶多掌握在 5 分钟左右。对特别细嫩的茶叶，因有效成分比粗老茶叶容易浸出，则可适当缩短冲泡时间。

五、不同地区的饮茶习俗

1. 英国

英国人喜欢喝茶闻名世界，每年消费的茶叶占世界总产量的 1/4。英国人饮茶简直到了无餐不茶的地步。英国人习惯喝早茶，早上起床后一杯茶，还有喝午茶的习惯。他们喜欢喝的茶是红茶，年轻人渐渐以咖啡代茶。

2. 日本

日本人喜欢喝中国的绿茶和红茶。许多人有饭前、饭后喝茶的习惯。日本人特别喜欢喝中国的乌龙茶。日本人特别讲究"茶道"文化。

3. 韩国

韩国人喜欢午后喝茶，由此形成了韩国的"茶礼"。韩国人喜欢喝绿茶。

4. 新加坡

新加坡人每日主要饮料是茶，客至必敬茶。春节时，茶中另加橄榄，叫"元宝茶"，以讨吉利。

5. 泰国

泰国人喜欢喝中国的红茶。夏天喜欢喝冰茶：即冲一杯热气腾腾的红茶，当着客人的面放两匙糖搅匀（有的也不加糖），然后把冰块放进杯里，一饮而尽。在喝茶时，习惯吃小蛋糕和干点心。

6. 中国

中国人对茶的喜好详见表 6—3。

表 6—3　　　　　　　　　　　　　中国人的饮茶喜好

地区	饮茶喜好
港澳台	乌龙茶
北京及东北地区	花茶，尤其是茉莉花茶
上海、江浙一带	绿茶
两湖及河南	一般喜欢喝绿茶，冬天喝花茶
广州	红茶、乌龙茶
广西、四川、贵州	花茶
云南	沱茶、红茶
西北地区	花茶、砖茶
新疆、内蒙古	奶茶

 学习单元4　咖啡

 学习目标

➤ 了解咖啡的种类，基本的冲泡方法

➤ 熟悉咖啡的煮制方法

 知识要求

世界上盛产咖啡的国家有许多，咖啡产量居世界第一的是巴西，占总产量的30％。中国云南省、海南省所产的咖啡豆的质量丝毫不比世界名咖啡逊色。

咖啡中含有相当高的咖啡因，故咖啡是一种良好的兴奋剂。适量饮用咖啡能消除疲劳、振奋精神，对提高脑力和体力、减少大脑血管的痉挛有一定作用。但多饮咖啡，也会给身体带来不适。

一、咖啡的种类

咖啡的种类繁多（见图6—5），按照口味，常见的有如下几种：

1. 黑咖啡（Black coffee）

又称"清咖啡"，指直接用咖啡豆烧制的咖啡。

黑咖啡

白咖啡

意式浓缩咖啡

卡布奇诺

焦糖玛奇朵

爱尔兰咖啡

越南式咖啡

图 6—5　咖啡的种类

2. 白咖啡 (White coffee)

马来西亚特产。白咖啡并不是指咖啡的颜色是白色，而是指采取上等名贵的淡色咖啡豆，经低温中轻度烘焙及特殊工艺加工后大量去除咖啡碱，颜色较普通咖啡更清淡柔和，故得名为白咖啡。白咖啡的咖啡因含量非常低，对人的心脏和血管产生的副作用极小。

3. 加味咖啡 (Flavored-coffee)

依据各地口味的不同，在咖啡中加入巧克力、糖浆、果汁、肉桂、肉豆蔻、橘子花等不同调料。

4. 意式浓缩咖啡（Espresso）

以热水及由高压冲过研磨成很细的咖啡粉末冲煮出咖啡，有着浓稠的质感。

5. 卡布奇诺（Cappuccino）

又称牛奶咖啡，是加蒸牛奶和泡沫牛奶的浓缩咖啡。冲调时，以浓缩咖啡为基础，加上搅出泡沫的牛奶，有时还加上肉桂、香料和巧克力粉。通常咖啡、牛奶和奶泡的比例各占 1/3，另外也有参考比例为 1 份浓缩咖啡，0.5 份热牛奶，再加 1.5 份奶泡。

6. 拿铁咖啡（Caffè latte）

加蒸牛奶的浓缩咖啡。意大利人很喜欢把拿铁作为早餐的饮料。拿铁咖啡中牛奶多而咖啡少，这与咖啡多而牛奶少的卡布奇诺有很大不同。拿铁的做法是在刚煮好的浓缩咖啡中倒入接近沸腾的牛奶。

7. 焦糖玛奇朵（Caramel Macchiato）

是一种在香浓热牛奶上加入浓缩咖啡、香草，最后淋上醇正焦糖而制成的饮品，特点是在一杯饮品里可以喝到三种不同的口味。

8. 摩卡咖啡（Caffè Mocha）

咖啡中加入巧克力、牛奶和搅拌奶油，有时加入冰块。

9. 美式咖啡（American Coffee / Americano）

浓缩咖啡加上大量热水，比普通的浓缩咖啡柔和。

10. 爱尔兰咖啡（Irish Coffee）

在咖啡中加入威士忌，顶部放上奶油。

11. 维也纳咖啡（Viennese）

由奥地利马车夫爱因·舒伯纳发明，在咖啡中加入巧克力糖浆、鲜奶油，并撒上糖制的七彩米。

12. 越南式咖啡（Vietnamese Coffee）

越南咖啡豆之最大特色是以特殊奶油烘焙而成，浓郁的热带咖啡包裹着浓浓的奶油香味。越南咖啡不是用咖啡壶煮，而是用一种特殊的滴滤咖啡杯，下面用样式古老的印花玻璃杯接着，在滴漏里面放咖啡粉，压上一片有洞孔的金属片，再用热水冲泡，让咖啡滴滴答答地滴到杯子内。等咖啡滴完，随每个人口味加糖或者加点炼乳搅拌好即可饮用。

二、咖啡豆的研磨方法

咖啡豆一般可采用碾磨机磨碎，磨咖啡豆时要根据磨成粉末的粗细程度分为细、中、粗三类。按使用咖啡器具的不同，碾磨的方法也不同。细磨的咖啡适用于蒸汽加压式咖啡器，中磨的咖啡适用于虹吸式咖啡器、绒布过滤式咖啡器、纸过滤式咖啡器和水滴落式咖啡器，粗磨的咖啡适用于咖啡渗滤壶和沸腾式咖啡壶。

三、咖啡冲泡的基本方式

比较常见的冲泡咖啡方法有七种，即纸过滤滴落式、绒布过滤滴落式、蒸汽加压式、水滴落式、虹吸式、传统的土耳其式和渗漏式。

其中，纸过滤滴落式、绒布过滤滴落式适合冲咖啡粉，即在滤纸或绒布上放置一定量的咖啡粉，用细嘴的热水瓶将热水直接浇下，让咖啡液直接流到咖啡壶中。

蒸汽加压式适合细磨的法国式或意大利式咖啡。它是利用蒸汽压力在瞬间抽出咖啡液，可以在浓苦味的蒸汽加压咖啡基础上不断变换花样。

使用水滴落式咖啡壶要有一夜的耐心。这种咖啡壶要使用冷水在头天晚上将其安置好，次日早晨才能喝到咖啡。如果想喝热咖啡，稍微加热就可以了。

土耳其式咖啡要用铜质带长把的器具煮制，煮制的过程分为三次，每次都是在咖啡将要煮沸时离火，加少量的水再煮，适合深煎咖啡豆。

渗漏式咖啡以前在美国家庭很受欢迎，在日本也曾流行过，但目前已不太时兴，主要是因为强火煮沸和过度抽出会令杯中的咖啡变混浊。

四、咖啡煮制方法

1. 电动咖啡机烹煮方法

电动咖啡机烹煮咖啡是一种最简单易行的方法，电动咖啡机煮出的咖啡味道比较清淡。这种方法适合深度烘焙的咖啡。

以煮制三人份咖啡为例：先将350毫升水注入咖啡机的水罐，在过滤器中铺好滤纸，将咖啡粉均匀撒入；安装好咖啡壶，接通电源，然后耐心等待咖啡流淌出来即可。

2. 蒸馏器烹煮方法

蒸馏器是一种最好的咖啡制作设备，它制作出来的咖啡口味、汁液都是最好的，且整个制作过程充满情趣。这种方法适合中度、深度烘焙的咖啡，最好是单饮咖啡。

以煮制三人份咖啡为例：在蒸馏器的球形烧杯中加入350毫升水，将酒精灯点燃，在提炼杯底铺上丝绒过滤布，将弹簧拉到虹吸管前端固定。将咖啡粉置于提炼杯中，待水沸腾后，将提炼杯转入烧杯中，并将咖啡粉搅拌均匀，稍微停顿约45～60秒，用半湿的布擦拭烧杯，可见水位迅速下降。将酒精灯熄灭，咖啡液体逐渐经过过滤布流入烧杯，等完全滴完即可取出烧杯，摇晃均匀烧杯内的咖啡液体，倒入咖啡杯中即可饮用。

3. 摩卡壶烹煮方法

用摩卡壶烹煮咖啡是最简单的咖啡制作方法之一，适用于各种烘焙程度的咖啡，混

合、单饮俱佳。

以煮制三人份咖啡为例：将壶中滤斗取出，在壶内加入 350 毫升水，再将滤斗置入，并在滤斗中加入咖啡粉，盖上壶盖，将壶置于煤气或者电炉上加热，壶内水沸腾后沿滤斗的吸管上涌，喷淋咖啡粉，完全喷淋后即可。喷淋的时间可视个人口味自行确定，但不宜超过 5 分钟，否则咖啡的味道会随蒸汽散失。

4. 滴滤法冲泡方法

将滤纸折成漏斗状，置于用热水加温过的咖啡壶（公壶）上面，然后把咖啡粉放在滤纸上，再把开水倒在上面，液体受到引力作用滴下来，通过滤纸滴入下面的咖啡壶中。

这是一种需要耐心的冲泡方法，切不可图快，否则咖啡粉溶解不充分，容易造成浪费，且制作好的咖啡清淡无味。这种方法适合于那些研磨得很细的咖啡。

五、冲煮咖啡的注意事项

咖啡粉的使用量必须足够。咖啡粉的量应随个人喜好而定，通常 8～10 克即可，如果喜欢咖啡味道较浓，可用 15 克。且冲泡用水量要恰当，一般情况下每使用 15 克的咖啡粉加水 180 毫升左右即可。

煮咖啡最好是用铝质咖啡壶，也可用新的铝水壶代替。

冲调咖啡的水质和温度要适宜。水质不好很难煮泡出上佳的咖啡，尤其不能使用含氯的水冲泡咖啡。沸腾的开水会使咖啡变苦，因此不要煮沸咖啡，比较适当的冲泡温度应低于 96℃。咖啡的最佳饮用温度为 85℃。

凉咖啡不可以再加热，冲煮时应注意仅煮每次所需的量，且最好在刚煮好时饮用。

不要重复使用咖啡残渣，因冲泡后的咖啡渣仅仅留下令人不愉快的苦味。

要根据所使用的咖啡器选择恰当的碾磨方式，过细的碾磨会使得咖啡较苦，同时也较容易堵塞咖啡器。太粗糙的碾磨会使冲出的咖啡没有味道。

经过适当碾磨的咖啡粉，如以过滤式冲泡法进行冲泡，每次滴过的时间应控制在 2～4 分钟为宜。

随时保持咖啡器具的清洁。每次使用过的咖啡器具要立刻清洗干净，放在通风的地方保持清洁、干燥。

六、咖啡的储存

咖啡粉极易受潮发酸，要密封存放在低温干燥处，温度一般不要超过 33℃。购买咖啡豆一次不宜太多，200～300 克就可以了。煎炒过的咖啡豆常温下只能存放一个星期，在冰箱里储存也只能保存 2～3 个星期不变味。而研磨好的咖啡粉在常温下只能放置 3 天左

右。因此，咖啡最好现磨现用。

七、咖啡用具的清洁

咖啡壶用久了，会在壶内壁形成一层棕色沉淀。若要将沉淀除去，可向壶内放入少许盐，然后加入适量的冷水，反复晃动壶身，沉淀物便会脱落。

咖啡机在清洁过程中要注意玻璃器皿不能先冷水又马上用热水，这样咖啡具容易爆裂。清洁咖啡过滤网是最关键的，过滤网冲洗干净后最好用 84 消毒液浸泡消毒，既可以消毒又可以去除残留的咖啡渣。洗净消毒后的过滤网如果暂时不使用，要让它干燥后才能放入咖啡壶内收藏起来。

测 试 题

一、判断题（下列判断正确的请打"√"，错误的打"×"）

1. 中国的白酒就是米酒。   （   ）

2. 白兰地的原料是杜松子和麦类。   （   ）

3. 威士忌酒有纯麦芽威士忌和谷物威士忌两大类。   （   ）

4. 外国蒸馏酒中口味比较甜的是朗姆酒。   （   ）

5. 鸡尾酒中基酒一般都是烈性酒，葡萄酒不属于烈性酒，所以不是基酒。   （   ）

6. 调和法是将各种调酒原料按比重的不同，使用吧匙的匙背依次倒入酒杯中，使酒液在杯中形成层次。   （   ）

7. 乌龙茶属于红茶。   （   ）

8. 乌龙茶的香味是以馥郁清幽为上品。   （   ）

9. 红茶以深浓、鲜艳、明净的红橙色为好。   （   ）

10. 一般来说，酒越陈越香，茶越新越好。   （   ）

11. 茶叶的储存最怕的是太干燥。   （   ）

12. 保温杯是泡茶最佳的茶具。   （   ）

13. 韩国人有喝红茶的习惯。   （   ）

14. 喝奶茶是新疆客人的爱好。   （   ）

15. 咖啡产量居世界第一的是意大利。   （   ）

16. 喝酒以后喝一杯咖啡有助于解酒。   （   ）

17. 喝咖啡有提神醒脑的作用，所以睡觉前不要喝咖啡，避免失眠。   （   ）

18. 玻璃的咖啡壶，在清洗时不要一会儿用热水一会儿用冷水，以免爆裂。   （   ）

19. 用电动咖啡机烹煮的咖啡，口味和汁液都是最好的。 （　　）

20. 咖啡反复煮会使咖啡发酸，影响口感。 （　　）

二、单项选择题（下列每题的选项中，只有1个是正确的，请将其代号填在括号中）

1. 被称为"液体面包"的酒是（　　）。

　　A. 白酒　　　　　　B. 黄酒　　　　　　C. 啤酒　　　　　　D. 药酒

2. 啤酒是以（　　）为原料，经过发芽、糖化、发酵而制成的。

　　A. 啤酒花　　　　　B. 大麦　　　　　　C. 糯米　　　　　　D. 黍米

3. 下列需要蒸馏的酒是（　　）。

　　A. 白酒　　　　　　B. 啤酒　　　　　　C. 黄酒　　　　　　D. 果酒

4. 金酒的酒液呈（　　）。

　　A. 金色　　　　　　B. 白色　　　　　　C. 琥珀色　　　　　D. 无色透明

5. 雪利酒的英文是（　　）。

　　A. Sherry　　　　　B. Port　　　　　　C. Whiskey　　　　　D. Rum

6. 白兰地在（　　）最著名。

　　A. 苏格兰　　　　　B. 美国　　　　　　C. 法国　　　　　　D. 俄罗斯

7. 将配方中的酒水按分量直接倒入杯里，不需搅拌（或作轻微的搅拌）即可，这种调酒方法称为（　　）。

　　A. 兑和法　　　　　B. 搅和法　　　　　C. 调和法　　　　　D. 摇和法

8. 普洱茶属于（　　）。

　　A. 红茶　　　　　　B. 绿茶　　　　　　C. 花茶　　　　　　D. 紧压茶

9. 一般红、绿茶的冲泡时间以（　　）分钟为最合适。

　　A. 5　　　　　　　　B. 3　　　　　　　　C. 10　　　　　　　D. 8

10. 从外形看，（　　）以条索卷曲、色泽青褐、光润为好。

　　A. 绿茶　　　　　　B. 乌龙茶　　　　　C. 花茶　　　　　　D. 白茶

11. 从香味来区别，（　　）具有清鲜隽永的特点。

　　A. 红茶　　　　　　B. 乌龙茶　　　　　C. 花茶　　　　　　D. 绿茶

12. 看茶叶叶底的好坏，不包括（　　）。

　　A. 滋味　　　　　　B. 嫩度　　　　　　C. 匀度　　　　　　D. 色泽

13. 自然界中（　　）属于软水。

　　A. 湖水　　　　　　B. 雨水　　　　　　C. 海水　　　　　　D. 自来水

14. 绿茶冲泡时间以（　　）为最合适。

　　A. 1分钟　　　　　B. 3分钟　　　　　　C. 5分钟　　　　　D. 6分钟

15. 喜欢喝红茶的客人主要是（　　　）。

    A. 泰国人　　　　　B. 美国人　　　　　C. 英国人　　　　　D. 意大利人

16. 喜欢喝绿茶和乌龙茶的客人主要有（　　　）。

    A. 日本人　　　　　B. 美国人　　　　　C. 英国人　　　　　D. 意大利人

17. 有喝冰茶习惯的客人是（　　　）。

    A. 泰国人　　　　　B. 日本人　　　　　C. 英国人　　　　　D. 韩国人

18. 咖啡世界产量第一的国家是（　　　）。

    A. 墨西哥　　　　　B. 意大利　　　　　C. 哥伦比亚　　　　D. 巴西

19. 咖啡过滤网冲洗干净后，最好用（　　　）浸泡消毒，这样既可以消毒，又可以去除残留的咖啡渣。

    A.84 消毒液　　　 B. 洗洁精　　　　　C. 去污粉　　　　　D. 洁厕灵

20. 煮咖啡最好是用（　　　）咖啡壶。

    A. 铜质　　　　　　B. 铝质　　　　　　C. 铁质　　　　　　D. 不锈钢

三、**多项选择题**（下列每题的选项中，至少有 2 个是正确的，请将其代号填在括号中）

1. 中国白酒生产最著名的地区有（　　　）。

    A. 贵州　　　　　　B. 西藏　　　　　　C. 上海　　　　　　D. 四川

    E. 云南　　　　　　F. 山西

2. 下列属于苏格兰威士忌的是（　　　）。

    A. 人头马　　　　　B. 轩尼诗　　　　　C. 格兰菲迪　　　　D. 芝华士

    E. 百龄坛　　　　　F. 百家地

3. 鸡尾酒是由（　　　）组成。

    A. 基酒　　　　　　B. 辅料　　　　　　C. 配料　　　　　　D. 鸡蛋

    E. 苏打水　　　　　F. 装饰物

4. 鸡尾酒的调制方法主要有（　　　）。

    A. 兑和法　　　　　B. 斟倒法　　　　　C. 添加法　　　　　D. 调和法

    E. 摇和法　　　　　F. 搅和法

5. 茶叶分为六大类，包括（　　　）。

    A. 绿茶　　　　　　B. 花茶　　　　　　C. 红茶　　　　　　D. 普洱茶

    E. 白茶　　　　　　F. 乌龙茶

测试题答案

一、判断题

1. ×　2. ×　3. √　4. ×　5. √　6. ×　7. ×　8. √　9. √

10. ×　11. ×　12. ×　13. √　14. ×　15. ×　16. ×　17. √　18. √

19. ×　20. √

二、单项选择题

1. C　2. B　3. A　4. D　5. A　6. C　7. A　8. D　9. B

10. B　11. D　12. A　13. B　14. B　15. C　16. A　17. A　18. D

19. A　20. B

三、多项选择题

1. ADF　　　2. CDE　　　3. ABCF　　　4. ADE　　　5. ACEF

第 7 章

家居美化

第1节　海外民居介绍

 学习目标

➤了解海外主要国家的民居特点

 知识要求

一、欧美民居

欧美国家的居民主要居住在两类住房内：一类是公寓房，另一类是独门独户带花园的小楼。住房比较宽敞，有较大的起居室、多间卧室和各类功能性房间。一般的公寓房都有主卧室、儿童房、起居室、客厅、餐厅以及厨房和卫生间，但不同的民族、不同的家庭，其室内布置各不相同。中上层收入者更青睐独门独户的花园别墅。

德国人常常把房间布置得井井有条、非常整洁，同时也十分注重美观。他们的家具常常是既漂亮又实用，室内还装点着许多绿色植物以及富有个性的各种图案，形成一种舒适、幽雅、富有情趣的生活空间。

在法国，人们越来越不愿住在现代化的高楼大厦，因而独门独院的建筑数量剧增。他们尤其喜爱类似"农舍"的，处于乡村或市郊的非常幽静的别墅，院内还有一个小花园。

英国人和法国人类似，也喜欢幽静，迷恋田园风光，爱住独立的两层小楼。通常一楼设客厅，里面是餐厅和厨房。客厅里有楼梯通往二楼。二楼有卧室和卫生间。

澳大利亚土地资源丰富，人口少，每户人家除拥有一幢4～6个房间的小楼外，大多数房子前面有一大片草坪，房后还有一个较大的花园。

美国人最喜欢的住房也是花园别墅。楼内有卧室、起居室、客厅、浴室、卫生间、储藏室以及暖气和空调设备。美国人比较重视住房安全问题，许多人家安装了防盗设备，采取多种防盗措施。而在澳大利亚，多数人家四周没有围墙，而是以花为篱、以树为墙。

总之，欧美各国的人们对室内外的环境追求美观、舒适，他们往往自己动手修剪草坪、栽种花卉。他们的生活习惯和卫生习惯也与我们很不相同，尤其在卫生方面，要求很高，这是他们从小养成的习惯，但有些家政服务员不理解，看作是对他的苛求，这往往引起相互间的矛盾。作为家政服务员，要在尊重雇主的各种习惯的基础上，做好家政服务工作。

二、东南亚地区的民居

东南亚各国有泰国、菲律宾、马来西亚、印度尼西亚、新加坡等，民族众多，住宅风格、生活习惯各不相同。

在新加坡，由于其特殊的地理位置，虽然土地狭小，但经济发达，因而新加坡人的居住条件比较优越。新加坡的住宅以高层建筑为主，一般家庭根据人口多少，拥有三间一套到六间一套的住房。新加坡以环境优美、清洁卫生而著名。

泰国、菲律宾、马来西亚、印度尼西亚等国的传统住房不论其形式多么不同，都有一个共同点：房屋都是一种用木桩支起、下部架空的两层建筑。因为这些国家地处热带、亚热带，潮湿多雨，地下架空，可以防潮、防水，还可防虫害、防野兽。高脚屋离地约1.5米，下层圈养牲畜和堆放农具、杂物，上层住人。连接上下层的楼梯级数一般为单数。无论主人还是客人，进屋必须先脱鞋。上层一般由正屋、阳台和走廊三部分组成。正屋为住房，阳台是会客和举行各种仪式的地方。在泰国，许多农民就住在这样的高脚屋内。城市居民常常住在公寓房内，其内部设施也比较现代化。

三、日本民居

日本最具民族特色的民居是和式房屋。就像人们在日本电影里看到的那样，一般都是一层或两层的木结构房屋。这种房屋现在占日本房屋总数的一半左右。日本是个多地震的岛国，这种和式房屋的抗震、抗风、防潮性能都较好，屋内以可移动的屏板来分隔房间，并装有滑动的拉门、拉窗。传统的日本家庭常在堂厅地板上铺上草席（称"榻榻米"）和棉垫（称"坐蒲团"），用矮脚桌子写字、看书、吃饭。卧室里则铺有草席或摆有床，晚上把被褥铺在草席上或床上睡觉，白天将被褥和枕头都收进壁橱里。如今，不少日本家庭是西式客厅加和式卧房，可谓中西合璧。

在东京等大城市，则是以钢筋混凝土结构的西式房屋为主，房价和租金都较贵。居住在这些房屋内的居民，其室内布置都比较西化。总的说来，日本的住房相对西方来说较为狭小。在中国工作的日籍人士，其室内布置一般都有西式的客厅和卧室，但他们的生活习惯和卫生习惯都带有鲜明的民族特色。

日式家居中强调的是自然色彩的沉静和造型线条的简洁。日本人对家居用品的陈设极为讲究，似乎带有一种刻意的味道，这种刻意的创造把日本文化中美的一面发挥到了极致。

第2节　家居生活中的美学知识

 学习目标

➤了解室内外环境美化的相关知识和技能
➤掌握居室整体布置的美学知识

 知识要求

人们生活需要良好的社会大环境，更需要一个安详、舒适、优美的家庭环境。随着现代生活节奏的加快，一个温馨的港湾、一个美好的家居环境，对人们来讲更具有十分重要的意义。

一、室内环境的美化

室内是人们生活的主要空间，对它的美化，受住宅面积、房屋建筑装饰程度、家庭人口等诸多因素的限制。因此，室内陈设布置首先应从实际居住状况出发，灵活安排，适当美化点缀，既合理地摆设一些必要的生活设施，又有一定的活动空间，使居室布置实用美观、完整统一。其次应该反映出居室主人的文化素养和精神风貌。室内陈设宜简不宜繁，应突出表现居室主人的嗜好、修养、思想、品格或是艺术鉴赏力等，室内环境的美化要达到物质与精神的统一。

1. 居室美化原则

（1）实用。居室的各种物品都具有满足个人和家庭实际需要的实用性特点，所以我们在布置居室时，要遵循实用方便的原则。首先是满足居住与休息的需要，其次是满足做饭和用餐、衣物的存放与摆设、读书写字、社会交际与家庭娱乐等方面的需要。围绕这些主要需要，再考虑居室的摆设、装饰，创造出一个实用、舒适、温馨的室内环境。

（2）舒适。美化居室时，首先应充分考虑居住的合理性。居室的布置应划分区域，如

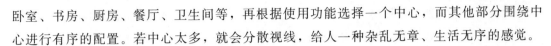

卧室、书房、厨房、餐厅、卫生间等，再根据使用功能选择一个中心，而其他部分围绕中心进行有序的配置。若中心太多，就会分散视线，给人一种杂乱无章、生活无序的感觉。

（3）协调。协调是一种美，也是居室美化的一条重要原则。房间里家具的质地、色彩、款式要统一、和谐。从居室整体美的要求而言，色彩的合理搭配是主要因素之一。不同的色彩可以创造不同的感觉和气氛，原因是色彩对每一个人的生理、心理都会产生一定的影响。家庭居室中，应遵循一个室内的主要色块不能超过三种色彩的原则，这样可以使房间给人以整洁而不零乱的感觉。选色彩前，先确定基调，然后可先用一些色彩与之相配，主色彩不超过三种。

2. 居室布置的重点

（1）卧室的布置。应以床为中心进行布置。床的大小应视卧室大小而定，家具不宜放置过多，以小巧为佳。要以主人的兴趣、爱好为依据，以彰显个性为原则。若主人是年轻人，房间的布置应重时尚、求新奇，彰显个性；若是中年人，房间的布置则要求凝重、大方，彰显人格的练达和事业的成功。

（2）老人房间的布置。老年人喜欢安静，追求健康，其房间应以安静为原则，如床应放在房间的里侧，离门远一点，使老人能够安静休息和睡眠。老人的家具配置要讲究简单、实用，一些有棱角的家具尽可能不用；不要经常更换位置，并且要尽量靠墙摆放，这样在居室中可留出一定的空间，供他们读书写字和与朋友聊天之用。另外，应设置专门的通信设施，以备应急之用。

（3）儿童房的布置。孩子是绝大多数家庭生活的中心，所以儿童房的布置是最富色彩的一笔。所用家具除有使用功能外，安全性是第一位的。在颜色上以鲜艳为主，墙上可挂一些活泼可爱的动物图案或动画世界的图片，还可以适当摆上几件开发儿童智力的玩具或图画等。

（4）书房的布置。书房是人们学习和写作的地方。它的重心是书柜和写字台，所追求的风格是素雅、平淡、沉静。所以在房间的布置上，应突出学术氛围，如墙上可挂名人书法、字画，书桌上可放文房四宝，并在一角放一个漂亮的花瓶插置一束鲜花，还可放置一些色彩鲜艳的小装饰品等。

（5）客厅的布置。可取客厅的一面墙为中心点，根据主人的身份、爱好来布置。可放置条幅、挂名人字画，也可依沙发的大小放一张矮体玻璃面小圆桌，桌上摆个玻璃花瓶内插鲜花等，给人以亲和文雅、别有情趣的感觉。客厅的色彩应明朗，布局应大气。

（6）餐厅的布置。餐厅是进餐的地方，其整体风格应突出本地区、本家庭的饮食文化特征，如餐桌、座椅，餐具的质地、款式、色调，墙壁上的装饰画等，都应具有相应的饮食文化特点。

（7）门厅的布置。门厅是通往各房间的通道，也是客人进入家庭的"第一站"，为了方便客人，可放置衣帽架、封闭式台面鞋柜等。为了表示好客和迎客之意，还可摆上仙客来、银皇后等花卉。

二、室外环境的美化

室外环境主要指庭院、阳台的环境。阳台和庭院的美化主要以绿色植物为主。现代社会人们的工作都比较繁忙，尤其是都市居民，与自然环境接触的机会相应缺乏。因此，庭院和阳台的美化，对丰富人们家庭生活内容、陶冶情操、提高家人生活质量大有益处。

1. 阳台

在喧闹的城市，家庭接触室外的主要空间是阳台，所以阳台的美化是至关重要的。阳台的美化主要以绿化和装饰为主。

（1）绿化。绿化有利于改善人的身心健康，对吸附粉尘、净化湿润空气、阻隔噪声、陶冶心灵、改善生活质量、增添生活情趣均有重要的作用。

阳台面积较小，风大、干燥，夏季温度高，水分蒸发快，但是光照充足、通风良好，对一些喜光、耐干旱的花卉十分有利。凸式阳台三面外露，光照好，可以搭设花架，种植攀缘花卉，如牵牛花、葡萄、五叶地锦等，也可设花架摆放月季、石榴、米兰、茉莉和盆景等。阳台顶部可以悬挂耐阴的吊兰及蕨类植物，阳台后部为半阴环境，可以摆放南天竹、君子兰等。凹式阳台仅一面外露，通风条件相对较差，可利用两侧墙面搭梯形花架的方法摆设花木。

（2）装饰。对于阳台的装饰不仅仅是在绿化上下功夫，除此之外还可根据居室主人的喜爱进行适当的布置。例如，在素雅的墙面上挂上一些富有诗情画意的装饰品，如陶瓷壁挂、挂盘、雕塑等小东西。还可以挂上一些使用柴、草、苇、棕、麻、玉米皮等材料做成的编织物作为装饰品，给人一种简朴、恬静、自在的感觉。

2. 庭院

都市寸土寸金，对于住楼房的住户只有阳台，居住在平房或别墅的家庭才拥有自己的庭院。因此，对庭院的美化既可以培养个人情趣，又能够使一些长期生活在高楼中的人增加一项活动内容，有利于身心健康。

庭院的美化主要以绿色植物为主。美化时要根据庭院的特点综合考虑，以求统一和谐。要因人而宜、合理布局，充分注意植物的生态特点，将美化与实用有机结合起来，使庭院成为一个艺术整体。

草坪是庭院绿化的重要组成部分，在居住环境中起到增添绿色、吸收噪声、减少尘埃、净化空气等作用。要保持草坪的青翠茂盛、绿草如茵，掌握日常的养护知识非常有必要。

（1）草坪的修剪

1）修剪的时间。草坪的修剪时期与草坪的生育期相关。草坪的修剪一般开始于春季，结束于秋季。修剪的次数取决于草坪的品质、类型、天气、土壤、肥力等诸多因素。

2）修剪高度。草坪修剪高度是指草坪修剪后，立即测得地上枝条的垂直高度。一般草坪的高度可在3～4厘米，通常草坪草长到6厘米时就应该修剪。

3）修剪的方法。一般都是使用剪草机进行修剪，这样可快速、舒适地完成剪草任务。作为家庭庭院草坪的修剪，可使用镰刀或手剪进行。但这样剪草的速度太慢，只限较小面积草坪修剪。

4）注意事项。对同一草坪，每次修剪时应避免采用同一方法进行，要防止在同一地点、同一时期的多次重复修剪，这样会使草坪生长不均衡。每次修剪后，应将草屑及时移出草坪，如果天气十分炎热，可将草屑留在草坪表面，以阻止土壤水分的蒸发。

（2）适时浇水。一般情况下，草坪开始发生萎蔫时即要进行灌水，干旱季每周需要1～2次灌足水。灌水要在早上进行，避免在温暖的傍晚和炎热的中午进行。刚修剪过的草坪不能马上灌水，否则易感染病害。

（3）及时清除杂草。草坪中混生一定数量的杂草，不但影响美观，而且与目标草坪争夺养分，影响草坪生长，所以发现杂草应及时清除。

除此之外，草坪的养护工作还包括合理的施肥、病虫害的防治、更新复壮等。

第3节　家居插花

 学习单元1　家居插花的材料选择与加工

 学习目标

➢了解常用插花花材的类别

➤识别常见切花，正确选择插花花材

➤根据不同的要求正确使用插花的容器

➤熟悉插花作品的摆设要求

 知识要求

　　花卉姿态优美、形式各异，用它来点缀居室，是其他饰物所不能代替的。它不仅能为人们生活、工作提供一个清新、优美的环境，还能给人一种生机勃发、生机盎然的感觉，增进人的身心健康。家政服务员学习和掌握一些家居插花知识，将使居室的环境布置更加美丽舒适。

一、常用插花花材类别

　　插花使用的花材十分广泛，每一种花卉都有不同的观赏特点。从花卉的观赏性来说，主要可分为观花、观叶、观果三大类。

　　1. 观花类

　　植物中以花朵、花序、花苞片供观赏的称为观花类。也就是说，某种花朵具有观赏价值。同时，观花的素材，需要在剪切之后能够保持一定时间的新鲜度（除非是做成干燥花），以供插花欣赏。

　　2. 观叶类

　　叶是植物重要的营养器官，在插花中常作为陪衬材料。不同植物的叶，大小、形态各不相同。用于插花的叶材，要有一定的可观赏性，如黄金柏、万年青、一叶兰、文竹、高山羊齿、橡皮树、棕榈、巴西木、苏铁、散尾葵等。这些植物的叶子形态优美、苍翠碧绿、风韵清雅，可谓看叶胜看花。特别是有些观叶植物，如枫树、变叶木、花叶芋和红桑等，本身具有鲜艳的色彩和特殊的形态，令人陶醉。

　　3. 观果类

　　以果实供观赏的花卉称之为观果类植物。在自然界中，许多植物会开花结果，累累的果实，给人以丰盛昌硕的美感。如亚热带地区常见的南天竹，秋冬季节，在浓绿的叶丛中，伸展出鲜红的果穗。桃子、苹果、生梨、柿子、火棘、石榴、橘子、佛手、朝天椒、冬珊瑚等都是观果的佳品。果实插花能养较长的时间，而且有些果实在成熟过程中会有色彩的变化。

　　果实在礼仪插花中应用十分广泛，有作为供品摆设的，有与鲜花组合成水果花篮的，与人们的生活息息相关。但是，水果的应用也有理解上的不同作用，如苹果在节日送礼有"平安吉祥"之意，但在浙江的一些地区探望病人忌用苹果，因为苹果的读音在当地方言上与某些不吉之词谐音。所以在使用观果花材时也需要了解有关知识，有的果实可食不可观，有的果实可观不可食，插花者要懂得取舍。

4. 其他类

有许多花材，虽然不属于上述三大类，但仍具有一定的观赏价值，也能用于礼仪插花。

观芽类花材：有许多花材在花朵或叶片尚未开放的时候，具有一种生命萌动的美感，最为典型的是银柳和蕨芽。

观茎类花材：随着插花花卉材料的广泛开拓，许多观茎植物也成了重要花材。例如龙爪柳、红瑞木、水葱、木贼等。

二、常见切花的识别

常见切花的识别见表7—1。

表7—1 常见切花的识别

图示	说明
	唐菖蒲 别名：菖兰、剑兰 特征：线状花，穗状花序排成两列。花冠呈膨大漏斗形，稍向上弯 花语：用心、执着

图示	说明
	月季 别名：月月红 特征：花单生或排成伞房花序、圆锥花序 花语：友谊、和平、爱情
	玫瑰 别名：徘徊花 特征：枝干多刺，叶表面多皱纹。花单生或数朵聚生于枝的顶端。花瓣层厚，浓香 花语：友情、爱情、美丽
	香石竹 别名：康乃馨 特征：花单生或数朵簇生，聚伞状排列。花皱褶重瓣，缘有细锯齿 花语：慈祥、温馨、真挚

图示	说明
	菊花 别名：寿客 特征：头状花序生于枝端。花瓣有管、钩、须、匙等状 花语：祈福纳祥、鞠躬
	非洲菊 别名：扶郎花、太阳花 特征：头状花序。花茎长而直立，中空。花有单瓣和复瓣，瓣似雀舌，轮生于花蕊周边 花语：坚强、奉献、友谊
	百合 别名：摩罗、中庭 特征：花大、开于茎端，单生、簇生或呈总状花序。花瓣6片，靠合呈喇叭形、钟形或碗形 花语：百事如意、百年好合

图示	说明
	马蹄莲 别名：慈菇花、海芋 特征：佛焰苞，白色或彩色，形似马蹄状。鲜黄色肉穗花序，立于佛焰苞中央 花语：纯洁、美丽
	安祖花 别名：花烛、红掌 特征：顶生佛焰苞片及肉穗花序，苞片心形，具蜡质光泽 花语：爱心、祝福、幸运、热情
	郁金香 别名：洋荷花 特征：花大，单生于茎顶，直立杯状或卵状等 花语：爱、荣誉、祝福

图示	说明
	**鹤望兰** 别名：天堂鸟、极乐鸟花 特征：花形奇特，顶生船形大花苞，佛焰苞内含 6～7 朵小花，依次开放呈冠羽状 花语：快乐、吉祥、自由
	**蝴蝶兰** 特征：花开放在拱形的花茎上，一排几朵至十几朵。花大，呈蝶状
	**向日葵** 别名：太阳花、日轮草 特征：花单生于茎顶，为硕大的头状花序。中部管状小花密集，周围舌状花轮状排列 花语：爱慕、光辉、忠诚

图示	说明
	丝石竹 　别名：满天星 　特征：花呈疏松外展的圆锥状聚伞花序。花小而繁多。花枝光滑纤细 　花语：清纯
	补血草 　别名：情人草 　特征：圆锥花序。花茎多分叉，顶端生众多小花 　花语：依偎、永远相随
	波状补血草 　别名：勿忘我 　特征：株高 40～60 厘米。花茎自叶间抽出，呈三角翼状。花由花萼与花冠组成，花凋谢后不脱落 　花语：永不变心

图示	说明
	银柳 特征：线状花，落叶灌木。基部抽枝。柔荑花序，花芽肥大 花语：留客、一刻千金
	文竹 别名：云片竹 特征：多年生草本。茎攀缘状生长。叶小，呈鳞片状 花语：幽雅、文质彬彬
	肾蕨 别名：蜈蚣草、排草 特征：线状叶，多年生草本。叶呈羽状深裂，密集丛生。羽片紧密相连

图示	说明
	绿萝 　别名：黄金葛 　特征：叶绿，有的镶嵌金黄色不规则斑点或条纹，呈椭圆形，蜡质
	龟背竹 　别名：蓬莱蕉 　特征：常绿藤木。叶呈矩圆形，具不规则羽状深裂，叶脉间有椭圆形穿孔，形似龟背。幼叶心状形，无孔
	八角金盘 　别名：八手、手树 　特征：常绿灌木。叶大呈掌状，有5～8个深裂。叶面革质，厚实而有光泽。叶缘呈波状或锯齿状

图示	说明
	天门冬 别名：郁金山草 特征：多年生常绿灌木。茎蔓性，下垂。叶退化成鳞片状
	散尾葵 特征：丛生常绿灌木。叶扩展呈拱形，羽状全裂。羽片披针形，前端柔软
	葵心 别名：剑叶 特征：棕榈科常绿乔木。叶有韧性，呈黄白色细长状，柔顺飘逸

三、家居插花花材选择

1. 优质花材的选择

花材的选用直接影响到插花作品的成功与否。优质插花花材一般具备以下四个条件：

（1）整体质感好，新鲜程度好。

（2）花枝健壮，无病虫害。

（3）无药害，无斑点，无折损，无压伤。

（4）具有一定的观赏价值。

2. 根据造型要求选材

在繁多的花材中，根据外形及其在插花中的运用，可分为线状花材、面状花材、点状花材。点、线、面相互组合、自然协调。

（1）线状花材。主要指条状线形花材，如唐菖蒲、银柳、葵心、马蹄莲等。线状花材是插花框架主要花材，勾画出插花作品的基本形式与空间范围，承接点与面。

（2）面状花材。主要指各种头状花材。面状花材可分为整齐型和异型两种。整齐型面状花材，如月季、香石竹、百合、菊花、非洲菊、郁金香等；异型面状花材，如鹤望兰、马蹄莲、安祖花等。面状花材是插花作品的焦点花材，位于整件插花作品的重心位置，使作品重心稳定。

（3）点状花材。主要指各种小花，如丝石竹、补血草、波状补血草与多头小菊等。点状花材是线状花材和面状花材的补充，起到点缀、填补空间、承上启下、突出层次、丰富作品的作用。

3. 根据使用要求选材

各国都有用花的习俗，主要表现在花材的选择和用色方面。国内喜庆较多选用红色和粉红色的月季、香石竹及粉色的百合，而丧事选用黄色或白色的菊花。悼念长者的花篮、花圈选色比较鲜艳，而悼念年轻者的花篮、花圈选色比较素雅。情人节（每年的 2 月 14 日）用花为月季。母亲节（每年 5 月的第二个星期日）用红色香石竹。父亲节（每年 6 月的第三个星期日）用黄色月季、向日葵、石斛兰。圣诞节（每年 12 月 25 日）选用一品红（圣诞花）。

4. 根据价格要求选材

由于需求不同，必须根据雇主对价格的要求选择花材，及时了解市场花材价格，合理选用各种花材。

四、插花容器的选择

插花容器统称花器。凡是能容放花材、满足花材的水养要求，又具有一定观赏价值的器皿都称作花器。在居家插花中，花器不仅仅是盛水插花的器具，同时也能衬托花型，将花与花器融为一体。无论选用何类容器，都要根据使用的目的、环境条件和花材性状而定。

过去大都使用造型简单的花器。近年来，为了提升作品的格调，已经转为使用造型奇特的花器，利用花器的个性，增强花的美丽与动感。不过初学者还是先使用简单的花器，便于掌握基本要领。

1. 花瓶

花瓶是艺术插花最常用的竖立式容器，可分为插花瓶和观赏瓶。用以插花的花瓶，要求瓶口大小适宜、色彩素雅，以大方稳重为宜。观赏花瓶的材质有景泰蓝、青瓷、精陶等，主要观赏其工艺或造型，起到点缀陈列和装饰环境的作用。使用花瓶插花也叫瓶插。瓶插的表现形式极为丰富，构图较为紧凑，或横斜曲直，或垂悬倒挂，故瓶插是艺术插花较为普遍的表现形式之一。

2. 花盆

花盆为浅身阔口、扁平的容器。花盆有较大的空间，容放花材的量比较大，插花构图不显拥挤，但花盆自身较难固定花材，常用花插、花泥来达到此目的。使用花盆插花也叫盆插，由于盆插能较好地表现四时季节变换等自然景致，故受到人们的青睐。

3. 花篮

花篮是艺术插花的一种表现形式。它具有礼仪插花的重要功能，同时还可以以篮为盛器，营造一种不同于其他插花形式的艺术格调。花篮常以竹、藤、柳为主要材质，造型各异、色彩素雅、轻便易携，可视情况决定是否在篮内加内胆盛水定枝，常以花泥固定花材。

一般花篮均是编制的，造型丰富多样，也为插花提供了极好的创作条件。

4. 筒

以竹筒当作花器，也称为筒插。竹筒质朴自然，对选用花材颇有讲究，能表达婉约之美。

插花的器具很多。除了上述介绍的花器外，日常生活用具如杯、碗、盘等，只要独具匠心，也可供插花使用。总之，凡能盛放花材供人们欣赏的形态美妙的器具，只要能与花材、环境协调，衬托得体，都可作为花器使用，同时还能起到创新花型的作用。

五、插花作品的摆设

室内插花对居家装饰起着画龙点睛的作用。居家插花要掌握三个要素，即插花的材料、器皿和环境。只有三者总体考虑，才能创作出一件完整的作品。对客厅、餐厅、卧室、书房，可依居室的不同功能和风格，采用不同形式的插花布置在不同的位置，是插花陈设的首要原则。另外，还得注意家庭成员的年龄、爱好及文化层次等因素。

1. 不同功能的空间采用不同形式的插花

（1）客厅。客厅是会客、家庭团聚的场所，公用性强，适于陈列色彩浓重大方的插花。玄关、空间较宽敞的区域可插对称式的迎宾花。窗台或家用柜上可插不对称的 S 形造型、沙发转角茶几、电视柜旁可插直立式的造型，沙发前的茶几则要插平卧式的造型。

（2）卧室。卧室的插花则根据不同情况而定，床头柜、小沙发旁的茶几可插直立式的造型。

（3）餐厅。餐厅中的插花以鲜花为好，使人心情愉快。餐桌上可选用平卧式的插花，厨房的操作台可用一些蔬菜组合，配上一些小花，可以插成直立式，占用的空间相对要小一点。切忌插花作品阻挡人们的交流视线。

2. 插花作品的颜色应与陈设环境的色调相调和

色彩是构成艺术插花优美形象的主要因素。一般放置插花作品的背景以清洁宁静、浅淡无华为好，不宜放在艳丽的台布上。协调并不意味着非要用类似色配置，深色的地面、墙面和家具，若配以深绿色的花材和暗色的花器，会产生沉闷感，缺乏光彩生气，令人不快。在此情况下，可配置浅亮色花材和花器。

3. 插花作品应与陈设环境的空间大小相适应

插花作品的大小要与所置放环境的尺寸相称，小房间不应放置大型花艺作品，而在大厅里，主要作品若用小品花做点缀，显然也是微不足道的。花艺作品的数量也依陈设环境的条件而定，并不以多为美，陈设过多，反有画蛇添足之感。

4. 插花作品应把握好花的象征和用花习俗

花开本无意，赏花却有情。古人借花抒情、借花明志、借花泄愁，花之情结渗透在生活中，花已成为人们生活中不可分割的一部分。民间还有许多用花习俗，有象征，有寓意，有谐音，有比拟等，好的用花之道，具有一定的艺术感染力。

花卉引起联想及其寓意有很多。例如，梅、兰、竹、菊为"四君子"，金橘联想是财富，牡丹被称为"国色天香"，水仙有"凌波仙子"之称，竹为"劲节"，荷花被誉为"出淤泥而不染"，灵芝寓意是"如意"，桃是长寿的象征，鹤望兰让人联想到鸟和仙鹤，蝴蝶兰给人以蝴蝶翩翩舞动的联想。

学习单元 2　家居插花的基本原理

 学习目标

➤熟悉插花的基础六法
➤掌握插花造型的基本比例
➤掌握完成插花作品的程序
➤掌握常用的插花技法

 知识要求

一、插花的基础六法

为了达到插花作品生动自然和保持重心平衡的目的，对花材的布局有一定的要求，那就是插花基础六法，即高低错落、疏密有致、虚实结合、仰俯呼应、上轻下重、上散下聚。

1. 高低错落

植物材料千姿百态，形神各异。在插花造型中，花材的主次要分明，一般情况下，副枝低于主枝，防止花枝插制在同一直线或横线上。为避免无高低之分，主枝高度的定位应按照黄金分割的最佳比例来定。

2. 疏密有致

花材插制当中应有疏有密，焦点花材一般在作品的重心。远离作品中心部位的要疏，要留有空白，有疏密对比，对面状花材与点状花材的运用要适当、合理。

3. 虚实结合

插花作品一般来讲花为实、叶为虚，大自然的植物材料色彩多变，有深浅之分，花枝、花叶的质感还有虚实之分。一般虚指浅、疏，实指深、密。合理运用花材的这些特性，使造型有层次感、立体感，达到虚实结合的最佳意境。

4. 仰俯呼应

优秀插花作品主要表现在：主题突出、宾主呼应、围绕中心、合理布局。各种花材有机地结合起来，枝条疏密穿插得宜，上下左右呼应，使插花作品得到完美的体现。

5. 上轻下重

花苞在上、盛花在下，浅色在上、深色在下。掌握花材的质地、形状、色彩，保持好作品的均衡与稳定，使其自然而富有生命力。

6. 上散下聚

上方疏散、下方密聚。花枝的各自基部要相互靠拢，形如同生一根，像在自然环境中生长的植物一样婀娜多姿、自然有序。

二、插花造型的基本比例

1. 主干和花器的比例

主干和花器的比例主要依据黄金分割的美学原理，在插花中以此为依据，用来确定第一主枝与花器之间的长短、和花材间的长短比例，并进一步确定构图的焦点、重心区域。

（1）盆插。第一主枝的长度是盆宽和盆高之和的 1.5～2 倍。

（2）瓶插。第一主枝的长度是瓶高和瓶宽之和的 1.5～2 倍。这比例不是绝对的，应视实际情况而变化，如花器的大小、花材的姿态、陈设环境等，总之主枝和花器的比例以均衡为原则。

2. 主枝之间的比例

主枝之间的比例应根据作品的造型、观赏部位、主干所在的位置而各不相同。以直立式不等边三角形为例，第二主枝长度约是第一主枝的 2/3，第三主枝长度约是第一主枝的 1/3。

3. 作品的高度和宽度的比例

作品的高度和宽度的比例是指作品完成后的整体比例。

水平构图：高∶宽＝5∶8。

竖向构图：高∶宽＝8∶5。

三、完成插花作品的程序

对插花初学者来说，在动手操作的过程中按照一定的程序进行，可以避免无从下手或难以收场的局面。

1. 框架的插作

根据插花的立意、花材、器皿以及花艺所处的环境等方面因素决定插花的造型框架。插花的造型千变万化，有着各种不同的形态，但又有一些规律可循。一般可将造型框架分成两类，即对称的构图法和不对称的构图法。

对称的构图法，它的特点是倾向于统一，条理性强，但须防止单调和呆板。

不对称的插花通常是以不等边三角形的构图方法来确定造型，充分发挥线条的变化。它以不对称的均衡为原则，富于变化，可以得到活泼自然的艺术效果。框架是插花作品的造型和意境的重要决定因素。确定作品的具体框架主要以第一主枝的形态（包括直立式、倾斜式、平卧式、下垂式）和作品的整体外形（包括不等边三角形、L形、S形、圆形、放射式等）为准。确定了基本形式中的某一种或常见造型中的某一形状，就可以按照要求插作框架。花材一般以线状为宜，如唐菖蒲、银柳、葵心、肾蕨等。线状花材在构图中起到线条的作用，拉出框架，承接点面，使作品更加秀美灵动。在插花中灵活运用各种线条，能使作品飘逸，增强空间感，更具诗情画意。

2. 焦点花的布置

焦点花是位于作品重心位置的花。作品的重心位置一般位于作品主干的 1/3 处到花器沿口处。花材可选择块状花，如非洲菊、百合、郁金香、向日葵、香石竹或各种果实等。

3. 补充花的协调

在完成框架和焦点花的插入后，作品依然显得比较单调，缺乏立体感和层次感，这时需要在框架花和焦点花之间插入小花补充空间，位置一般在主干的 1/2 以下，花材可选择多头香石竹、补血草、丝石竹、各色小菊花等。花形小而细致，分散或集束应用，星星点点，如梦如幻，既是框架的线形花材与焦点的块状花材的过渡，又可营造一种含蓄朦胧的意境，越显温和细腻，并且由于有了星点的沟通，作品也产生了活泼的动感和前后的层次感。

4. 修饰的完善

为了使作品更显自然、富有生气，更好地起烘托线状、焦点花材的作用，必须对作品作进一步的修饰。例如，在作品的基部插入面积大的叶片，如八角金盘、龟背竹、绿萝等，使作品重心平稳并具有自然美感。又如，在花和花的间隔处插入该花的叶材，模拟其自然生长状态，既做到花材的充分利用，又增加了作品的层次感，一举两得。还有在作品的后部或焦点花位插入自然弯曲的线状叶材，如麦冬、熊草等，可增加作品的立体感和动感。

初学插花者可按上述四个过程插作。熟练以后，有些程序可以交叉进行。

四、常用的插花技法

花泥在插花中称为固定工具，插花泥有绿色和淡豆沙色两种。绿色花泥是用来插鲜花的，淡豆沙色花泥是用来插干花和仿真花的。

1. 插花泥的使用方法

（1）湿花泥的浸泡。先将插花泥切成需要的大小，浸泡在清水中。浸泡时不能用手按压，要让插花泥浮于水面，自然吸水逐渐下沉，直至花泥被水浸没，方可取出使用。切勿将插花泥按压入水或用重物硬压入水，也不能在花泥上方冲水。这样做会使花泥四周很快湿润而中心仍是干的，但此时水已难以渗透中心，而插花时花茎基部恰好插在干心处，无法起到吸水作用。

（2）插盆插。应按照花材的数量和质量确定花泥的大小、厚薄。

（3）插瓶插。先在瓶内加水，随后将插花泥按下瓶口的圆周线切割，按放在瓶口固定。花泥通常比瓶口高出2～3厘米。若需要插下垂枝条，可以再高些。若不需要插下垂枝条和水平枝条，花泥可齐瓶口。注意花泥必须与瓶内清水相接，保持花泥的水分。

无论是盆插或瓶插，都要在容器内经常加水，确保插花泥有充足的水分。

（4）花篮插花。可在篮内加内胆以防渗水，也可将插花泥下半部包上铝箔或塑料纸，便于加水保湿。

2. 剪刀的用法

插花时，几乎都是用剪刀来操作的。善于使用剪刀，即可创作出一件不落俗套的作品。剪切粗木花材时，应将剪刀斜向剪入，较易达到目的。因为植物的纤维为直线形，所以自侧方较容易剪入。如果树枝过粗，无法以上述方法剪断的话，可以斜剪几处，也可达到目的。

剪花草时，可采用垂直的剪法，此种剪法能使花材易于固定在花插中。

3. 花材的加工

从市场上买来的鲜花必须要进行深水养护。先去掉没用的废叶，再在花的茎秆的根部剪出一个新的切口，斜剪为好，这样可以增加它的吃水面积。

观花类花材的加工要根据花材的性状要求来进行。当插花需要盛开的香石竹时，就要将花萼筒沿裂口方向反向外剥，轻捻花萼筒，使花瓣松散；花材柔软的茎秆，如非洲菊，可用铁丝缠绕（一般用20～24号铁丝），缠完后可用绿胶带包裹；观叶类花材可根据作品的需要修剪出各种形态。

 学习单元3　家居插花的基本形式

 学习目标

➤掌握直立式插花的基本特点及制作要点

➢掌握倾斜式插花的基本特点及制作要点
➢掌握悬崖式插花的基本特点及制作要点
➢掌握平卧式插花的基本特点及制作要点

知识要求

一、直立式

　　特点是第一主枝呈直立状，作品充满高耸挺拔、蓬勃向上的生机。焦点花端庄、稳重，呈现静态美。直立式是三面可观，正面呈不等边三角形，较适合平视。直立式插花如图 7—1 所示[①]。

框架定位

作品完成

图 7—1　直立式插花

1. 框架定位

第一主枝（唐菖蒲）的方向挺拔向上，第二主枝（肾蕨）和第三主枝（八角金盘）进

_____

① 图 7—1 至图 7—8 摘自：陈佳瀛. 插花员（五级）第 2 版. 北京：中国劳动社会保障出版社，2013

行相应定位，其高度为黄金分割比例，使三主枝在空间构成一个不等边三角形。

2. 花材选择

框架花材可选择直立、挺拔、舒展的线状材料作第一主枝，如唐菖蒲、葵心等。焦点花材可选非洲菊、百合花、安祖花、菊花等。补充花材可选补血草、波状补血草、丝石竹、小菊等。修饰时遮掩花泥的叶材可选蓬莱松、天门冬等。

3. 花器选择

浅盆或开口向上、简洁清雅的花器。

4. 制作要点

第一主枝直立，左右两侧分别插入第二和第三主枝，长短不一，构成一不等边三角形。焦点花材在作品的重心位置错落有致。点状花材补充完善。花泥必须遮盖。

二、倾斜式

特点是作品主干向左或向右倾斜，飘逸潇洒，体现了一定的抗争性，又有临水之花木那种"疏影横斜"的自然韵味，具有静态美与动态美，较适合平视。倾斜式插花如图 7—2 所示。

框架定位　　　　　　　　　　　　作品完成

图 7—2　倾斜式插花

1. 框架定位

第一主枝（红苞蝎尾蕉）向左或向右倾斜 45°左右，第二主枝（肾蕨）和第三主枝（八角金盘）起到平衡、稳固的作用，构成倾斜式造型。

2. 花材选择

框架花材可选黄（红）苞蝎尾蕉、唐菖蒲、银柳等。焦点花材可选非洲菊、百合花、菊花等。补充花材可选补血草、波状补血草、丝石竹、小菊、多头香石竹等。修饰时遮掩花泥的叶材可选蓬莱松、天门冬等。

3. 花器选择

选用广口的容器为宜。

4. 制作要点

以第一主枝倾斜于花器一侧为标志，第二、第三主枝都是围绕第一主枝进行变化，但不受第一主枝摆设范围的限制，总之是与第一主枝形成最佳呼应态势为原则，保持统一的趋势。焦点花在作品的重心位置错落有致，保持平稳。点状花材补充完善，丰满造型。花泥必须遮盖。

三、悬崖式

特点是第一主枝下垂，作品灵动飞扬，形如高山流水，充满曲线变化的美感，具有强烈的动态美。悬崖式较多放置于高处，较适合仰视。悬崖式插花如图 7—3 所示。

1. 框架定位

第一主枝（麦冬）下垂，在水平线以下 30°外的 120°范围内；第二主枝（肾蕨）和第三主枝（八角金盘）在水平线的上方，起到平衡、稳固的作用，保持趋势一致性，构成悬崖式造型。

2. 花材选择

框架花材可选择自然虬曲垂挂的线状花材，如麦冬、常春藤、文心兰等。焦点花材可选非洲菊、百合花、香石竹、菊花等。补充花材可选补血草、波状补血草、多头香石竹等。修饰时遮掩花泥的叶材可选蓬莱松、天门冬等。

3. 花器选择

高身花器与吊挂式花器为宜。

4. 制作要点

第一主枝线状花材在花器上悬挂下垂是悬崖式造型的主要特征，第二、第三主枝的插入，起到稳定重心和完善作品的作用。焦点花材错落有致，平衡重心。点状花材补充完善。花泥必须遮盖。

框架定位

作品完成

图 7—3　悬崖式插花

四、平卧式

特点是主干横卧，基本呈水平状态，作品平稳伸展，呈现静态美。平卧式比较适合于餐桌布置，避免挡住进餐者的视线，又适合于俯视的环境装饰。平卧式插花如图 7—4 所示。

1. 框架定位

第一主枝（葵心）平卧，基本呈水平状；第二主枝（肾蕨）和第三主枝（弯折葵心）构成框架。插花中三主枝虽然都在一个平面上，但每一枝花的插入也是有长有短、有远有近，形成动势。

2. 花材选择

框架花材可选唐菖蒲、葵心、蛇鞭菊、黄（红）苞蝎尾蕉等。焦点花材可选非洲菊、百合花、安祖花等。补充花材可选补血草、波状补血草、丝石竹、小菊等。修饰、遮掩花泥的叶材可选蓬莱松、八角金盘、天门冬等。

3. 花器选择

广口、平式花器。

4. 制作要点

第一、第二主枝框架花材呈水平状，并在水平线上下 15°左右进行变化，一般是将第一主枝插在花器的一侧，第二主枝插在另一侧，第三主枝根据作品重心平衡情况插入。焦点面状花材错落有致，稳定重心。点状花材补充完善。花泥必须遮盖。

框架定位   作品完成

图 7—4   平卧式插花

 学习单元 4   家居插花的常见造型

 学习目标

➤掌握常见对称式插花造型的基本特点和制作方法
➤掌握常见不对称式插花造型的基本特点和制作方法

 知识要求

插花的造型取决于它的题材、内容和花卉、器皿的形状、大小，以及插花所处的环境等诸方面因素。插花的造型千变万化，有着各种不同的形态，但又有一些规律可循。一般可将造型结构分成两类，即对称的构图和不对称的构图。

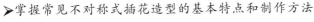

一、对称式插花造型的基本特点和制作方法

对称的插花是在假定的中轴线两侧或上下均齐布置，为同形同量、基本相等的状态。

欧美插花中较多地采用对称形式。它的特点是倾向于统一，均衡、条理性强，但须防止单调和呆板。经常使用对称插花的有餐桌、会议桌上的台花，迎宾花篮，新娘捧花和花环等。

对称的插花不太讲究花体与花器之间的比例关系，以稳固为度，也不太讲究疏密变化，主要是匀称排列。常见的造型有球形、半球形、放射形、塔形等。

1. 半球形

这是四面观赏对称构图的造型。作品的外形轮廓为半球形，所用的花材长度应基本一致，整个作品轮廓线应圆滑而没有明显的凹凸部分。半球形插花以花朵为主体，花器不甚突出。这种作品柔和浪漫、轻松舒适，常用于茶几、餐桌的装饰。半球形插花如图7—5所示。

框架定位

作品完成

图7—5　半球形插花

（1）框架定位。首先在底部平面采用等长的6枝定位，再取1枝确定高度的花，由中心垂直插入，即完成高度与宽度，然后在半圆形内添插花材，插出半圆弧度。

（2）花材选择。主体花材可选月季、香石竹等。补充花材可选补血草、波状补血草、丝石竹、多头香石竹、小菊等。修饰、遮掩花泥的叶材可选蓬莱松、天门冬、肾蕨等。

（3）花器选择。低矮的圆盆为宜。

（4）制作要点。主枝花材构成半圆形框架。面状花材高低分明，呈圆弧状。点状花材补充修饰，完善半圆弧状。遮盖花泥。

2. 放射形

它是以花器的中心为出发点，花枝向外放射状伸展，有扩张舒展的感觉，有如孔雀开屏，装饰性极强，适合于大空间使用。放射形插花如图7—6所示。

框架定位   作品完成

图 7—6 放射形插花

（1）框架定位。主枝（散尾葵）居中直立，两侧副枝（散尾葵）水平状插制在容器的左右两侧，长度约为主枝的 2/3；正前方插入 2 枝前展枝，长度约为第一主枝的 1/3，基本呈八字形；主枝与两侧副枝之间均匀对称地插上花材，须 5 枝以上，构成对称放射形框架。

（2）花材选择。框架花材可选散尾葵、唐菖蒲、银柳、葵心等。焦点花材可选非洲菊、菊花、月季、百合等。补充花材可选多头小菊、多头香石竹等。修饰时遮掩花泥的叶材可选天门冬、海桐叶等。背部处理用八角金盘。

（3）花器选择。直立并具有相当高度的容器。

（4）制作要点。主干须居中直立，两侧枝等长水平状插在左右两侧；主干和两侧枝之间，须均匀对称地插上同样花材，形成对称放射形框架。焦点花材为作品的放射源。补充花材使作品的造型更完整丰满。

二、不对称式插花造型的基本特点和制作方法

不对称的插花通常是以不等边三角形的构图方法来确定造型，充分发挥线条的变化。其特点是以不对称的均衡为原则，富于变化，可以得到活泼自然的艺术效果。

不对称式构图插花的使用范围广泛。常见的形式有 L 形、S 形和不等边三角形等。

1. 直立式 L 形

L 形为直线形结构造型，是一种左右不对称的均衡设计。组合上变化多端，带有梦幻

色彩，是一款易于亲近的花型。直立式 L 形如图 7—7 所示。

框架定位　　　　　　　　　　　　　　　　作品完成

图 7—7　直立式 L 形

（1）框架定位。第一主枝（唐菖蒲）直立插制在容器的左上方。第二主枝（唐菖蒲）长度为第一主枝的 1/2 左右，水平插入右边，构成 L 形框架。

（2）花材选择。框架花材可选唐菖蒲、黄苞蝎尾蕉、葵心等。焦点花材可选非洲菊、香石竹、菊花等。补充花材可选小菊、多头香石竹等。修饰、遮掩花泥的叶材可选蓬莱松、天门冬、肾蕨等。

（3）花器选择。有一定高度的花器。

（4）制作要点。第一、第二主枝构成字母 L 形，第一主枝直立，第二主枝呈水平状。焦点花材为主枝的 1/5～1/4，错落有致。点状花材补充完善。花泥必须遮盖。

2. 倾斜式 S 形

这是由螺旋线变化产生出来的造型。以花体曲线安排似字母"S"而得名，体现了优美的曲线，有动感。倾斜式 S 形如图 7—8 所示。

（1）框架定位。外观似英文字母"S"，造型独特，线条优美。一般采用弯曲的线状花

框架定位　　　　　　　　　　　　　作品完成

图7—8　倾斜式S形

材构成。选用两组方向相同的曲线花材,一组(长枝散尾葵)向左倾斜插在容器的左后上方,另一组(短枝散尾葵)为长枝的2/3,插在容器的右下方,略向前转15°左右,形成S形框架。长枝和短枝及瓶口花材(八角金盘)前后深度的比例为8∶5∶3。焦点花在瓶口处。

(2) 花材选择。框架花材可选修剪后的散尾葵、银柳等弯曲花材。焦点花材可选非洲菊、香石竹、月季等。补充花材可选多头小菊、多头香石竹、补血草等。修饰时遮掩花泥的叶材可选天门冬、蓬莱松等。

(3) 花器选择。高身收腰容器。

(4) 制作要点。插作中的线状花材必须构成S形框架,线条流畅。焦点花材在瓶口处做重心处理。点状花材补充完善。花泥必须遮盖。

3. 不等边三角形

不等边三角形是一种一面观赏的不对称均衡的插花造型,具有静态美与动态美。根据不同的插法,平视、仰视或俯视产生不同的感觉。不等边三角形是东方式插花中最常用、最基本的造型，是一种易亲近、自然式的花型。

（1）框架定位

1）主干直立。可以插成直立式不等边三角形造型（见图7—9）。

2）主干倾斜。可以插成倾斜式不等边三角形造型（见图7—10）。

图7—9 直立式不等边三角形造型　　　　图7—10 倾斜式不等边三角形造型

3）主干下垂。可以插成悬崖式不等边三角形造型（见图7—11）。

4）主干横卧。可以插成平卧式不等边三角形造型（见图7—12）。

（2）花材选择。根据不同的插花形式选择相应的花材。

（3）花器选择。放置在家庭茶几或高几架上的插花宜用悬崖式不等边三角形造型的作品，放置在桌上的插花宜用直立式或平卧式不等边三角形造型的作品，放置在家庭写字台上的插花宜用直立式或倾斜式不等边三角形造型的作品，可依此选择花器。

（4）制作要点。以3枝主枝构成不等边三角形框架。第一主枝定位于花泥后1/4的左侧或右侧位置上，主枝长度与盆、瓶的比例为黄金分割比例；第二主枝长度为第一主枝的2/3左右；第三主枝为第一主枝的1/3左右。焦点花在第一主枝高度的1/3左右。框架与焦点花之间插上补充花。修饰完善时花泥必须遮盖。

图7—11　悬崖式不等边三角形造型　　　　　图7—12　平卧式不等边三角形造型

 技能要求

家庭插花——直立式不等边三角形

操作准备

1. 环境准备

操作台、水桶、抹布、扫帚、簸箕、垃圾袋。

2. 工具准备

花器（白色塑料圆盆）、花泥（浸泡过的1/3块）、剪刀、细铅丝。

3. 花材准备

红（黄）苞蝎尾蕉（俗称小鸟）3枝或唐菖蒲（俗称菖兰）3枝，中八角金盘3片，非洲菊（俗称扶郎花）3～4枝，多头香石竹（俗称多头康乃馨）3枝或多头小菊3枝，肾蕨（俗称排草）10枝，天门冬3枝。

操作步骤

步骤1　花材整理、加工，花泥按放。

步骤2　框架插作，焦点花定位，补充空间，修饰完善。

确定第一主枝长度为花器宽加高之和的1.5～2倍，方向挺拔向上；第二、第三主枝相应定位，使三主枝在空间上构成一个不等边三角形。

焦点花位于第一主枝的1/3到花器口的沿边，错落有致。

补充花增加作品层次感，起到烘托、点缀的作用。

背部处理，掩盖花泥。

步骤3　清场。

作品完成后清理桌面、地面。

作品要求

1. 造型特点明显，构架协调。

2. 焦点稳固，重心把握得当。

3. 补充花点缀恰当，烘托协调自然。

4. 遮盖自然恰当。

家庭插花——倾斜式不等边三角形

操作准备

1. 环境准备

操作台、水桶、抹布、扫帚、簸箕、垃圾袋。

2. 工具准备

花器（白色塑料圆盆）、花泥（浸泡过的1/3块）、剪刀、细铅丝。

3. 花材准备

唐菖蒲3枝或红（黄）苞蝎尾蕉3枝，非洲菊3～4枝，多头香石竹3枝或多头小菊3枝，肾蕨10枝，天门冬3枝，小八角金盘3片。

操作步骤

步骤1　花材整理、加工，花泥按放。

步骤2　框架插作，焦点花定位，补充空间，修饰完善。

第一主枝长度为花器高和宽之和的1.5～2倍，插入点定位于花泥后1/3部位的左侧或右侧。第二主枝的长度为第一主枝的1/2左右，第三主枝的长度为第一主枝的1/2左右，相应定位。三主枝构成一个倾斜的不等边三角形。

焦点花位于第一主枝的另一侧，略低于丛枝，到花器口的沿边，错落有致。

补充花增加作品层次感，起到烘托、点缀的作用。

背部处理，掩盖花泥。

步骤 3　清场。

作品完成后清理桌面、地面。

作品要求

1. 造型特点明显，构架协调。

2. 焦点稳固，重心把握得当。

3. 补充花点缀恰当，烘托协调自然。

4. 遮盖自然恰当。

家庭插花——悬崖式不等边三角形

操作准备

1. 环境准备

操作台、水桶、抹布、扫帚、簸箕、垃圾袋。

2. 工具准备

花器（二节秆高盆）、花泥（浸泡过的1/3块）、剪刀、细铅丝。

3. 花材准备

粉色香石竹 5 枝，多头小菊或浅色多头香石竹 3 枝，麦冬 15 枝或肾蕨 15 枝，小八角金盘 3 片，天门冬 3 枝。

操作步骤

步骤 1　花材整理、加工，花泥按放。

步骤 2　框架造型，焦点定位，补充空间，修饰完善。

确定各主枝长度，第一主枝呈下垂状，在水平轴右下 45°布局，第二、第三主枝相应定位，使三主枝在空间上构成右悬崖式不等边三角形。

焦点花在花器口的上方，错落有致。

补充花增加作品层次感，起到烘托、点缀的作用。

背部处理，掩盖花泥。

步骤 3　清场。

作品完成后清理桌面、地面。

作品要求

1. 造型特点明显，构架协调。

2. 焦点稳固，重心把握得当。

3. 补充花点缀恰当，烘托协调自然。

4. 遮盖自然恰当。

家庭插花——平卧式不等边三角形

操作准备

1. 环境准备

操作台、水桶、抹布、扫帚、簸箕、垃圾袋。

2. 工具准备

花器（白色塑料瓶）、花泥（浸泡过的1/3块）、剪刀、细铅丝。

3. 花材准备

葵心5枝，非洲菊5枝，多头香石竹3枝，肾蕨10枝，天门冬3枝，小八角金盘2片。

操作步骤

步骤1 花材整理、加工，花泥按放。

步骤2 框架造型，焦点定位，补充空间，修饰完善。

确定各主枝长（高）度，第一主枝基本呈水平状向右或向左延伸，长度为花器高和宽之和的1.5～2倍，在水平轴上下15°范围内布局，第二、第三主枝相应定位，长度为主干的1/2左右，使三主枝在空间上构成向右或向左的平卧式不等边三角形。

焦点花插在瓶口的上方或前方，略低于第三主枝。

补充花增加作品层次感，起到烘托、点缀的作用。

背部处理，掩盖花泥。

步骤3 清场。

作品完成后清理桌面、地面。

作品要求

1. 造型特点明显，构架协调。

2. 焦点稳固，重心把握得当。

3. 补充花点缀恰当，烘托协调自然。

4. 遮盖自然恰当。

家庭插花——对称放射形

操作准备

1. 环境准备

操作台、水桶、抹布、扫帚、簸箕、垃圾袋。

2. 工具准备

花器（白色塑料盆）、花泥（浸泡过的1/3块）、剪刀、细铅丝。

3. 花材准备

唐菖蒲5枝，非洲菊6枝，散尾葵（小号）7片，多头香石竹5枝或多头小菊5枝，天门冬5枝，八角金盘（中号）2片。

操作步骤

步骤1　花材整理、加工，花泥按放。

按作品要求修剪散尾葵等。

步骤2　框架造型，焦点定位，补充空间，修饰完善。

用修剪后的散尾葵作为第一主枝，长度为花器的高加宽之和的1.5～2倍，居中插在花泥的后1/3处，略向后倾斜5°；再插长度为第一主枝2/3长的两侧枝，左右对称；正前方插前展枝，为第一主枝长度的1/3左右，呈八字形，形成对称放射的框架。

焦点花的高度约为第一主枝的1/4或1/3长，焦点就是放射中心。

补充花插出层次感，起到烘托、点缀的作用。

修饰完善：用2片八角金盘插在背部中心处。背部处理，掩盖花泥。

步骤3　清场。

作品完成后清理桌面、地面。

作品要求

1. 造型特点明显，构架协调。

2. 焦点稳固，重心把握得当。

3. 补充花点缀恰当，烘托协调自然。

4. 遮盖自然恰当。

家庭插花——半球形

操作准备

1. 环境准备

操作台、水桶、抹布、扫帚、簸箕、垃圾袋。

2. 工具准备

花器（白色塑料圆盆）、花泥（浸泡过的 1/3 块）、剪刀。

3. 花材准备

香石竹 11 枝，多头香石竹 5 枝，肾蕨 20 枝，天门冬 3 枝。

操作步骤

步骤 1　花材整理、加工，花泥按放。

步骤 2　框架造型，补充空间，修饰完善。

将花泥的平面分成 6 个等份，水平状插入 6 枝等长的香石竹，另取一枝香石竹由中心垂直插入，即完成作品的高度与宽度；高度和宽度的连接需补充 4 枝香石竹，均匀对称插作，呈半球形弧面状。

补充花增加作品层次感，起到烘托、点缀的作用，高度不能超出半球形弧面；掩盖花泥，修饰完善。

步骤 3　清场。

作品完成后清理桌面、地面。

作品要求

1. 造型特点明显，构架协调。

2. 焦点稳固，重心把握得当。

3. 补充花点缀恰当，烘托协调自然。

4. 遮盖自然恰当。

家庭插花——直立式 L 形

操作准备

1. 环境准备

操作台、水桶、抹布、扫帚、簸箕、垃圾袋。

2. 工具准备

花器（有底座白色塑料圆盆）、花泥（浸泡过的 1/3 块）、剪刀、细铅丝。

3. 花材准备

唐菖蒲 4 枝，非洲菊 4 枝，白色多头小菊或多头香石竹 3 枝，肾蕨 20 枝，天门冬 3 枝。

操作步骤

步骤 1　花材整理、加工，花泥按放。

步骤 2　框架造型，焦点定位，补充空间，修饰完善。

在花器的左边垂直插入第一主枝，高度为花器高加宽之和的 1.5～2 倍；再插水平枝，高度是第一主枝的 1/2 左右；两线交接处插焦点花，高度为第一主枝的 1/4 或 1/5，前倾 75°；焦点花的斜后方要插花，高度低于焦点花，以示深度。

补充花增加作品层次感，起到烘托、点缀的作用。

背部处理，掩盖花泥。

步骤 3　清场。

作品完成后清理桌面、地面。

作品要求

1. 造型特点明显，构架协调。

2. 焦点稳固，重心把握得当。

3. 补充花点缀恰当，烘托协调自然。

4. 遮盖自然恰当。

家庭插花——倾斜式 S 形

操作准备

1. 环境准备

操作台、水桶、抹布、扫帚、簸箕、垃圾袋。

2. 工具准备

花器（白色塑料盆）、花泥（浸泡过的 1/3 块）、剪刀、细铅丝。

3. 花材准备

散尾葵 5 枝（中号），非洲菊 7 枝，多头小菊或多头香石竹 4 枝，小八角金盘 2 片，天门冬 3 枝。

操作步骤

步骤 1　花材整理、加工，花泥按放。

按作品要求修剪、揉弯散尾葵。

步骤 2　框架造型，焦点定位，补充空间，修饰完善。

框架花材用加工好的散尾葵，第一主枝高度为黄金分割比例，插在花器的左上方，倾斜姿态；第二主枝插在花器的右下方，长度为第一主枝的 2/3，略向前转 15°，保持 S 形的线条流畅。

焦点花在花器口的上方作重心处理。

补充花增加作品层次感，起到烘托、点缀的作用。

掩盖花泥，修饰完善。

步骤 3　清场。

作品完成后清理桌面、地面。

作品要求

1. 造型特点明显，构架协调。

2. 焦点稳固，重心把握得当。

3. 补充花点缀恰当，烘托协调自然。

4. 遮盖自然恰当。

 学习单元 5　插花保鲜与养护

 学习目标

➤了解鲜切花的保鲜方法

➤掌握插花作品的养护

 知识要求

一、鲜切花过早凋萎的原因

1. 缺水

鲜切花经剪切后，失去了供水源，并且蒸腾作用仍在进行。

2. 营养流失

鲜切花经剪切后，养分大量失去。

3. 乙烯的产生

鲜切花成熟期产生大量乙烯。乙烯对鲜切花保鲜非常不利，它会引起植物衰老。

4. 温度不当

温度高，能量消耗也越大，从而缩短了鲜花的寿命。

二、鲜切花的保鲜

1. 低温储藏

通常鲜切花储藏温度 2～4℃为宜。

2. 保鲜剂

使用保鲜剂可延缓花期。

3. 水中剪切

此方法可使鲜切花花枝基部直接吸收水分，不产生气泡。

4. 浸烫法

将花枝基部浸入沸水中，或用小火烧烤花枝基部（0.5～1分钟，花枝前端要做好保护工作），达到消毒作用及抑制浆液外流。

5. 勤换水

水质保持清洁，常换清水。

三、插花作品的养护

1. 水质

插花作品要及时加水和换水，所用水质要清洁，同时保持花器的清洁。

2. 温度

插花作品放置温度15～20℃为宜。

3. 阳光

插花作品应避免阳光直射。

测 试 题

一、判断题（下列判断正确的请打"√"，错误的打"×"）

1. 艺术插花的造型取决于焦点花。 （　　）

2. 计算唐菖蒲的高度，从花枝的顶部算起。 （　　）

3. 点状花材起连接框架和焦点花材的作用。 （　　）

4. 倾斜式最适宜的视线为仰视。 （　　）

5. 插花的基本形式有四种，即直立式、平卧式、圆形、悬崖式。 （　　）

6. 平卧式主、副枝框架花材基本呈水平状，并在水平线15°左右上下进行变化。

 （　　）

7. L形造型主枝直立，适宜平视观赏。 （　　）

8. 情人节的主花是情人草。 （　　）

9. 使用花泥时，用手把花泥按至水底处即可。 （　　）

10. 唐菖蒲的茎秆可以任意弯曲。 （　　）

11. 香石竹的茎秆可以揉弯造型。 （ ）

12. 不等边三角形为不对称构图，需注意整体的平衡。 （ ）

13. 夏天把插花作品放置在阳光直射下可延长花期寿命。 （ ）

14. 花材基部的叶片可插进花泥深处。 （ ）

15. 插花作品要避免放在过低温度处，以免冻伤。 （ ）

16. 喜庆热闹的场合可选用放射形插花。 （ ）

17. 半球形插花适宜作桌花使用。 （ ）

18. L 形的垂直线和水平线要等长。 （ ）

19. 母亲节主花是月季。 （ ）

20. 阳台的美化主要以绿化为主。 （ ）

二、单项选择题（下列每题的选项中，只有1个是正确的，请将其代号填在括号中）

1. 艺术插花的基本形式，主要看其（ ）的定位和姿态。

    A. 主枝   B. 陪衬枝   C. 焦点花   D. 填补花

2. 艺术插花的基本形式是按（ ）区分的。

    A. 主干姿态   B. 作品外形   C. 作品体态   D. 作品风格

3. 艺术插花的基本形式根据主干的（ ）而定。

    A. 粗细   B. 大小   C. 姿态   D. 高低

4. 适宜视觉比较低的造型一般有（ ）。

    A. 放射形   B. 倾斜式   C. 平卧式   D. 直立式

5. 倾斜式最适宜的视线是（ ）。

    A. 斜视   B. 平视   C. 仰视   D. 俯视

6. 具有刚健挺拔的直线条花材为（ ）。

    A. 非洲菊   B. 蝴蝶兰   C. 唐菖蒲   D. 绿萝

7. 具有曲折性的线条是（ ）。

    A. 银柳   B. 唐菖蒲   C. 梅   D. 菊花

8. 下垂式插花适合的花器是（ ）。

    A. 矮坛   B. 高身瓶   C. 浅盆   D. 平底花篮

9. L 形造型为（ ）构图。

    A. 放射形   B. 对称形   C. 不对称形   D. 圆形

10. L 形的焦点花在垂直线和水平线的（ ）。

    A. 直线处   B. 交接处   C. 水平线处   D. 平衡处

11. S 形要选用弯曲的（ ）花材构图。

A. 块状　　　　　　B. 点状　　　　　　C. 线状　　　　　　D. 面状

12. 插制圆形花材适宜用（　　）。

　　A. 条状　　　　　　B. 点状　　　　　　C. 带状　　　　　　D. 面状

13. 主枝直立的造型是（　　）。

　　A. 悬崖式　　　　　B. S 形　　　　　　C. L 形　　　　　　D. 圆形

14. 插制各种插花造型，宜先插（　　）。

　　A. 主枝　　　　　　B. 副枝　　　　　　C. 补充花　　　　　D. 焦点花

15. 盆插主枝高度为盆宽和盆高之和的（　　）倍。

　　A. 1　　　　　　　B. 1.5～2　　　　　C. 2.5　　　　　　D. 3

16. 插花基础六法之一为（　　）。

　　A. 上重下轻　　　　B. 聚集之处　　　　C. 高低错落　　　　D. 修饰补充

17. 鲜花养护一定要充分（　　）。

　　A. 剪切　　　　　　B. 洒水　　　　　　C. 水养　　　　　　D. 更新切口

18. 选择优质花材的标准之一是（　　）。

　　A. 质感差　　　　　B. 折损　　　　　　C. 新鲜　　　　　　D. 病虫害

19. 阳台和庭院的美化主要以（　　）为主。

　　A. 花卉　　　　　　B. 装饰物　　　　　C. 家具　　　　　　D. 绿化和装饰

20. 欧美地区的人们，对环境追求美观、舒适，特别对（　　）方面要求很高，作为服务员要理解并做好工作。

　　A. 烹饪　　　　　　B. 卫生　　　　　　C. 花木　　　　　　D. 熨烫

三、多项选择题（下列每题的选项中，至少有 2 个是正确的，请将其代号填在括号中）

1. 下列花材中，（　　）为线状花材。

　　A. 唐菖蒲　　　　　B. 月季　　　　　　C. 银柳　　　　　　D. 非洲菊

　　E. 菊花

2. 适宜插直立式的花材有（　　）。

　　A. 唐菖蒲　　　　　B. 天门冬　　　　　C. 马蹄莲　　　　　D. 八角金盘

3. 悬崖式最适合的视线为（　　）。

　　A. 俯视　　　　　　B. 仰视　　　　　　C. 平视　　　　　　D. 透视

4. 放射形适宜的焦点花是（　　）。

　　A. 百合　　　　　　B. 鹤望兰　　　　　C. 菊花　　　　　　D. 唐菖蒲

5. （　　）对鲜切花的保鲜有利。

A. 加保鲜剂　　　　B. 水中剪切　　　　C. 保持水质清洁　　　D. 阳光照射

测试题答案

一、判断题

1. ×　　2. √　　3. √　　4. ×　　5. ×　　6. √　　7. √　　8. ×　　9. ×

10. ×　　11. ×　　12. √　　13. ×　　14. ×　　15. √　　16. √　　17. √　　18. ×

19. ×　　20. ×

二、单项选择题

1. A　　2. A　　3. C　　4. C　　5. B　　6. C　　7. C　　8. B　　9. C

10. B　　11. C　　12. D　　13. C　　14. A　　15. B　　16. C　　17. C　　18. C

19. D　　20. B

三、多项选择题

1. AC　　　　2. AC　　　　3. BC　　　　4. ABC　　　　5. ABC

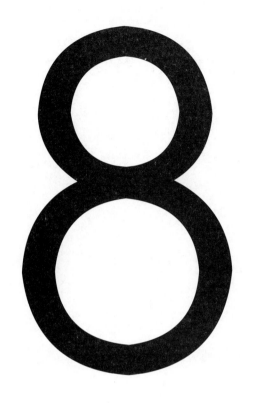

第 8 章

家庭常用办公及音像设备使用

第1节　家庭常用办公设备使用

 学习目标

➤熟悉办公一体机的连接

➤掌握传真机和办公一体机的使用方法、维护和保养

 知识要求

一、传真机的使用

"传真"通信，是利用图像扫描和光电转换技术，将图片、文稿、表格等静止图像通过电话通信线路，由发送方传输到接收方，并还原为原件面貌的一种通信方式。

1. 收发传真的条件

（1）收发双方均须配备传真机。

（2）收发双方必须能够通电话。

2. 传真方法

（1）把要传真的文件轻轻插入传真机文件输入口。

（2）拨通对方的传真号码，如果对方设置为"自动接收"，你将听到"滴"的一声，或者有提示音提示可以传真，这时按"开始"（有的是"发送"）按钮，放下听筒，开始传真；否则要对方给信号才能完成传真。

3. 传真机的操作方法

当前市场上的传真机有国产的也有进口的，有使用专用热敏纸的也有使用普通纸的。使用热敏传真纸的机器，印在热敏纸上的字迹不能长期保留，一般只能保留3个月左右，过期会逐渐褪色。如果需要长期保留，应立即复印以免误事。传真机虽然品种繁多，但是在操作上却大同小异。

（1）连接机器，准备收发。现代传真机通常都是"电话/传真"一体机，即电话机和传真机合二为一。收发传真前要连接传真机电源和电话线。

（2）发送传真。把原件插入传真机时，有字的一面朝向稿件扫描灯。

1）接收方是手动传真机

①拿起听筒给接收方打电话，告知要发送传真，请"给个信号"。

②对方给信号以后可以听到"嘟"声或"咝——"（同步信号）声。这时按一下机器上的"启动"键（有的机器上是"发送"或"Start"）即开始发送。

③发送开始以后放好听筒，会看到原件慢慢地进入机器，然后再慢慢地从另外位置被"吐"出来。

④如果原件有多页，应一并插入传真机，机器会逐页顺序发送。

⑤原件全部发送完毕，机器会自动挂断电话。这时可以再次打电话给接收方，询问接收是否顺利，传真件是否清晰等。

2）接收方是自动传真机。拿起听筒给接收方打电话，拨通之后会听到同步信号声。这时按下"启动"键即开始发送，接下来的操作同前所述。

自动传真机一般会等电话铃声响过三声以上才会发出同步信号，所以需要多等一会儿。

3）不知对方的传真机是自动还是手动。拿起听筒给接收方打电话，拨通之后如果有人接听则可确认是手动，若直接听到同步信号声，即可确认为是自动传真。

（3）接收传真

1）在机器旁边接听来电，得知对方要发送传真时，按一下"启动"键，即给对方传真信号，对方听到信号声就会发出传真。

2）如果暂时不在，可以把机器设在"自动判断态"，机器会自动判断对方打来的是电话还是发来传真。

①若是电话，机器会播放事先录好的一段话，提请对方留言（如何设置自动判断态和录制提示语，请参考购机附带的说明书）。

②若是发来传真，机器会自动给出信号，接收传真。

二、办公一体机的使用

办公一体机是将传真、复印、扫描、打印四大功能整合在一起的多功能办公产品，办公一体机的电话和传真功能与传真机的使用一样。

1. 复印功能的具体操作

（1）根据按键功能选择复印模式，并选"FINE（清晰）"方式进行。

（2）将文稿放在进稿器上，注意有文字内容的页面朝下。

（3）按下复印键即"COPY"，即可完成复印操作。

2. 扫描功能的具体操作

（1）将电脑与办公一体机进行连接，打开电脑上对应的办公一体机扫描软件。

（2）将扫描的文稿放在进稿器上，注意有文字内容的页面朝下。

（3）按下扫描软件图标即"开始扫描"，即可开始扫描，同时可以看见扫描预览。根据预览扫描图像情况，进行重新扫描，直到满意为止。

3. 打印功能的具体操作

（1）将电脑与办公一体机进行连接，打开电脑上的办公软件。

（2）从软件中打开要打印的 Word 文件。

（3）单击"打印预览"图标。根据打印预览情况，进行页面调整，直到满意为止。

（4）单击"打印"图标，完成打印。

4. 办公一体机的维护、保养及注意事项

（1）办公一体机每次启动时，都需要进行重新预热，如果长期频繁启动一体机的话，就很容易影响一体机内部光学器件的寿命。

（2）纸张正确放置在导纸盒中。一旦纸张在传送过程中出现异常，例如一体机不进纸、多页进纸或者卡纸，不但影响一体机的正常工作，严重的还能损坏一体机内部的纸张传送装置。

（3）避免复印纸张传送出问题。一旦纸张卡在一体机内部时，应该关闭一体机电源，然后小心地将卡住的复印纸从一体机内取出来。

（4）在多功能一体机中保护感光鼓，需要将碳粉盒放在一个干净、平滑的表面上，而且要避免用手触摸感光鼓，因为人手指上的油脂往往会永久地破坏它的表面，并会直接影响输出效果。

（5）定期清洁。一体机是把传真、打印、扫描等功能模块固化在一个整机之内的特殊办公设备，因此一体机对工作环境的要求与扫描仪、传真机以及打印机这些设备是一样的。

第2节　家用电脑操作

 学习目标

➢掌握电脑的开机、关机和日常维护

➢掌握电脑外部输入设备的使用

➢会使用电脑进行文字处理

➢会上网浏览

 知识要求

一、家用电脑的基本知识

　　家用电脑，实际上是一套硬件设备的有机组合。所谓"硬件"，就是看得见、摸得着的电子设备，有主机、显示器、键盘、鼠标、打印机、音箱、游戏杆、调制解调器、扫描仪等。计算机并不是非要配齐这么多的硬件才能工作，一般情况下只要有主机、显示器、键盘、鼠标这四种设备（见图8—1）就可以运行了。主机是计算机的主体，显示器用来显示计算机的工作状态，键盘用来输入字符，鼠标用来指挥计算机做各种事情。其余的硬件可以根据需要选配，打印机用来把显示器屏幕上的文字或图形打印在纸上，音箱用来播放声音，游戏杆用来玩游戏，调制解调器用来上网，扫描仪用来把照片等图形输入计算机。

　　近年来，家用电脑发展得非常快，性能也不断提高。可以用来做以下工作：

1. 文字处理

　　用电脑写字、写信，不但速度快，而且文字修改起来特别省事，等到在屏幕上把文章修改好了，版式编排漂亮了，就可以用打印机打印出来。

2. 上网

　　计算机网络化非常普及，一台计算机只要上了网，就等于打开了一扇通往世界的大门。可以在网上收发信件、读书、看报、购物、聊天、交友、看电影、听音乐、发广告、求职、招聘，还能寻找到所需的各种软件等。

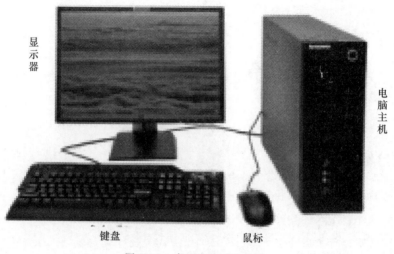

显示器

电脑主机

键盘　　　　　　　鼠标

图 8—1　家用电脑基本构成

3. 收发传真

只要运行一种传真软件，电脑就可以超越传真机的功能。用电脑发传真比使用传真机快。用电脑收传真，可以直接在屏幕上看，也可以打印在纸上，比传真机方便、省纸。

4. 娱乐工具

可用电脑看影碟、听音乐、玩游戏、炒股等。

二、家用电脑使用

1. 开机

（1）电源开关启动。每一种硬件设备上都有一个电源开关。在使用任何一种设备之前，都要打开它的电源，用完之后要及时关闭。主机的电源开关位于机箱的前部，是一个"轻触开关"，即用手指轻轻按一下计算机的电源便会接通。电源接通后等待 1 分钟左右，就能见到显示器屏幕亮了起来，上面有一个图形，这就是通常所讲的"桌面"。桌面上的内容是使用者自己设置的，各有不同。

（2）热启动。主机机箱上有一个热启动键"Reset"。在开机状态下如果按这个键，计算机会马上重新启动，相当于关机再开机。这个键并不常用，一般只在"死机"时才使用。

（3）软启动。这是计算机又一种启动方法。在开机状态下，同时按"Ctrl""Alt""Del"这三个键，计算机就立即重新启动。这个操作也只是在"死机"时使用。

2. 关机

（1）用鼠标单击屏幕左下角的"开始"二字，会弹出一个关机"菜单"（见图 8—2），菜单的最下一行会出现"关闭计算机"几个字，选择后单击。

图 8—2　关机菜单

（2）关闭计算机的"Windows"窗口，窗口里有"待机""关闭""重新启动"三个选项，每行字的上端都有一个图标（见图 8—3），选定任一图标，用鼠标单击，计算机就默认此操作。

（3）计算机机箱上的电源开关只用来开机，不用来关机。如果遇到特殊情况，比如计算机中途"死机"，即无论如何也不听指挥了，不能正常关机，这时只要用手按住机箱上的电源开关不放，经过 5 秒以后，就会听到"咔"的一声，计算机就关闭了。

三、Word 文字处理

Word 是全球通用的文字处理软件，适于制作各种文档，如信函、传真、公文、报刊、书刊和简历等。

图 8—3　关闭计算机窗口

1. Word 的功能

编辑功能、排版功能、表格功能、图形处理功能、页面排版和邮件合并功能、制作网络主页。

2. Word 的基本组成部分（见图 8—4）

水平滚动条的 ▤ ▣ ▤ ▤ 4 个按钮，代表 Word 的显示方式：普通视图、页面视图、Web 版式视图、大纲视图。

3. Word 操作

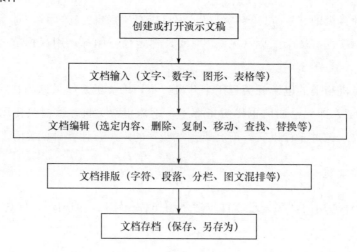

创建或打开演示文稿

文档输入（文字、数字、图形、表格等）

文档编辑（选定内容、删除、复制、移动、查找、替换等）

文档排版（字符、段落、分栏、图文混排等）

文档存档（保存、另存为）

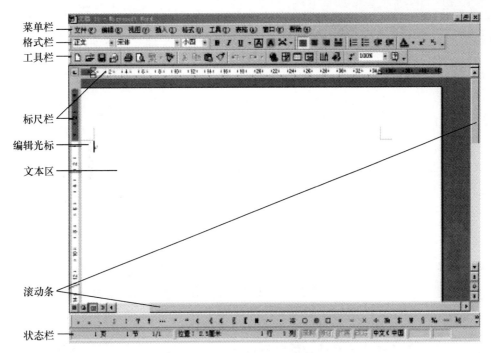

菜单栏
格式栏
工具栏

标尺栏

编辑光标

文本区

滚动条

状态栏

图 8—4 Word 的基本组成部分

(1) 创建文档

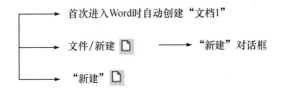

首次进入Word时自动创建"文档1"

文件/新建 → "新建"对话框

"新建"

(2) 打开文档

打开

文件/打开

选择盘符、文件夹、文件名

(3) 输入内容。首先将插入点定位,然后在插入点输入内容。注意:

1) 各行结尾处不要按 Enter 键,一个段落结束时才可以按此键。

2) 对齐文本时不要用空格键,用缩进方式对齐。

3) 中文输入切换按 Ctrl + 空格键,单击输入法来选择用户所使用的输入法。

4) 输入有错时,按 Del 键删除插入点右边的错字,按 BackSpace 键删除插入点左边的错字。

5）漏了内容，可将插入点定位，在插入状态（状态栏的"改写"为暗淡 ）直接输入内容。Word 有两种编辑状态："插入"状态和"改写"状态。按动一下 Insert 键，或者将鼠标的光标移动到此标志上，双击鼠标，可以将标志的现状改为黑色 **改写** ，表示当前为改写状态。

（4）保存文档

1）新文件或复制文件

文件/另存为——→输入文件名

2）以原文件名保存

┌──→ 保存 🖫
│
└──→ 文件/保存

使用"文件/保存"命令。文件第一次保存，弹出"另存为"对话框，如图 8—5 所示。选定需要放置文件的位置，并起一个合适的名字作为文件名。还可以使用工具栏上的快捷按钮🖫。

图 8—5　"另存为"对话框

（5）编辑文档

1）删除文本

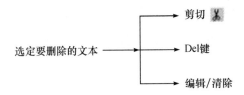

2）移动文本

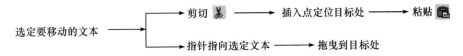

3）复制文本

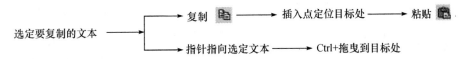

键盘的组合键 Ctrl＋C 键可以实现"复制"操作，Ctrl＋V 键可以实现"粘贴"操作。键盘的组合键 Ctrl＋X 键可以实现"剪切"操作，Ctrl＋V 键可以实现"粘贴"操作。

注意：编辑文本也可以用"编辑""复制""粘贴"命令实现。

4）撤销和重复

撤销：对刚做的工作不满意，按撤销 键恢复到先前的状态。

重复：再次改变主意，按重复 键恢复到撤销前的状态。

5）格式复制

将已有的文本的格式复制到另一个文本。

插入点定位在已有格式文本处 ⟶ 格式刷 ⟶ 鼠标指向要格式复制的文本首拖曳到文本末

注意：单击格式刷，一次复制格式；双击格式刷，多次复制格式。

（6）段落格式排版

段落：多个文本、图形、表格、对象等。

排版：整个段落的外观，有缩进、对齐、行间距、段间距等。

1）段落标记符

标示段落的结束，也存储了该段落的格式。

2）文本的对齐

对齐方式：两端对齐、左对齐、居中、右对齐、分散对齐。

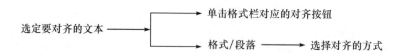

3）文本的缩进

缩进方式：首行缩进、整段缩进、悬挂式缩进、右缩进。

（7）打印

使用"文件/打印预览"命令，或单击工具栏上的 ⬚ 按钮先进行预览，然后使用"文件/打印"命令，或单击工具栏上的 ⬚ 按钮，在对话框中设置。

四、上网

如今计算机网络化非常普及，人们对网络的依赖程度越来越高。现简单介绍上网的操作步骤：

1. 连接计算机电源，按下计算机的开机按钮，计算机启动并进入系统。

2. 如果计算机网络是光纤接入或者其他直接获取 IP 地址的上网方式，进入系统之后即可上网。如果是虚拟拨号的方式，则单击宽带连接的虚拟拨号按钮，在界面中输入用户名和密码，单击"连接"，连接成功之后即可上网。

3. 双击桌面的浏览器（Internet Explorer）图标 e ，打开浏览器，并输入网站地址，例如新浪网（http://www.sina.com.cn/），敲击回车，即可开始网上冲浪。

4. 网页上的大多数元素都是超链接，可以通过单击相应的超链接打开新的页面或者浏览自己感兴趣的内容。

五、电脑的日常维护

计算机是精密的电子设备，需要精心维护才能保证它的正常工作。要注意不能频繁开关计算机，以免损害主机系统。

计算机的一些部件怕灰尘，如光盘驱动器、键盘、鼠标等，因此有必要给计算机创造一个清洁的环境。擦拭计算机时，应该用潮湿但不滴水的软布来擦拭。千万不要使用酒精、汽油等有机溶剂，也尽量不用毛掸，避免扬尘。计算机关闭期间最好用厚些的布料遮盖起来。

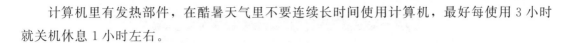

家庭常用办公及音像设备使用

计算机里有发热部件，在酷暑天气里不要连续长时间使用计算机，最好每使用 3 小时就关机休息 1 小时左右。

六、电脑的保养

定期开机，特别是潮湿的季节里，否则机箱受潮会导致短路，经常用的电脑反而不容易损坏。但如果房屋周围没有避雷针，在打雷时不要开电脑，并且要将所有的插头拔下。

夏天时注意散热，避免在没有空调的房间里长时间使用电脑，冬天注意防冻。

电脑长时间不用时，要用透气而又遮盖性强的布将显示器、机箱、键盘盖起来，防止灰尘进入电脑。

尽量不要频繁开关机，暂时不用时，干脆用屏幕保护或休眠。电脑在使用时不要搬动机箱，不要让电脑受到震动，也不要在开机状态下带电拔插所有的硬件设备，使用 USB 设备除外。

使用带过载保护和三个插脚的电源插座，能有效减少静电。若手感到静电，只要让机箱金属物体同大地接触就可避免。

显示器周围不要放置音箱，会有磁干扰。显示器在使用过程中的亮度，以眼睛舒适为佳。

遵循严格的开关机顺序，应先开外设备，如显示器、音箱、打印机、扫描仪等，最后再开机箱电源。反之，关机则应先关闭机箱电源（目前大多数电脑的系统都是能自动关闭机箱电源的）。

 **技能要求**

网上查询购物信息

操作步骤

步骤 1　开机

连接计算机电源，按下计算机的开机按钮，计算机启动并进入系统。

步骤 2　上网

方式一：如果网络是光纤接入或者其他直接获取 IP 地址的上网方式，进入系统之后即可上网。方式二：如果是虚拟拨号的方式，则单击宽带连接的虚拟拨号按钮，出现"宽带连接"（见图 8—6）的界面，在界面中输入用户名和密码，单击"连接"，连接成功之后即可上网。

步骤 3　寻找购物网站

图 8—6　宽带连接的虚拟拨号界面

双击桌面的浏览器（Internet Explorer）图标 ，打开浏览器，并输入网上购物网站的网址，例如易迅网（http://www.51buy.com/），敲击回车，呈现目标网站首页，如图8—7所示。

图 8—7　目标网站首页

步骤 4　搜索

将鼠标移动到搜索框（搜索按钮左侧），输入购物搜索关键字，例如"蓝牙耳机"，单击"搜索"按钮，出现如图8—8所示的购物搜索信息。

步骤 5　筛选

设置搜索条件（价格、品牌等），开始搜索，如图8—9所示。

可以根据要求设置品牌、佩戴方式、产品类别等条件作为搜索条件，对产品进行筛

家庭常用办公及音像设备使用

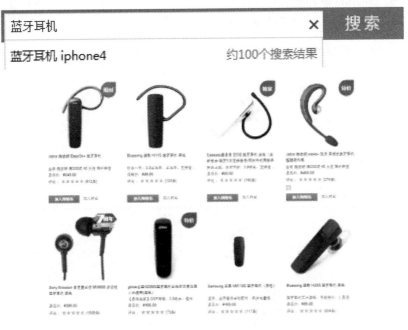

图 8—8 搜索购物信息

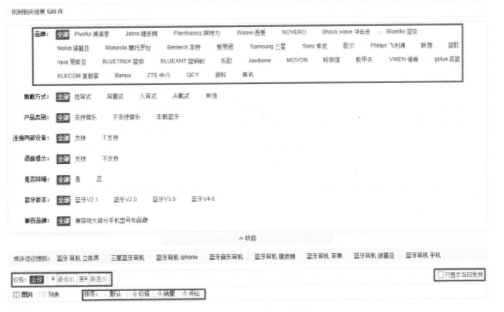

图 8—9 设置搜索条件

267

选。同时，可以输入价格区间或者排序方式对产品进行排序。例如，选择品牌"缤特力"，价格区间"200～800"元，按"销量"排序，筛选结果如图8—10所示。

图8—10　筛选结果显示

步骤6　查看具体信息。

选中目标产品并单击该产品名称，即可进入产品专属界面（见图8—11），查看具体信息。

步骤7　保存信息

单击"另存为"，![另存为(A)] 按钮，在保存文档副本中选择 Word 文件，如图8—12所示。

单击后，出现一个"另存为"对话框（见图8—13），在保存位置栏中选择对应的保存位置（如 D 盘），在文件名一栏中输入文件名"蓝牙耳机"，单击"保存"，即完成目标购物信息的保存。

图8—11　产品专属界面

图8—12　"另存为"界面

网上查询交通信息

操作步骤

步骤1　开机，上网。

操作步骤与"网上查询购物信息"相同。

步骤2　寻找目标网站。

双击桌面的浏览器（Internet Explorer）图标 ，打开浏览器，并输入交通信息查询

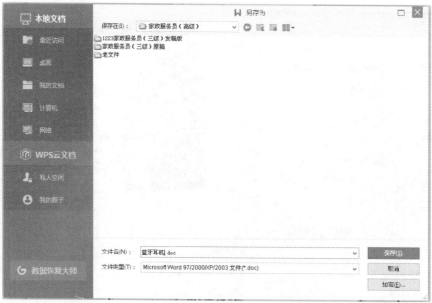

图 8—13　保存界面

网站的网址，例如丁丁网（http://www.ddmap.com/），敲击回车，呈现页面如图 8—14 所示。其中选择地区：上海。

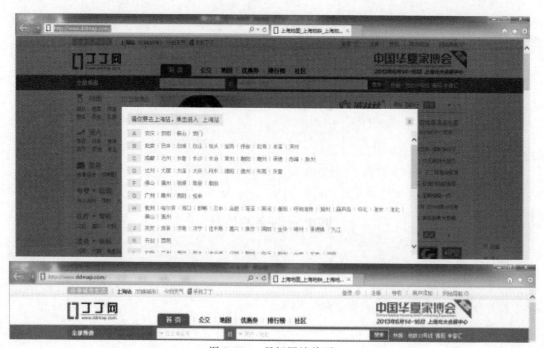

图 8—14　目标网站首页

步骤 3　输入出发地和目标地。

将页面往下拉，找到"公交换乘"查询界面，然后输入"起点""终点"，例如"上海信息技术学校"到"人民广场"，单击"查询"按钮。查询结果如图 8—15 所示。

图 8—15　查询结果显示

步骤 4　筛选搜索结果。

可以选择"交通工具类型""选径方式"等内容进行筛选。例如，选择换乘方式"公交换乘查询"，选径方式"地铁优先"。筛选情况如图 8—16 所示。

步骤 5　保存信息。

完成信息搜索后，将相关信息保存到 Word 文档中，并将 Word 文档保存到对应的位置（如 U 盘）。方法同前。

网上查询机票、航班信息

操作步骤

步骤 1　开机，上网。

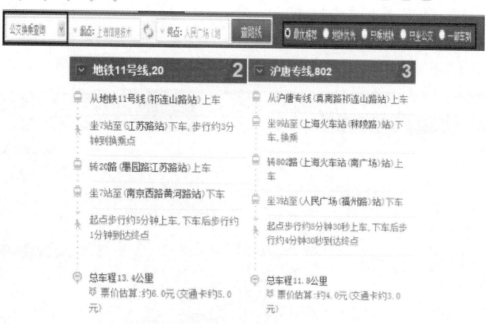

图 8—16　筛选情况显示

操作步骤与"网上查询购物信息"相同。

步骤 2　寻找目标网站。

双击桌面的浏览器（Internet Explorer）图标 ，打开浏览器，并输入机票信息查询网站的网址，例如去哪儿网（http://www.qunar.com/），敲击回车，呈现页面如图 8—17 所示。

图 8—17　目标网站首页

步骤3 搜索目标机票。

将鼠标移动到机票选项（页面左侧），选择机票类别：单程、往返、特价，然后输入出发城市、到达城市以及日期，例如"单程""上海"到"天津"、2013 年 6 月 24 日，单击搜索按钮，查询结果如图 8—18 所示。

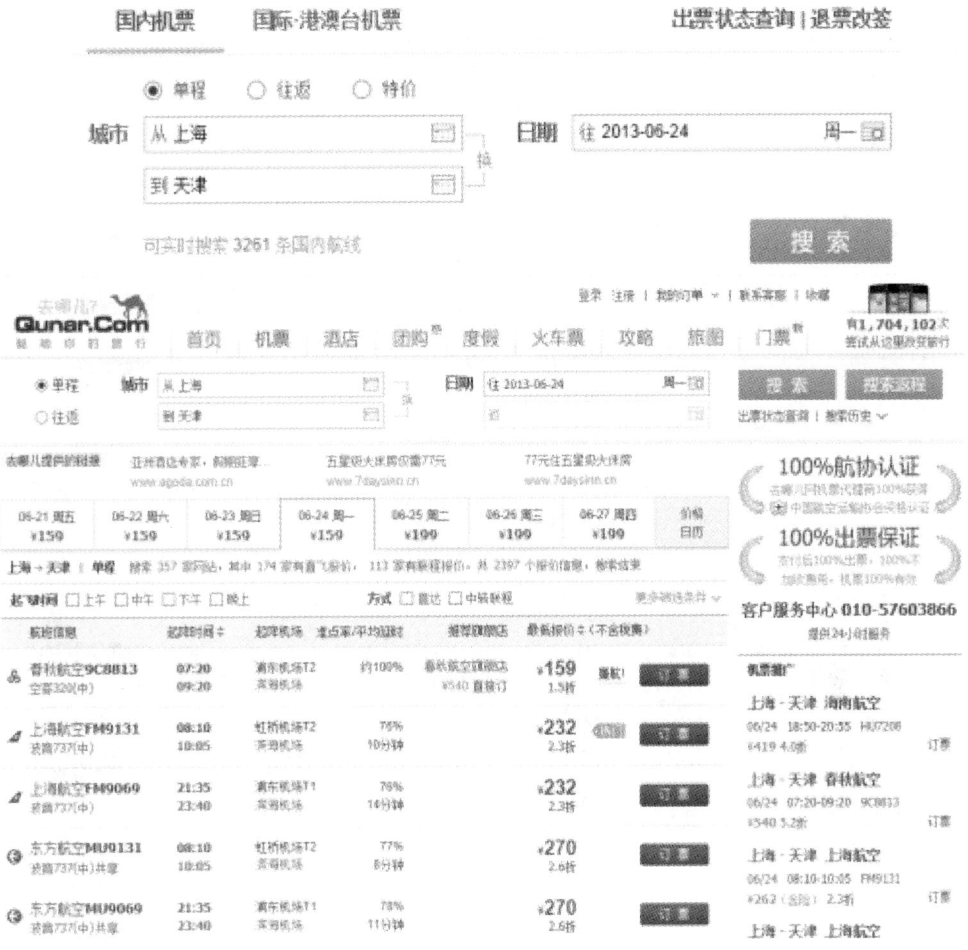

图 8—18 查询结果显示

步骤4 筛选搜索结果。

可以根据"起飞时间""起降机场"等筛选条件对机票产品进行筛选。例如，选择起飞时间"下午"，起降机场"虹桥机场"，筛选情况如图 8—19 所示。

步骤5 查看目标航班信息。

选择目标航班，单击"订票"即可查看具体信息（如图 8—20 所示）。具体信息包含

价格日历							
06-21 周五 ¥159	06-22 周六 ¥159	06-23 周日 ¥159	06-24 周一 ¥159	06-25 周二 ¥199	06-26 周三 ¥199	06-27 周四 ¥199	

上海 → 天津 ｜ 单程 　 搜索 357 家网站，其中 174 家为直飞报价，共 2397 个综合信息，搜索结束。　收起 ∧

起飞时间 □上午 □下午 □晚上　　方式 □直达 □中转联程　机型 □中型机 □小机机

□虹桥机场 □浦东机场

□航空公司 □吉祥航空 □东方航空 □上海航空 □深圳航空 □海南航空 □山东航空

上海 → 天津 ｜ 单程 　 搜索 357 家网站，其中 174 家为直飞报价，共 2397 个综合信息，搜索结束。　收起 ∧

起飞时间 □上午 □下午 ☑晚上　　方式 □直达 □中转联程　机型 □中型机 □小机机

起降机场 ☑虹桥机场 □浦东机场

航空公司 □吉祥航空 □东方航空 □上海航空 □深圳航空 □海南航空 □山东航空

航班信息	起降时间 ⇕	起降机场 ⇕	准点率/平均延时	推荐机票价 ⇕（不含税费）	订票
上海航空FM9129 波音737(中)	14:10 16:10	虹桥机场T2 滨海机场	49% 29分钟	¥284 2.8折	订票 黑铁点
上海航空FM9063 波音737(中)	16:00 18:00	虹桥机场T2 滨海机场	91% 8分钟	¥284 2.8折	订票
东方航空MU9129(共享) 波音737(中)	14:10 16:10	虹桥机场T2 滨海机场	低于60% 24分钟	¥330 3.2折	订票
东方航空MU9063(共享) 波音737(中)	16:00 18:00	虹桥机场T2 滨海机场	94% 小于5分钟	¥330 3.2折	订票

图 8—19　筛选情况显示

航班信息	起降时间 ⇕	起降机场 ⇕	准点率/平均延时	推荐机票价 ⇕	最低报价 ⇕（不含税费）	订票
上海航空FM9129 波音737(中)	14:10 16:10	虹桥机场T2 滨海机场	49% 29分钟	49% 29分钟	¥286 2.8折	订票 黑铁点

飞行2小时10分钟 ｜ 机型经济舱：¥50 / ¥110 ｜ 无餐食 ｜ 有行李直挂 ｜ 近期历价走势：小幅下跌

全部报价▼（共286起）　头等商务舱▼（共795起）

						最低报价 ⇕	
⑤ 同凡旅行网 ★★★★★	来自1212位用户			退改签	租伴通	¥286·20积抵 ¥301	预订 预订含税
⑤ 浪遊行西旅网 ★★★★★	来自2276位用户			退改签	租伴通 7×24服务	¥795·20积抵 ¥810	预订 预订含税
⑤ 比比西旅行网 ★★★★★	来自53位用户			退改签	租伴通	¥289·20积抵 ¥304	预订 预订含税
⑤ 同光机更网 ★★★★★	来自215位用户			退改签	租伴通	¥300·20积抵 ¥315	预订 预订含税
⑤ 浪遊行西旅网 ★★★★★	来自2276位用户			退改签	租伴通 7×24服务	¥301·20积抵 ¥316	预订 预订含税
⑤ 票课天下 ★★★★★	来自2022位用户			退改签	租伴通	¥302·20积抵 ¥317	预订 预订含税

图 8—20　订票的具体信息

订票网站、退改签信息、价格预算等内容。

步骤 6　保存信息。

完成信息搜索，将相关信息保存到 Word 文档中，并将 Word 文档保存到对应的位置（如 U 盘）。方法同前。

收发 e-mail

操作步骤

步骤 1　开机，上网。

操作步骤与"网上查询购物信息"相同。

步骤 2　进入目标网站。

双击桌面的浏览器（Internet Explorer）图标 ，打开浏览器，并输入目标邮箱的网站网址，例如 QQ 邮箱（https://mail.qq.com/），敲击回车，呈现页面如图 8—21 所示。

图 8—21　目标邮箱首页

注：如果没有邮箱，可以单击登录按钮下方的"立即注册"来进行邮箱的注册，此处不作赘述。

步骤 3　登录邮箱。

输入用户名和密码，单击登录按钮，进入邮箱的主界面，如图 8—22 所示。可以在页面左侧选择写信、收信、联系人进行写信操作、收信操作和联系人查看操作。在下方有收件箱、草稿箱、已发送等基本邮件文件夹。

图 8—22　进入邮箱后的主界面

步骤 4　写邮件。

单击页面左侧写信按钮，进入写信界面，如图 8—23 所示。

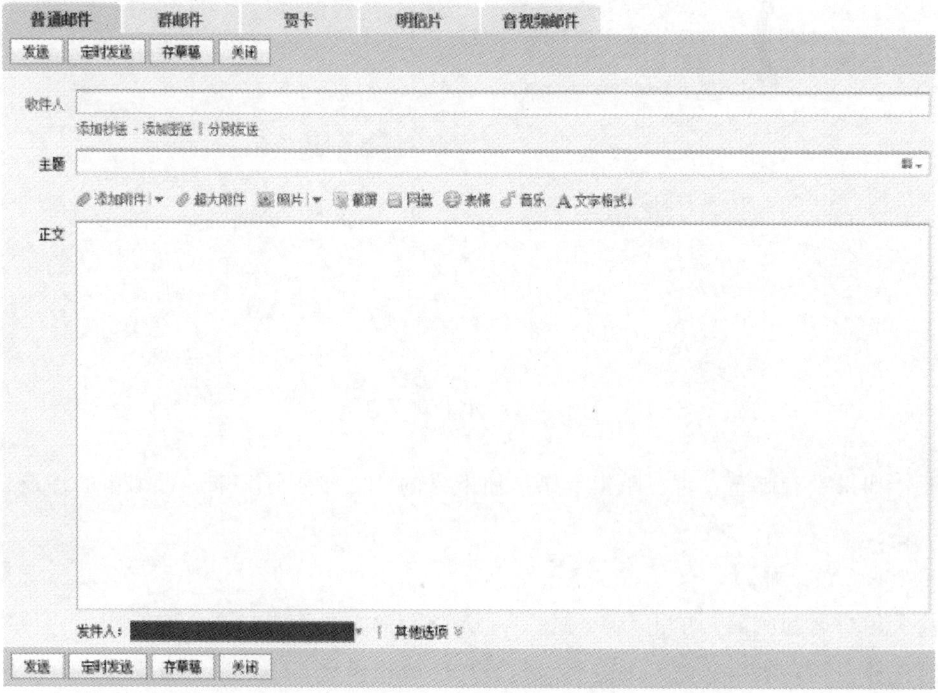

图 8—23　写信界面

在写信界面上方可以选择发送普通邮件、群邮件、贺卡、明信片、音视频邮件等（不同的邮件服务提供商提供不同的邮件服务）。

步骤 5　发送邮件。

在"收件人"界面中输入收件人的邮箱地址，在"主题"中填入此封邮件的主题，在"正文"中写入正文，也可以通过添加附件形式将 Word 文件进行发送。同时，可以单击文字格式对文字的相关格式进行设置，如图 8—24 所示。

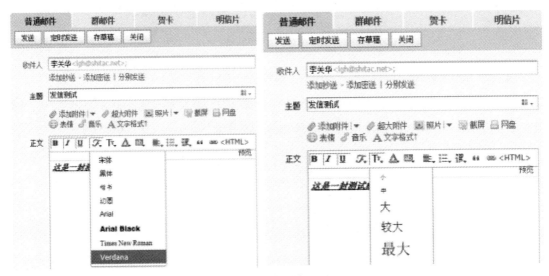

图 8—24　字体设置界面

在完成了邮件内容的编写和格式设置之后，单击页面下方的发送按钮，则系统会给出"发送成功"提示，如图 8—25 所示。

图 8—25　发送完成后的界面显示

步骤 6　收信操作。

单击页面左侧收信按钮，邮件系统将会尝试从服务器端收取邮件，如图 8—26 所示。

邮件收取成功之后，可以在收件箱中查看到从服务器端成功收取的邮件。

图 8—26　收信界面

步骤 7　查看邮件内容。

直接单击邮件内容标题，将会跳转至新的页面用于呈现邮件的主要内容。在这个页面中，可以进行"转发""删除"等操作，如图 8—27 所示。

图 8—27　显示邮件内容

步骤 8　保存邮件。

完成邮件的接收操作后，可将需保存邮件内容保存到相应的位置。例，单击图 8—28 所示的"保存"按钮，在页面左侧选择保存位置，在文件名一栏中输入文件名"收发邮件"，单击"保存"，即完成接收邮件的保存。

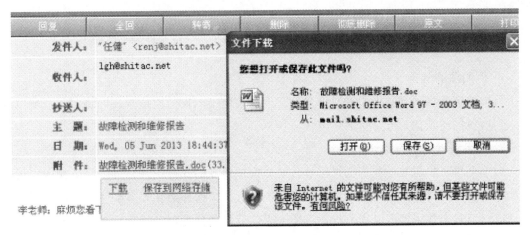

图 8—28　附件的保存

第 3 节　家庭常用音像设备的使用和保养

学习单元 1　电视机机顶盒的使用和保养

学习目标

➤ 了解电视机机顶盒的功能和保养知识

➤ 掌握电视机机顶盒的正确使用方法

 知识要求

一、数字电视机顶盒

1. 机顶盒的分类

目前的家庭机顶盒有模拟和数字之分，但是，由于电视的模拟制式即将淘汰，所以现在人们所说的机顶盒一般是指数字电视机顶盒。

2. 数字机顶盒的应用

数字电视机顶盒是将数字电视信号转换成模拟信号的变换设备，可以给电视用户提供高质量的电视节目。数字机顶盒可以支持几乎所有的广播和交互式多媒体应用，包括收看普通电视节目、数字加密电视节目，点播多媒体节目和信息，电子节目指南（EP克），收发电子邮件，以及互联网浏览、网上购物、远程教育等，需要的条件是双向 CATV 网。

数字电视智能卡记录了数字电视用户的各种服务信息，机顶盒只有插上合法的智能卡后才能完成数字电视信号的授权接收和解码还原。目前有线数字电视通常采用机卡配对的方式，即每台机顶盒对应一张智能卡进行授权管理。智能卡需具有高度的安全性，以确保授权用户的安全访问和享受数字电视服务。但一般情况需要缴费才能收看。

二、机顶盒的维护和保养

目前家庭中常见的机顶盒如图 8—29 所示，其维护和保养如下：

图 8—29　机顶盒

1. 为了防止触电，不要自行打开机顶盒机盖。

2. 散热口上不可塞入任何异物或者粘贴贴纸，以免造成机顶盒无法散热。

3. 不要放在过热、潮湿、尘埃易堵塞风孔的环境中，避免接近强磁场和强电场环境。

4. 清洗机顶盒时，要用干净的干布，不要使用清洁液擦拭。

5. 机顶盒上不能放置花、盒子、瓶子等物品。

6. 在雷雨期间或长期不用机顶盒时，拔下电源插头。

7. 避免剧烈震荡和碰撞。

8. 遥控器操作不灵敏时，检查电池。

9. 遇到任何异常情况，拔掉电源。

 学习单元 2 数码照相机的使用和保养

 学习目标

➤了解数码照相机的功能

➤掌握数码照相机的使用

 知识要求

一、数码照相机简介

数码照相机和传统照相机在光学原理上没有区别，有所区别的是成像光敏介质不同。传统相机使用的是感光化学介质（胶卷），数码相机采用 CCD 或 CMOS 作光敏介质。数码相机拍摄的图像可以直接输入到计算机中，拍摄时可以随时看到拍摄效果，从而比传统相机拥有节约成本、减少误拍等多项优势。

二、数码照相机的使用

潮气、沙尘、灰尘会通过机身的缝隙进入机内，侵蚀机内器件与光学镜头。相机要避免剧烈震动和撞击，这样会损坏相机部件。雨天使用后，机身上的水渍、污渍要及时擦去，并进行干燥处理。镜头要用镜头纸或麂皮擦干净，机身也要用柔软的绒布擦净。携带照相机应将照相机放入包内，要及时对照相机采取防尘措施。拍摄结束后，应及时对照相机进行去尘处理。

照相机与其他设备连接使用时，应在关闭电源的情况下进行连接。

相机镜头要避免太阳光的直接照射，强烈光线会通过相机的光学透镜在 CCD 靶面上

聚成一点，而巨大的能量会烧毁 CCD 器件。

三、数码照相机的保养

1．做好清洁工作

储藏前要做好机身和镜头的清洁工作。清洁机身时应使用柔软的绒布轻轻地擦，不能用酒精、汽油和其他溶剂，否则会使外壳变形、表面受损，机身上的字迹被擦去。

2．检查机身附件

照相机长期使用后，机身上的部分紧固螺钉会出现松动。所以在储藏前要检查一下机身上的螺钉，如发现有螺钉松动现象要及时紧固。发现紧固螺钉丢失要及时补上，这样有助于相机保持最佳状态。

3．可充电电池保存

储藏前，照相机中的可充电电池一定要取出，充足电后妥善保存。

4．存放在干燥通风处

照相机宜放在干燥通风处储藏，不要放在有强烈日照的地方，或与衣服等易受潮物品放在一起。要远离各种化学药水和物品。如果长期储藏，还需要在做干燥处理后，放入有干燥剂的干燥箱内。

四、存储卡的维护要点

存储卡是数码照相机较贵的附件，必须精心保护，否则将导致存储卡上存有的信息丢失，甚至于损坏存储卡。存储卡的维护要注意以下几点：

（1）存储卡要避免重压，不要弯曲存储卡，避免存储卡掉落和受撞击。不将存储卡置于高温和直射阳光下或潮湿严重的地方。存储卡要远离静电与磁场，存放于防静电盒中。

（2）不随意拆卸存储卡，避免触及存储卡而使它受到损害。存储卡要远离液体和腐蚀性的材料。将存储卡装入数码照相机或从数码照相机内取出时，要在关闭电源的情况下进行。当存储卡正在工作时（如写入拍摄信息、删除影像文件、读取播放已拍摄的影像等），不要试图从数码照相机中取出存储卡。

（3）除了装入或取出存储卡时要将数码照相机的存储卡仓盖打开之外，平时存储卡仓盖应始终关闭。装入存储卡后要保证存储卡仓盖盖好，否则数码照相机无法与存储卡交换信息。已拍摄存储在存储卡上的信息要及时下载到计算机进行备份，以防不测。

（4）在数码照相机上装入存储卡时，一定要注意存储卡装入卡仓的方向，小心插入，绝不能漫不经心地乱插，而导致卡仓和存储卡损坏。

学习单元3 数码摄像机的使用和保养

 学习目标

➤了解数码摄像机的功能

➤掌握数码摄像机的正确使用方法

 知识要求

一、家用数码摄像机介绍

目前，家用摄像机中，8毫米格式和DV格式为主流机种。8毫米摄像机作为一种独立的格式，与其他格式的摄、录像机不兼容，8毫米摄像机拍摄的磁带也不能直接在VHS录像机上使用。现在最受青睐的是DV格式机（家用数码摄像机）。

二、家用摄像机的使用

1. 注意摄像机的工作环境

摄像机不要在恶劣的天气条件下进行拍摄，雨水、潮湿、雾气和有害气体会侵蚀摄像机。剧烈震动也会对摄像机的正常使用带来影响，严重的甚至会损坏摄像机部件。同时，灰尘对摄像机也是十分有害的，它会污染机芯、磁鼓镜头和电路板。因此，防潮、防尘、避震是摄像机使用过程中必须重视的问题。

2. 摄像机在携带和使用中要注意防震

剧烈的震动和外力的撞击都会使摄像机的机件受损变形。为防止意外情况的发生，携带时摄像机应放入带有防震垫的箱包内。长时间携带时应取出机内的电池板和录像磁带，防止摄像机机身与电池之间的相互碰撞，或者由于机内录像磁带被震松逸出而造成摄像时的轧带故障。

3. 摄像机工作时不要随意切断电源

摄像机在运行过程中，特别是在穿带、退带时不能突然切断电源，因为摄像机的所有功能，包括机械部分的动作都是由微计算机控制的，在摄像机工作途中切断电源后再接通电源，很可能会造成控制中断、动作混乱，损坏录像磁带并使得机械传动器件产生错位而不能使用。

4. 摄像机的暂停时间不要过长

摄像机处于摄像或放像的暂停状态时，机内的磁带停止运行，但录像磁鼓还在高速运转，磁鼓与磁带也保持相对的接触。磁带与磁鼓的接触摩擦会损伤磁带。此外，由于磁带上磁粉脱落而污染磁鼓、堵塞磁头缝隙，影响摄像机的正常工作，甚至会损坏磁头。

5. 摄像机和其他设备的连接要正确

与其他视频设备相连接时，要尽可能在关闭电源的情况下进行设备之间的线路连接。

6. 要避免强烈阳光射入镜头

摄像机镜头要避免遭受太阳光的直接照射，也要避免其他强烈光源的照射，因为强烈光源会经过摄像机的光学透镜在摄像器件靶面上聚成一点，而巨大的能量会烧毁摄像器件的靶面。

7. 定期清洁磁鼓和走带系统

摄像机的视频磁头、音控磁头以及走带系统长期同磁带接触摩擦，不可避免地会沾上污垢。为确保摄像机的正常工作，就要定期做好清洁工作。

三、摄像机的保养

摄像机较长时间不使用时，要做好保养工作。

1. 将磁带和电池从摄像机内取出

录像带只要一装入摄像机，磁带就会被牵带系统引出，摄像机的录像部分就处在准工作状态。储藏前不取出磁带，时间一久，被牵引出来的磁带就会出现松动，甚至于脱离牵引机构，在下次使用时就会造成轧带故障，不仅损伤磁带，甚至会打坏视频磁头和传动机构。

电池板长期滞留在机内将会造成下列影响：电池在不使用时也会缓慢放电，也会通过摄像机部分电路小电流放电；储藏中不小心也可能会触动电源开关，无谓浪费电能；电池板一旦放电过度就会出现坏死现象，不能充电。为确保摄像机的性能完好，一定要在储藏前取出电池板，并对电池板充电后另外保存。

2. 做好机身的清洁工作

储藏前要擦净沾在摄像机机身上的灰尘和油污。清洁机身时应使用柔软的绒布轻轻地擦，不能用酒精、汽油和其他溶剂，否则会使摄像机的外壳变形、表面受损，机身上的字迹被擦去。

3. 检查机身的紧固螺钉

摄像机长期使用后，机身上的部分紧固螺钉会出现松动。所以在储藏前要检查一下机身上的螺钉，如发现有螺钉松动现象要及时紧固，发现紧固螺钉丢失要及时补上。

4. 摄像机应存放在干燥通风处

摄像机储藏时宜放在干燥通风处。不要放在有强烈日照的地方，更不能放在油烟、湿气重的地方。摄像机要远离各种化学药水和物品。

 学习单元4　家庭影院

 学习目标

➤了解家庭影院控制系统的构成
➤掌握家庭影院各部分的功能及设备的使用方法

 知识要求

AV即音视频。常见家庭AV系统主要由三部分组成：话筒、视盘播放机；扬声器与功放、电视终端；AV控制器（见图8—30）。

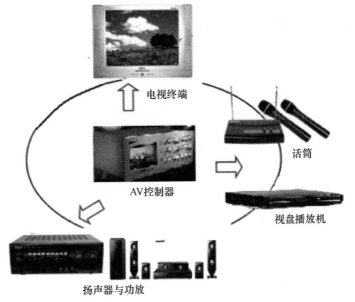

图8—30　家庭AV系统构成

一、话筒的使用及注意事项

话筒又称麦克风，是一种将声音信号变成对应电信号的电声器件。在卡拉 OK 演唱中，话筒是很重要的器材，选择与使用的正确与否，将直接影响演唱效果。

演唱时嘴与话筒应保持一个恰当的距离。距离太远，话筒输出信号低，歌声轻微，其细节难以表现，缺乏亲切实在的感觉；距离太近，低音容易失控，造成声音模糊不清，容易引起过载失真。一般来说，声源与话筒的距离可在 1～20 厘米范围内调节，可根据不同的人和演唱风格调整到最佳距离。

使用指向性强的话筒，嘴对准话筒中轴线时，信号最强；与中轴线有一定夹角时，高音则损失一些。一般控制在 ±30° 内效果较好。

为防止演唱中发出破音，可在话筒外罩一层海绵。为抑制过分齿音，可稍增大距离或偏离话筒中轴线。

话筒是精密器材，强烈震动将损坏话筒及其他设备，所以要轻拿轻放，不要用吹气和敲打话筒来试音。

话筒在使用时，要远离墙壁等硬性反射面。更不要直对音响，以防声反馈而啸叫。演唱结束后，要随手关闭话筒开关。

二、视盘播放机的维护与保养

1. 要注意防潮、防尘、防高温、防光直照。
2. 不要忽冷忽热。
3. 长时间不用时要拔掉电源插头。
4. 要将其放置于稳固处，避免震荡。

三、电视终端

电视机是家庭影院"AV"控制系统中最终显示图像的设备，其功能主要是用来接收并显示彩色电视图像，重放伴音，显示各种视频源的图像。

为了更好地显示视频源图像，一般电视机都设有"AV"音视频信号输入端子，更高档的另加了"S"端子，甚至是"Y""U""V"分量端子。

1. 电视机的正确使用

（1）彩电应远离磁性物体，如收录机、音箱等，否则将影响色纯，造成色调失真或形成色斑。

（2）不要频繁地开关电视机，否则将影响显像管的使用寿命。

（3）亮度、对比度和色饱和度不要调得过量。

（4）电视机在通电时不能移动位置，更不能震动，否则极易损坏显像管。

（5）不要采用拔电源插头的方法来关闭电视机。

2．维护和保养

（1）电视机应远离热源，放在通风干燥处。

（2）不要放在阳光直射、烟尘飞扬的地方。

（3）要定期检查电源插头与插座之间的接触是否良好。接触不良，要及时修复。

（4）荧光屏若有灰尘，要在未开机时用软湿布轻轻地擦拭后，再用干布擦净。

四、扬声器系统

家庭扬声器系统一般为5.1声道，即包括两只主音箱、两只环绕声音箱、一只中置音箱和一只超重低音音箱，共六只音箱构成一套音箱系统。

1．音箱的摆放要求

一般的原则是：两只主音箱对称摆放在电视机两侧，它们的中间距离应在2米左右；一只中置音箱放置在电视机下方或上方；两只环绕音箱摆放在视听位置偏后一点的两侧，角度应在试听时调整。这些音箱的高度最好与视听者头部相当。另一只超重低音音箱的摆位比较灵活，可以放置在不影响整体布局的任何位置。音箱的连线要采用专用音箱线，还应注意相位极性不能接错，以取得较好的音效。

2．使用时的注意事项

（1）音箱底部不能直接接触地面，也不要紧靠墙角，否则会使低音不自然地增强很多，甚至引起"轰鸣"声。

（2）音箱不要置于中空的箱体上或封闭的框架内，以免引起共振，形成噪声。

（3）使用中，不要突然给音箱加大音量，或带电倒换音箱连线。

（4）要注意防潮、防高温、防虫咬、防外力撞击。

五、家庭AV控制系统的维护与保养

（1）因AV控制系统功能很多，使用前一定要认真阅读说明书，了解其特点，做到心中有数。

（2）功率输出端在开机时严禁短路，不能使之与机壳相碰。

（3）不要频繁开、关机。

（4）应注意防潮、防尘、防高温。

测　试　题

一、判断题（下列判断正确的请打"√"，错误的打"×"）

1. 收发传真需要两个条件：收发双方均须配备传真机，收发双方必须能够通电话。

（　　）

2. 办公一体机是将传真、复印、扫描、打印四大功能整合在一起的多功能办公产品。

（　　）

3. 近年来家用电脑发展得非常快，性能不断提高，价格不断上升，所以拥有家用电脑的家庭越来越少。 （　　）

4. 电脑在日常使用时要注意不能频繁开、关机。 （　　）

5. 照相机储藏时宜放在干燥通风处，不要放在有强烈日照的地方，如果长期储藏，还需要做干燥处理后，放入有干燥剂的干燥箱内。 （　　）

6. 存储卡是数码照相机上较贵的附件，必须精心保护，否则将导致存储卡上存有的信息丢失，甚至于损坏存储卡。 （　　）

7. 电视机机顶盒的散热口上不可塞入任何异物或者粘贴纸，以保证机顶盒散热通畅。

（　　）

8. 话筒在使用时，要远离墙壁等硬性反射面。更不要直对音响，以防声反馈而啸叫。演唱结束后，要随手关闭话筒开关。 （　　）

9. 收发电子邮件，又叫收发"e-mail"，是传统的邮政邮件的革新，是当今最方便、快捷的信息传递方式之一。 （　　）

10. 鼠标与键盘都是计算机的重要输入设备，通常用来指挥计算机运行某个功能。

（　　）

二、单项选择题（下列每题的选项中，只有1个是正确的，请将其代号填在括号中）

1. 电视机在通电时不能移动位置，更不能震动，否则极易损坏（　　）。

　　A. 显像管　　　　　B. 元器件　　　　　C. 外壳　　　　　D. 喇叭

2. 擦拭计算机时，应该用（　　）来擦拭。

　　A. 潮湿但不滴水的软布　　　　　　B. 酒精

　　C. 香蕉水　　　　　　　　　　　　D. 汽油

3. 暂时不在时，可以把机器设在（　　），机器会自动判断对方打来的是电话还是发来传真。

　　A. 自动判断态　　B. 手动判断态　　C. 半自动判断态　D. 人为判断态

4. 办公一体机是将传真、复印、扫描和（　　）四大功能整合在一起的多功能办公产品。

　　A. 电话　　　　　　B. 打印　　　　　　C. 打字　　　　　　D. 通信

5. 家庭 AV 系统一般为5.1声道，即包括两只主音箱、两只环绕声音箱、一只中置音箱和一只超重低音音箱，共（　　）只音箱构成一套音箱系统。

　　A. 4　　　　　　　B. 6　　　　　　　C. 8　　　　　　　D. 10

6. 电脑关机，使用关机操作程序，选择（　　）。

　　A. 关闭计算机　　　　　　　　　　B. 重新启动计算机

　　C. 长按住开机键　　　　　　　　　D. 按 Reset 键

7. 计算机网络化是时代的产物，计算机只要上了网，就等于打开了一扇通往（　　）的大门。

　　A. 世界　　　　　　B. 知识　　　　　　C. 企业　　　　　　D. 学校

8. 电视机使用（　　）后，应请专业人员打开后盖，彻底除尘一次。

　　A. 1年　　　　　　B. 3～4年　　　　　C. 8年　　　　　　D. 10年以上

9. 在 Word 文档中，当所输入的文字错误时，如果光标在文字前方，需要删除则应敲（　　）键。

　　A. Delete　　　　　B. ←　　　　　　　C. →　　　　　　　D. Enter

10. 要直接打开某个文件，只需用鼠标（　　）即可。

　　A. 双击　　　　　　B. 单击　　　　　　C. 按住不放　　　　D. 拖曳

三、多项选择题（下列每题的选项中，至少有2个是正确的，请将其代号填在括号中）

1. 在家用电脑中，常用的输入设备有（　　）。

　　A. 鼠标　　　　　　B. 键盘　　　　　　C. 光驱　　　　　　D. 显示器

　　E. 网卡

2. 家用摄像机使用前的准备包括（　　）。

　　A. 对电池充电　　　　　　　　　　B. 设定日期和时间等

　　C. 准备好磁盘或存储卡　　　　　　D. 仪表测量

　　E. 电脑

3. 彩电平时使用中应远离磁性物体，如（　　）。

　　A. 收录机　　　　　B. 音箱　　　　　　C. 磁铁　　　　　　D. 不锈钢

　　E. 陶瓷

4. 传真机发送传真时，可分别将（　　）插入传真机，并将要发送的内容朝向传真机的扫描灯。

    A. 文件的原件   B. 一张白纸   C. 文件的复印件 D. 电子文件

    E. Word 文件

5. 常见的电脑开机方式有（   ）。

    A. 电源开关启动   B. 冷启动   C. 软启动   D. 热启动

测试题答案

一、判断题

1. √   2. √   3. ×   4. √   5. √   6. √   7. √   8. √   9. √

10. √

二、单项选择题

1. A   2. A   3. A   4. B   5. B   6. A   7. A   8. B   9. A

10. A

三、多项选择题

1. AB   2. ABC   3. ABC   4. AC   5. ACD

教育保健篇

第 9 章

家庭教育

第1节　学龄前儿童家庭教育

学习单元1　学龄前儿童家庭生活卫生习惯的培养

学习目标

➤掌握学龄前儿童的生理特点及相关的知识要求

➤掌握良好的饮食习惯、睡眠习惯及卫生习惯的培养方法

一、学龄前儿童良好饮食习惯的培养

1. 学龄前儿童的生理特点与营养要求

（1）身高、体重稳步增长，神经细胞分化已基本完成，脑细胞体积的增大及神经纤维的髓鞘化仍继续进行，应提供足够的能量和营养素供给。

（2）咀嚼及消化能力有限，注意烹调方法。

（3）逐步养成良好的饮食习惯和卫生习惯，注意营养教育。

2. 学龄前儿童家庭配膳

（1）食物多样，谷类为主。"谷类为主"是提醒人们，不要因为富裕了就过多地消费动物性食物，应该从小预防心脑血管疾病。

（2）多吃蔬菜、水果和薯类。蔬菜是钙、铁等营养元素及无机盐和粗纤维的主要食物来源。果肉好消化、含汁多，是维生素C、胡萝卜素的主要食物来源。

薯类除了含有淀粉、粗纤维、无机盐和多种维生素外，还含有较多的"黏蛋白"。"黏蛋白"有阻止胆固醇在血管壁上沉积的作用，是预防动脉硬化的"良药"。

（3）每天吃奶类、豆类或其制品。牛奶含丰富的优质蛋白质，还是天然钙质的极好来源。豆类中，大豆的蛋白质含量尤其丰富，享有"植物肉""绿色乳牛"的美誉。大豆还含有丰富的必需脂肪酸、磷脂，这些都是大脑神经细胞的组成成分。

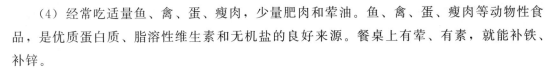
（4）经常吃适量鱼、禽、蛋、瘦肉，少量肥肉和荤油。鱼、禽、蛋、瘦肉等动物性食品，是优质蛋白质、脂溶性维生素和无机盐的良好来源。餐桌上有荤、有素，就能补铁、补锌。

3. 创设温馨的进餐环境

创设一个健康宽松的进餐环境，家政服务员多给一些进餐时间，才能使学龄前儿童在进餐过程中身心都得到健康发展。

进餐环境包括物理环境和心理环境两方面。健康的物理环境是餐厅要光线充足、空气流通、温度适宜，餐桌与食具清洁美观、大小适宜，室内布置优雅整洁；健康的心理环境是要气氛和谐，不强迫学龄前儿童进食，家政服务员不训斥或批评，使其情绪愉快。在进餐过程中，家政服务员和学龄前儿童之间要相互交流，融知识教育、情感交流、行为与习惯的训练为一体，还可播放一些轻松、优美的音乐，以促进食欲。进餐环境中的噪声、喧闹、拥挤和污染会使学龄前儿童大脑皮层受到抑制，影响膳食的消化吸收。

4. 培养良好的饮食习惯

良好的饮食习惯有助于学龄前儿童的膳食平衡，有利于消化器官的活动和预防疾病，也有利于良好道德品质与文明行为的形成。要注意调整各种影响膳食习惯的环境因素，家政服务员要做好示范，要求学龄前儿童定时、定量、定地点进餐，细嚼慢咽；尽量不偏食，不挑食，不剩饭、撒饭，饭前做好准备；每次进餐时间控制在半小时左右；要创设良好的相互模仿与学习的环境，让他们在进餐过程中巩固正确的饮食习惯，促进身心健康。

二、学龄前儿童良好睡眠习惯的培养

1. 睡眠的意义

睡眠能促进人体生长发育。据研究，促使人体生长发育的"生长素"，只有在睡眠时才大量分泌。学龄前儿童的生长速度在睡时要比醒时快3倍，俗话说："能睡的学龄前儿童长得快。"如果睡眠没有规律，会引发生物钟的紊乱，也会干扰抑制脑垂体分泌生长激素，延缓甚至阻碍学龄前儿童的身体发育。

2. 学龄前儿童睡眠的时间安排

学龄前儿童不仅要按时作息，而且要保证充足的睡眠时间。专家认为，人体的"生物钟"晚上10点至1点将出现一次低潮，这时，人的体温、呼吸、脉搏及全身状态都处于一天的最低点。因此，睡眠的最佳时间应该固定在晚上9点到10点之间。睡眠时间的长短主要取决于学龄前儿童的年龄和身体状况，同时还要考虑学龄前儿童之间的个体差异。一般说来，由于新生儿视觉、听觉神经均发育不完善，对外界的各种声光刺激容易产生疲劳，所以睡眠时间长；随着年龄的增长，各系统发育逐渐完善，接受外界事物的能力和兴趣增强，睡眠时间也逐渐缩短；3～6岁学龄前儿童的睡眠时间为11～12小时，白天有一次午睡即可。

3. 创设适宜的睡眠环境

影响睡眠环境的因素大致分为光线、声音、温度、湿度、空间气息五种。家政服务员可以通过精心布置学龄前儿童的小居室，来创造出适合学龄前儿童睡眠的环境。

（1）卧室内光线应柔和、暗淡。在明亮的露天场所，光线会使人产生一定的兴奋感，让人精神振奋。而如果是光线柔和的室内，则会是一种平静和舒适的感觉。学龄前儿童在睡觉前，家政服务员先将光线调整为柔和、暗淡，这样做会给他们一种进入睡眠的暗示（卧室的灯最好是可以调节的）。睡觉时应该关灯或使光线处于最弱状态，这样可以避免光线对睡眠的干扰。光线的颜色既不要过于单一，也不要五彩纷然，最好选择淡红、淡黄、淡紫等明快的色调作为卧室的主色。

（2）卧室应该保持安静。适合健康睡眠的噪声应该低于30分贝，相当于别人在你耳边悄声说话。如果处于某种噪声中，就会影响睡眠质量。

（3）卧室温度要适宜。温度太高会使睡眠的深度变浅，让人容易惊醒，而温度过低也会影响睡眠，所以卧室的温度要适宜，稍凉爽，15～24℃是最好的睡眠温度。

（4）卧室的湿度也要相宜。卧室内空气要流通，避免室内潮湿和细菌的繁衍。若气候潮湿，可开抽湿机或空调抽湿。冬天气候干燥，需要增加室内温度。

（5）卧室的气息宜淡雅。清新淡雅的气息，有助于学龄前儿童安详入睡。在室内可放置一些鲜果皮，如鲜橘皮、柚子皮、苹果皮。

4. 培养良好的睡眠习惯

睡眠习惯是保证学龄前儿童高质量睡眠的关键，也是良好生活习惯的主要内容。

（1）从小养成不哄不陪、独自入睡的习惯。独睡可减少与成人同睡时呼吸道疾病的感染。对易惊醒的学龄前儿童，还可以避免因成人翻身受到的干扰。学龄前儿童养成独睡的习惯，睡眠质量也会提高。

（2）养成定时起居的习惯。应严格遵守睡眠时间，按时上床、准时起床，不随便更改作息时间。

（3）做好睡前清洁卫生工作。睡前要洗脸、洗脚、洗屁股、上厕所，睡前不再吃东西。

（4）培养学龄前儿童自我服务的能力。能穿脱衣服、鞋袜，并将衣服整齐地放在固定的地方，养成做事有序的好习惯。随着学龄前儿童年龄的增长，应逐步教会学龄前儿童自己叠被、整理床铺。

（5）能平静、愉快地入睡。睡前不进行剧烈活动，不讲使学龄前儿童害怕的故事，不看使学龄前儿童紧张的电视，避免过分紧张或过分兴奋。家政服务员更不要采用粗暴吓唬的办法让学龄前儿童入睡。学龄前儿童不易入睡时，可播放悦耳的催眠曲，或轻声哼唱催眠曲。

（6）睡姿以睡得安稳、舒服为宜。尽量不改变学龄前儿童的睡姿，只要睡得舒服，无论仰卧、俯卧都可以，睡得舒适就不易惊醒。但如果俯卧时间过长，也可帮他们翻身改变睡姿。发现蒙头睡、含奶头、咬被角、吮手指等现象时，要及时矫正，以防养成不良习惯。

三、学龄前儿童良好卫生习惯的培养

1. 学龄前儿童良好卫生习惯培养的内容与要求

良好的生活卫生习惯是保证学龄前儿童身体健康的必要条件，因此，要培养学龄前儿童养成保持个人身体清洁、服装及环境整洁的习惯。

（1）教会学龄前儿童正确地洗手（见图9—1）、洗脸，勤理发、洗头、洗脚、洗澡、剪指甲，养成饭前便后和手脏时及时洗手的习惯。这不仅能清洁身体、保证卫生，而且能够促进血液循环，增进健康。

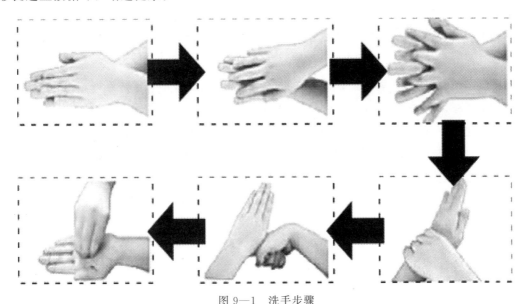

图9—1　洗手步骤

（2）经常携带并会正确使用手帕。用手帕擤鼻涕时要按住一侧鼻孔，轻轻地擤出另一侧鼻孔的鼻涕，不能同时挤两个鼻孔，以免引起中耳疾病或上颌窦炎。手帕要经常更换，保持清洁。

（3）保护好牙齿。养成早晚刷牙、饭后漱口的习惯。

（4）知道眼睛的用处，不用手和脏手帕擦眼睛，看书、绘画时保持正确的姿势，即眼距书本一尺，胸距桌沿一拳，握笔时手指与笔尖距离一寸。不在光线太强、太弱和阳光直射处看书和绘画。

（5）保护鼻道，不抠鼻孔，养成用鼻子呼吸的习惯。这样可以使吸入的空气经过鼻道时变得洁净、温暖和湿润，保护呼吸道和肺。

（6）不挖耳朵，不将异物塞入耳内。洗脸洗澡时不把水弄进耳内，以免损伤鼓膜，引起中耳炎，影响学龄前儿童的听力。

（7）保持仪表整洁。教会学龄前儿童经常注意自己的衣服是否干净整齐，所有的扣子是否扣上了，鞋带是否系好了，女孩要注意自己的头发是否整齐，学习梳短发。

（8）养成不随地吐痰、大小便，不乱扔纸屑、瓜果皮的习惯，不乱放玩具，学会物归原位，不乱涂乱画，帮助成人做力所能及的清洁工作，保持周围环境的整洁。

2. 学龄前儿童良好卫生习惯培养的方法

（1）创设环境法。家庭生活既是教育的内容，又是家庭教育的方式方法。培养幼儿良好的生活卫生习惯，首先，家政服务员要为学龄前儿童提供相应的卫生用具，如为学龄前儿童准备适合的、专用的毛巾、牙具、脸盆等盥洗用具，保证卫生并便于学龄前儿童使用；其次，要创设整洁的环境，使学龄前儿童在整洁有序的环境中养成讲卫生、爱整洁的好习惯。此外，家政服务员可以经常有意无意地给予鼓励，如说"今天表现真不错，比昨天有进步"，让学龄前儿童在温馨、自主的环境中学习生活技能，养成良好习惯。

（2）榜样示范法。学龄前儿童喜好模仿成人的习惯，所以家政服务员的良好行为是培养学龄前儿童良好卫生习惯具体形象而又直观的示范。如准备睡觉时的铺被、拉窗帘、洗脸、洗脚、吃饭前碗筷、桌凳的摆放等，都是给学龄前儿童的一种示范和暗示。因此，家政服务员要以身作则，使学龄前儿童学有榜样。另外，还可以充分运用童话故事、儿歌等文学作品来培养学龄前儿童良好的生活卫生习惯。例如，通过故事《小猪变干净了》让学龄前儿童知道小手、小脸脏了，要自己洗干净，用毛巾擦干净，并学会照镜子，勤洗澡，勤剪指甲。

（3）生活练习法。条件反射的形成需要反复练习，良好的卫生习惯的形成也是如此。为了提高学龄前儿童反复练习的兴趣，可采用带有竞赛性的游戏。如起床时，家政服务员和学龄前儿童进行穿衣服的比赛，激发学龄前儿童的练习热情，以此激励学龄前儿童在日常生活中能够正确迅速完成各项自我服务。在家庭中，凡是学龄前儿童自己能够做的，应当让他自己做，不包办代替。

（4）定位法。将学龄前儿童常用的物品、玩具摆放在规定的地方，并严格要求按规定的位置摆放，使其对常用物品的位置形成固定的印象，这样可以培养学龄前儿童不随便使用别人物品的习惯。

（5）督促检查法。学龄前儿童的坚持性、自觉性和自制力都比较差，需要不断的督促、提醒和检查，这样可以使学龄前儿童良好的习惯得到不断强化，逐步形成自觉行为，尤其对注意力比较差或者比较粗心的学龄前儿童，更应加强督促。

 学习单元2 学龄前儿童家庭游戏活动的组织

 学习目标

➤了解学龄前儿童家庭游戏活动的意义、类型及实施要求

➤了解体育游戏对学龄前儿童发育的价值，掌握体育游戏的内容与开展方法

➤了解精细动作练习游戏的意义，掌握精细动作练习游戏的内容与开展方法

 知识要求

一、学龄前儿童家庭游戏活动

1.学龄前儿童家庭游戏活动的意义与类型

游戏是学龄前儿童为了寻求快乐而自愿参加的一种活动。它既可以促进学龄前儿童身体生长，又可促进学龄前儿童智力的发展，还可以培养学龄前儿童的良好习惯。家庭游戏是学龄前儿童游戏的一种重要形式，也是家政服务员与幼儿交往的一种重要形式。

学龄前儿童家庭游戏不仅有益于家政服务员与学龄前儿童之间的情感交流，还有益于学龄前儿童各方面的发展。

（1）角色游戏。角色游戏（见图9—2）是学龄前儿童通过扮演角色，运用想象，创造性地反映现实生活中的人和事的一种游戏，通常都有一定的主题，

图9—2 角色游戏

如娃娃家、商店、医院，等等。它是幼儿期最典型、最有特色的一种游戏。家政服务员应经常带学龄前儿童散步、参观、听故事、看电影，参加各种社会活动，或外出旅游，扩大幼儿的眼界。如外出游览和参观时，有意识地引导幼儿观察交通警察是怎样指挥交通的，来往的车辆和行人应该遵守哪些交通规则，等等。在生活中观察越细致，感性认识越丰富，在游戏中的反映才越逼真。在游戏前，家政服务员要先鼓励学龄前儿童说出游戏的主题，比如是"美容院"还是"超市"；再让学龄前儿童挑选自己想扮演的角色，是"顾客"还是"营业员"。在游戏过程中，当出现问题时，要引导学龄前儿童自己想办法去解决。在游戏结束后，成人要表扬学龄前儿童独立解决问题的精神。

（2）结构游戏。结构游戏（见图9—3）是通过想象和操作，使一些无意义的材料成为有意义的结果的一种造型活动。家政服务员可以运用积木、塑胶、竹片、金属、木珠、橡皮泥、纸张、沙土等材料，让学龄前儿童通过拼搭、接插、穿编、黏合、螺旋等技能进行平铺、堆叠、架空、围合等组成不同的物体，在手脑并用中发展他们的创造力和想象力。

图9—3 结构游戏

家政服务员也可以为幼儿提供一些废旧材料，鼓励幼儿游戏。例如，用几个牛奶盒、几节旧电池搭成一座"南浦大桥"，用饮料罐和吸管搭出"水果花篮"。

（3）智力游戏。智力游戏（见图9—4）是一种用脑力来进行的有规则的游戏活动。游戏往往借助于感觉运动的表达，伴随着操作，来丰富学龄前儿童的知识，发展学龄前儿童的创造力。如家政服务员和学龄前儿童一道猜谜语，一同下棋等。

图9—4　智力游戏——七巧板

（4）体育游戏。体育游戏是一种发展学龄前儿童基本动作，以大肌肉的肢体运动为活动方式的游戏。它是由走、跑、跳、钻爬、投掷、平衡、攀登等动作构成的身体运动，以动作的协调力、对肌肉的控制力、肢体的平衡力以及力度和耐力所带来的运动器官的快感为满足，能加强学龄前儿童的活动能力，促进身体健康。例如，全家人一起玩老鹰捉小鸡的游戏，玩球类游戏等。

2. 学龄前儿童家庭游戏活动的实施

充足的游戏时间是保证学龄前儿童游戏权利得以实现的决定性条件。年龄不同，开展游戏的时间长短也不同。

在游戏的过程中，家政服务员要为幼儿建立合理的游戏常规。游戏常规就是指在开展游戏活动时，对学龄前儿童不适宜的行为或适宜行为的禁止和允许所作的经常性规定。如禁止玩火、玩电器等。

3. 注意事项

（1）应根据学龄前儿童的年龄特点和季节特征选择和指导游戏。

（2）因地制宜地选择生活中的用品与材料，鼓励学龄前儿童制作玩具，为学龄前儿童提供必要的游戏设施与环境。游戏材料应强调多功能和可变性。

（3）应充分尊重学龄前儿童选择游戏的意愿，根据学龄前儿童的实际经验和兴趣，在游戏过程中给予适当指导。指导游戏的教育与实施需要家政服务员的细心和耐心，需要家政服务员对学龄前儿童的尊重、理解和包容，使学龄前儿童保持愉快的情绪，促进学龄前儿童能力和个体的全面发展。

二、学龄前儿童家庭体育游戏

1. 体育游戏的内容

体育游戏属于体育运动的一种，自然而然地包括运动领域的成分。

（1）按照基本动作分类。包括走的游戏、跑的游戏、跳跃的游戏、投掷的游戏、钻爬和攀爬的游戏、平衡的游戏。

（2）按照游戏性质分类

1）模仿性游戏。通过模仿各种动作，达到发展基本动作的目的。如小白兔跳跳，儿童边念儿歌，边做小兔跳的动作。

2）有主题情节的游戏。这种游戏的特点是有角色，有开始、发展、结束的游戏情节，如"老鹰捉小鸡""老狼老狼几点了"。

3）竞赛性游戏。这是相互比赛、分出胜负的一种体育游戏。如，"插红旗""看谁先到"。

4）躲闪性游戏。练习动作的灵敏性。为了不被淘汰，游戏参与者需要灵活的躲闪动作，躲闪时不仅要迅速跑步、转身和设法避开，还要不被碰撞等。

5）球类游戏。指滚球、拍球、抛接球、投篮、踢球等。

6）民间体育游戏。民间世代相传的小型体育游戏。打陀螺、抖空竹、踢毽子、跳绳、拔河、放风筝、捉迷藏、荡秋千、龙舟竞渡、踩高跷、舞龙灯等各种各样的体育游戏。

【例1】长高了，变矮了

让儿童和家政服务员相对而站，家政服务员蹲下，同时说："变矮了，变矮了。"再站起来说："长高了，长高了。"让儿童模仿做同样的动作。

【例2】套圈游戏

平地上放一些玩具，自制数个大环，让儿童抛向玩具，可以让儿童站得近一些，目的不是一定要准确，而是训练抛东西的能力。同样，还可以和儿童一起玩向小桶里扔小球的游戏。

【例3】小猴钻山洞

在家中用小椅子和床单等搭成"小山洞"，让儿童装扮成小猴子，练习"钻山洞"，目的在于锻炼儿童的方向控制能力和平衡能力。

2. 体育游戏的组织与要求

（1）活动前的准备

1）选择适当的体育游戏场地。体育游戏尽量在室外进行，选择空气新鲜、阳光充足、开阔平整的草地进行游戏。为利于学龄前儿童身体健康，应避免在马路边等空气污染的地方活动。

2）服装适宜。应穿着大小合适、质地柔软、透气吸湿、结构简单、便于活动的衣服和鞋子。

3）准备好适当的活动材料。如各种球、绳子等。

4）准备好必需的生活用品。如擦汗毛巾、饮用水、餐巾纸等。

（2）活动中的观察与指导

1）要先向学龄前儿童介绍游戏的名称和玩法，讲解游戏的规则，并进行适当的示范。

2）随时进行安全教育。活动中，家政服务员要随时观察学龄前儿童的活动情况，提醒幼儿不做危险动作，不玩危险游戏。

3）要仔细观察学龄前儿童的身体情况。活动中，家政服务员要通过观察学龄前儿童的脸色、汗量、呼吸、情绪及精神状态来推断其活动量大小，并可通过调整游戏内容和节奏、提醒学龄前儿童休息等手段来及时调整活动量，防止因过度疲劳而带来运动伤害。

4）加强活动中的保育。游戏进行时，学龄前儿童往往沉浸于情景中，而忽略喝水、擦汗等生活需要。家政服务员应提醒学龄前儿童及时增减衣服、擦汗、饮水等，帮助学龄前儿童做好必要的生活护理工作。

5）要做学龄前儿童的玩伴。家政服务员要和学龄前儿童一起游戏，不仅能及时给予游戏指导，还能增进彼此之间的情感交流。

（3）结束活动。运动后，要帮助学龄前儿童做好身体的清洁与保护工作。提醒学龄前儿童洗净双手，及时补充水分。冬天要用干毛巾把背部的汗擦干，穿上外衣。夏天可用冲凉的方法清洁身体，并让学龄前儿童安静地休息半小时。

三、学龄前儿童家庭精细动作练习游戏

1. 精细动作练习内容

（1）日常生活中的精细动作练习。基本的生活自理能力，如吃饭、穿衣、盥洗等，是以精细动作的发展为基础的。因此，培养学龄前儿童的生活自理能力是发展学龄前儿童精细动作的重要途径。在已有能力的基础上，家政服务员应重点培养学龄前儿童能独立、有序地穿脱衣服、洗手、洗脸、梳头、刷牙、使用筷子吃饭、叠被子、整理床铺等生活自理能力以及为他人服务的意识。

1）照顾自己。例如，穿脱衣服、鞋子，刷牙，洗手，洗脸，梳头，修剪指甲，整理衣物等活动。在这些具体的练习活动中，学龄前儿童锻炼了精细动作，培养了人的基本能力及德行，养成了独立意识和自主精神，促进了专注力、意志力、理解力和秩序感的发展，为今后可持续发展以及学会生存打下基础。

2）照顾环境。帮助家政服务员做力所能及的事情，例如，餐前准备碗筷、整理书架、喂养小动物、照料植物、除灰尘、扫地、擦桌子、擦镜子等工作。通过参与家庭中的各种日常活动，使学龄前儿童感到自己被需要，对家庭成员有价值，从而获得自信心与荣誉感。在对周围人和事的照顾与服务中，学龄前儿童养成了主动关注周围环境中的人和事的习惯，逐步产生爱心与责任意识，从而为建构学龄前儿童完整而优良的人格奠定了基础。

【例1】接物游戏

将红色丝巾、黄色小手帕等能缓缓下落的物品扔向空中，下落时扶着儿童的手去抓，边抓边告诉他"抓红色"。这样不仅能锻炼手的抓握动作，还能让他建立颜色的意识。

【例2】撕纸游戏

当儿童掌握了捏的本领后，就会寻找机会尝试刚学会的本事。为了满足他的这份好奇心，可以给儿童准备一些干净的纸，撕一些小口子让他进行练习。撕纸发出的嘶嘶作响的声音，以及纸的大小变化等，都可以让儿童兴奋不已。

【例3】开关盒子

准备一个音乐盒，鼓励儿童用自己的小手打开盒子，再关上盒子，并不断地重复。这不仅能锻炼儿童的手部精细运动，还能让他逐步体会到此动作与音乐盒放出的音乐声之间的关系。

【例4】玩具倒手

在儿童能够准确抓握的基础上，开始发展他的双手共同活动。可以有意识地连续向他的一只手递玩具或食物，训练他将手中的东西从一只手换到另一只手中。

【例5】夹夹子

提供不同大小、不同材质的夹子，匹配相关的活动背景。如小刺猬背果果、毛毛虫的小刺、大狮子的毛等。

【例6】晒（挂）衣服

在娃娃家提供大小不同的夹子，让儿童为娃娃晒衣服。或在小舞台中，让儿童将"演出服"悬挂在衣架上，用夹子夹住。

【例7】为娃娃喂食

用瓶罐制作成不同造型的娃娃（或其他小动物），提供大小不同的"食物"（如红枣、白扁豆、珠子等）和不同的勺子，将"食物"舀进娃娃（小动物）的嘴里。

【例8】瓶身瓶盖配对

准备好大小不同的瓶子，在瓶身上粘贴学龄前儿童们熟悉的小动物，在瓶盖上粘贴小动物们所喜爱的食物，让儿童在寻找小动物所喜爱的食物的同时，将瓶盖拧上。

【例9】叠餐巾纸

在一个托盘里放置一定数量的餐巾纸，让学龄前儿童按照图示要求进行折叠。

【例10】夹玻璃球

准备一个放置各色玻璃球的小碗、一个空碗、一双筷子，让学龄前儿童用筷子将玻璃球夹至空碗中，并数数夹了多少玻璃球。

（2）手工活动中的精细动作练习

1）绘画。绘画是学龄前儿童非常喜欢的活动。作为学龄前儿童表达自己的一种方式，绘画不仅有利于学龄前儿童小肌肉动作能力的发展，而且对发展学龄前儿童的想象力和创造力有特殊的价值。但绘画并不仅仅是单一的用笔画，还可以用不同的方式和材料进行练习，以激发学龄前儿童绘画的兴趣。

用笔的练习：用彩色水笔、蜡笔、彩色铅笔、粉笔练习绘画。

手指画：用手指、手掌蘸颜料，画、涂抹或印在画纸上。

盖印画：利用各种物品作"印章"，蘸上颜色，盖在吸水性较强的纸上印出画来。可以作印章的物品很多，最好有不同的形状和凹凸纹理，如瓶盖、硬币、树叶、切开的水果，还可在萝卜、土豆、泥团上刻出图案作印章。

拓擦：将薄纸铺在有凹凸纹理的东西上，如树叶、硬币、木块上，一手按纸，一手用铅笔在上面摩擦，就可显出图案。

拉线画：把画纸对折后打开平放在桌上，棉线蘸上颜料，把数条蘸了不同颜料的线随意地平放在纸的一边，线的一端伸出纸外，再把另一半纸盖在线上，用手压住纸，把线拉出来，打开画纸就可以看到一幅对称的图案。

滚珠画：将玻璃弹球浸在颜料中，将画纸铺平放在一个学龄前儿童易于操作的盒内，用勺子盛出弹球，放在纸上，双手摇动盒子，弹球在纸上滚动，形成一幅图案。

吹画：将水彩滴在画纸上，然后用吸管将颜料吹开。

棉签画：将棉签蘸上不同的颜料，在纸上画出自己喜欢的图案。

在进行上述活动时，应鼓励学龄前儿童尝试更多不同的方法。可以让学龄前儿童系上围裙和在周围铺上报纸、塑料布，既避免学龄前儿童弄脏衣服和周围环境，又可使学龄前儿童大胆表现。

2）纸工。纸工（见图9—5）活动包括剪纸、撕纸、折纸，是学龄前儿童非常喜欢的活动，从随意剪裁、撕纸、简单的折叠到逐步学会剪出、撕出、折出成型的图案。在进行这类活动时，要考虑学龄前儿童的水平，循序渐进，特别要注意肯定学龄前儿童的作品，以培养学龄前儿童对活动的兴趣。同时要指导学龄前儿童安全、正确地使用剪刀。

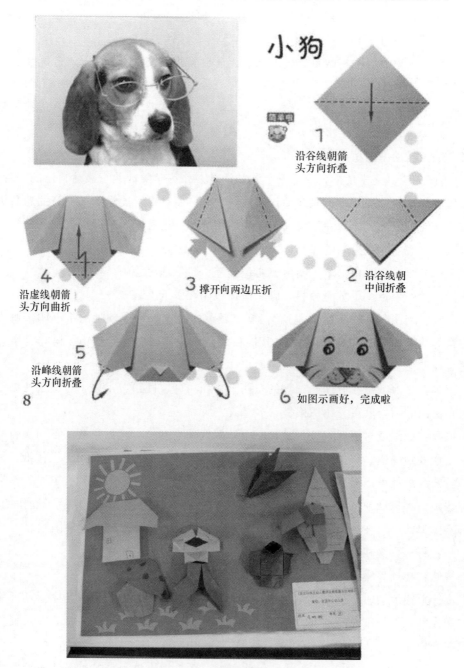

图 9—5　纸工

3）结构造型。练习用各种颜色、形状的积木、积塑、拼插材料进行变化多样的造型活动，搭建学龄前儿童喜欢的东西，可以让学龄前儿童自由拼插、搭建，也可以按照简单的图样拼插、搭建。

穿珠（见图9—6）是将不同形状、大小、颜色的珠子穿到绳子上。可以让学龄前儿童按一定的要求穿，如按颜色有规律地穿，按形状有规律地穿，按大小穿，也可让学龄前儿童按自己的意愿穿出一条漂亮的项链。在练习穿珠时，珠子孔的大小应根据学龄前儿童的水平，让学龄前儿童获得成功的体验。还可把塑料吸管切成小段，让学龄前儿童练习穿珠。

4）泥工（见图9—7）。用橡皮泥、面团或泥巴进行立体创作。从开始的团泥球、压泥饼、搓泥条，逐步练习伸、拉、捏、衔接的技能，会塑造出有一点造型的物品，如茶杯、小碗、汽车、小动物等。

图9—6　穿珠

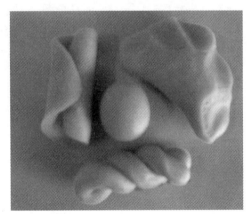

图9—7　泥工

5）玩沙玩水。玩沙、玩水这种没有固定玩法的活动是学龄前儿童非常喜欢的。给学龄前儿童提供小桶、勺子、模具、小碗、瓶子等用具和玩具，练习将沙、水从一个容器倒入另一个容器中，所倒的东西可由多到少，由固体到液体，容器口由大到小，逐步提高要求，增加难度。练习用不同的模具和湿沙做出不同的造型，如大象、恐龙、蛋糕。

6）综合性美术活动

①自制玩具（见图9—8）。应鼓励学龄前儿童自己动手用废旧材料做玩具、礼物、饰品等，用旧纸盒做汽车，用旧纸杯做娃娃，用旧报纸、书刊做粘贴画，自制贺卡等，这会激发学龄前儿童的创造性，培养学龄前儿童的动手动脑能力。

图9—8　自制玩具

②粘贴。粘贴的材料有很多，除了用纸剪出或撕出的图案外，毛线、棉线、碎布、树叶、豆类等都可用来粘贴出学龄前儿童喜欢的图案。

2.精细动作练习游戏的组织与要求

（1）给予积极的评价。要重视学龄前儿童在活动中的感受，对学龄前儿童的作品不要以成人的标准过多地评价好不好、像不像，过分挑剔会打击学龄前儿童的积极性和自信心。

（2）活动的开始和结束要尊重学龄前儿童的想法，不强迫学龄前儿童做不喜欢做的事情。

（3）为学龄前儿童提供必要的材料和活动的场所。

（4）要给予必要的示范和指导，但不应限制学龄前儿童发挥自己的创造性。

（5）注意安全。特别要注意教育学龄前儿童安全使用剪刀，收集废旧物品时要注意干净无毒。

（6）协调发展学龄前儿童的双手动作能力。应尽可能让学龄前儿童的双手得到锻炼，促进大脑的发展。

 学习单元3 学龄前儿童智力开发

 学习目标

➤了解学龄前儿童认知的特点
➤掌握学龄前儿童智力开发的相关知识和方法

 知识要求

一、学龄前儿童认知发展特点

1. 从感觉和知觉来看，三四岁的儿童还不能进行有目的、有组织的观察，他们感知的是事物的外表，喜欢观察具体的、突出的、鲜明的东西。只有到了五六岁的时候，才逐渐具有目的性，才能逐步地按照预定的任务和成人的要求，有意地进行感知和观察活动。

2. 学前儿童的无意注意占主导地位，有意注意正在逐步形成。3～4岁学前儿童注意时间很短，到了5～6岁，在成人的引导下，学前儿童比较能够控制自己，有意地把注意转移到成人要求的任务上。

3. 学前儿童的记忆带有很大的直观形象性和无意性。凡是与儿童生活有直接联系的、印象鲜明、能引起儿童兴趣的具体事物，他们就容易记住。

4. 学前儿童想象的特点是：无意想象和再造想象占主要地位，创造想象正在发展。学前儿童的无意想象表现在主题多变化。3～4岁学前儿童的想象有时与现实分不清，具有特殊的夸大性，喜欢夸大事物的某些特征和情节。随着儿童年龄的增长，语言和思维的不断发展，想象的有意性才逐渐增加，并能服从一定的目的。

5. 学前儿童的思维具有明显的具体形象性和初步的抽象概括性。具体形象是对摆在他们面前的，看得见、听得到、摸得着的具体事物才能进行思维。随着儿童知识范围的扩大，经验的增多，语言的发展，5～6岁学前儿童也能进行初步的抽象概括的思维，能够掌握一些实物的概念和数的概念，并能用概念进行简单的判断和推理。

6. 学前儿童语言的发展进入了一个新的时期。口头语言有了蓬勃的发展，在语言的习惯上逐渐掌握一定的语法结构。3岁左右的儿童能使用简单句与周围的人进行交谈。但学前初期的语言还带有很大的情境性，说话缺乏条理，要用许多手势和表情来帮助，离不开具体的情境。整个学前阶段儿童口头语言的发展就是由情景性向连贯性逐步过渡的。

二、培养学龄前儿童的感知能力

人类知识最初来源于感觉和知觉，学龄前儿童正是通过看、听、触摸等活动来认识物品的颜色、形状、大小、光滑、粗糙等特征，并为更高级的活动，如观察、记忆、思维奠定基础。感知能力主要包括视觉、听觉、触觉、嗅觉、空间知觉和时间知觉能力等。

在日常生活中，家政服务员一要保护学龄前儿童的感觉器官，避免眼睛、耳朵、手等感觉器官意外伤害，以免视力、听力等受到影响。二要让学龄前儿童多多接触自然环境，培养观察能力，丰富感知觉。三要利用家庭生活开展有趣的活动，训练幼儿感知觉。

1. 视觉游戏

在家中可以开展的游戏形式很多。如找物品游戏：让学龄前儿童找出家中所有红色、黄色的东西，把红色的玩具放在一起；找出周围环境中所有的圆形、方形的物品。

2. 触觉游戏

在纸箱或布袋中放入各种物品，不要让学龄前儿童看到，让他摸一摸说出自己的感觉，如光滑或粗糙、软硬、轻重、形状、大小等特征，让学龄前儿童通过触摸说出是什么东西。

3. 听觉游戏

用录音机录下各种声音，如动物的叫声，各种乐器的声音，闹钟、汽车及家人谈话的声音，让学龄前儿童分辨是什么声音。让学龄前儿童闭上眼睛，成人敲击周围的物品，如桌子、碗、地面，让学龄前儿童猜猜看是什么声音。让学龄前儿童闭上眼睛，根据成人的声音找人。

4. 味觉锻炼

让学龄前儿童区分水、白醋、白酒和糖水。平时要利用一切机会锻炼学龄前儿童的嗅觉和味觉，了解物体的气味特征。如在吃水果之前先闻一闻是什么味道；吃饭时，先让学龄前儿童闭上眼睛，然后给他吃一样东西，让他说说是什么味道，猜猜吃的是什么东西。

5. 空间知觉游戏

主要是培养学龄前儿童辨别方位、距离的能力。要有意识地让学龄前儿童说出某一物品的位置，如书在桌子上、鞋在床下、爸爸在右边、妈妈在左边，近处有花、远处有树。

三、培养学龄前儿童的观察力

观察是指有目的地去观看事物。培养学龄前儿童的观察力，应注意以下两点：一要给学龄前儿童提出明确的要求。观察的目标越具体明确，观察的效果就越好。二要教给学龄前儿童必要的观察方法（见表9—1）。

表9—1　　　　　　　　　　培养学龄前儿童观察力的方法

方法	说明
顺序观察法	例如，在观察山羊时，提醒学龄前儿童从羊的犄角、头、身体、四肢到尾巴进行有顺序的观察
典型特征观察法	例如，在观察大象时，让学龄前儿童先观察大象最突出的特征——鼻子，再观察其他的特征
比较观察法	同时观察两种以上的物体，比较其异同
追踪观察法	观察事物的发展、变化过程的观察方法。如观察动物和植物的生长过程及特点等，并让学龄前儿童记录变化的过程

1. 找五官。出示缺少眼睛、鼻子、耳朵和嘴巴的四张娃娃头像（见图9—9），让学龄前儿童指出缺少了什么。

图9—9　找五官

2. 找不同。给学龄前儿童两张大部分地方相似但有几处不同的图片，让学龄前儿童找出差异所在。图片上的差异可以由少到多，由明显到隐蔽，逐步提高要求。

3. 找相同。从一组图片中找出完全相同的两张。

4. 拼图。开始让学龄前儿童把剪开的简单图形，如圆形、三角形，拼成完整的图形，也可把报纸或书上的图形剪成几块，让学龄前儿童练习拼图。拼图的块数应逐渐增加，逐渐提高难度。

四、培养学龄前儿童的记忆力

培养学龄前儿童的记忆力，让学龄前儿童愉快、积极、充满自信地参与各种活动。

1. 回忆丢失的东西。将五个不同用途的物体放在一个盘子上，告诉儿童物体的用途。让儿童转过身，成人从盘子上拿掉一个东西，问他是否记得少了什么。不要让他直接说出缺少的物体的名称，而是说出东西的用途。也可以由儿童来拿掉物体，由成人来猜。

2. 有什么变化。在桌上摆放几件物品，用报纸或布盖在上面，改变物品的摆放顺序，拿开遮盖物，让儿童说说物品的位置有什么变化。

3. 完成任务。有意识地给学龄前儿童布置一些任务。如在外出前告诉学龄前儿童，要记住在动物园看到的动物有哪些。

五、培养学龄前儿童的想象力

丰富的想象力是学龄前儿童理解故事、进行游戏、绘画、做手工、搭积木等所必需的。

1. 丰富学龄前儿童的知识。学龄前儿童的想象不是凭空产生的，家政服务员要善于引导学龄前儿童在生活中观察，让其从生活和游戏中获得知识和经验，为丰富的想象奠定基础。

2. 为学龄前儿童提供充分的游戏机会。在各种各样的游戏中，如在角色游戏中扮演角色，结构游戏中建构作品，玩沙、玩水以及绘画、剪纸和粘贴等手工活动，听故事等，学龄前儿童的想象力可以得到充分的表现和锻炼。

六、培养学龄前儿童的思维能力

通过思维活动，学龄前儿童不仅能认识眼前的事物，还能对过去乃至未来的事物进行学习，不仅了解事物的表面特点，也有助于对事物本质特点的了解。

1. 丰富学龄前儿童的生活经验。用直观形象的方式进行教育，充分利用日常生活所接触的各种材料，通过直接的操作和活动，发展学龄前儿童的思维。

2. 通过各类游戏培养学龄前儿童的分析、综合、比较、分类、抽象和概括能力。

（1）分类。用积木或大小、颜色、形状不同的纸片进行分类游戏。开始按一个特征如颜色、形状、大小分类，如找出红色的积木、方形的纸片，再按两个特征分类，如找出红色的圆形积木，再按三个特征分类，如找出大的黄色三角形。

（2）排序。可以把珠子穿成两个红的、一个绿的，两个红的、一个绿的，以此类推；把积木摆成圆形、三角形、正方形，圆形、三角形、正方形，以此类推；和孩子讨论这些珠子是怎样排列的，让学龄前儿童模仿形式重复排列，等熟练以后可以让学龄前儿童自己设计排列形式。

（3）守恒。给儿童观看两只大小相同的烧杯 A 和 B，在儿童面前将等量的水倒入这两只杯中，直到儿童确认两杯内的水相等时为止。然后将 A 杯中的水倒入一只粗矮的 C 杯中，以改变水的高度和宽度，问儿童："B 杯和 C 杯中的水是否一样多？"

七、提高学龄前儿童的语言理解和表达能力

语言不仅是人际交流的工具，也是思维的工具。对于成长中的学龄前儿童来讲，语言还是学习和发展的条件。

1. 日常生活中的培养

（1）做正确的示范。家政服务员是学龄前儿童语言能力发展的示范者。说话时，除了咬字清楚，发音准确，辅以自然的表情和恰当的手势外，还要注意说话的音量、语调和速度等，说话要简单、明确、指示清楚，态度和蔼、友善、礼貌。

（2）丰富学龄前儿童的生活经验，开阔学龄前儿童的眼界，使学龄前儿童有话可说。

（3）多和学龄前儿童说话。家政服务员与学龄前儿童交谈的次数越多，儿童掌握的词汇就越多，并能获得大量的信息。

（4）向学龄前儿童提问，并倾听学龄前儿童的述说。不仅要多和学龄前儿童说话，而且要多提问并倾听学龄前儿童的回答，让学龄前儿童表达自己的感受，说出自己的问题、主意，描述各种有趣的事情等。向学龄前儿童提出的问题应和幼儿的生活经验或兴趣有关，这样学龄前儿童才有讲述的兴趣和内容。不要随便打断或急于纠正学龄前儿童的话。

2. 早期阅读

（1）图书的选择

1）针对学龄前儿童的年龄特点选择图书。一般说来，3 岁前，可为学龄前儿童多选择一些以常见名词、动词为主的图书，如看图识物（人物、事物、动物、植物），以及情节简单、主题单一、篇幅较小的图书，如《婴儿画报》等。3 岁以后，则可选择类别多样的图书，如世界著名童话、科幻故事、寓言故事、诗歌以及有关学龄前儿童生活方面的图书。图书要求图文并茂。

2）根据学龄前儿童个性特点选择图书。成人可以根据孩子的个性特点选择适宜的图书。例如，有的孩子做事不细致，比较马虎，就可以选择故事书《小画家》；有的孩子不会分享，可以选择绘本《月亮的味道》；有的孩子不善于表达自己的感情，可以选择绘本故事《猜猜我有多爱你》。

3）根据学龄前儿童的兴趣爱好选择图书。成人在选择图书时尽量要满足孩子的各种需要，要顾及孩子的特长与爱好。例如，有的孩子喜欢动物，就可以选择各类动物图书；有的孩子喜欢天文，就可以选择关于宇宙等方面的图书。在购书时也应给予学龄前儿童一定的自主权，让他自己挑选一些感兴趣的图书。

（2）早期阅读的指导

1）朗读感受法。在整个学前期，听成人朗读、讲述是学龄前儿童主要的阅读方式。因此，家政服务员应在每天固定的时间为学龄前儿童朗读，一般是晚饭后或入睡前。让朗读成为学龄前儿童每一天的活动，成为每一天的期待。这不仅能亲密亲子关系，还可以培养学龄前儿童良好的阅读习惯。

在朗读时，家政服务员要语言规范，做到音准字正、语速中等，声音抑扬顿挫，对关键的词作解释。当天没有读完，可告诉学龄前儿童读到哪里，是第几页；第二天再让学龄前儿童说说昨天读到哪里，是第几页。

2）观察理解法。家政服务员与学龄前儿童一起阅读时，不仅要求学龄前儿童认真听，还应要求学龄前儿童细致观察画面。家政服务员可以通过提问或让学龄前儿童指认画面来学习观察和识图，帮助学龄前儿童理解故事内容，培养阅读兴趣。

3）符号转译法。在阅读中，家政服务员应帮助孩子建立起图画符号和语言的对应关系。如，看到画面上有"ᶻᶻᶻ"的符号，可告诉学龄前儿童"累得睡着了"。对于5～6岁的学龄前儿童，家政服务员还可引导他们注意观察画面上的文字及页码的位置和顺序，为学龄前儿童独自阅读和学习书面语言奠定基础。

4）假设想象法。家政服务员在引导学龄前儿童阅读的过程中，应启发学龄前儿童对情节空白点展开合理想象，并提出一些相应的问题让学龄前儿童思考，从而使阅读成为一种积极的活动。如，《月亮的味道》故事里小老鼠想尝尝天上的月亮，可是用什么办法才能吃到呢？家政服务员可让学龄前儿童先猜测，再继续讲故事，以培养学龄前儿童的理解力和想象力。

5）读后交流法。阅读结束后，家政服务员可以和学龄前儿童一起分享交流。通过提问，来了解学龄前儿童的理解程度和思想动态，帮助他们理清思路，进一步加深和巩固书面语言的学习。在交流时，应以学龄前儿童说为主，家政服务员注意倾听，及时引导学龄前儿童的话题，使之既围绕故事主题，又能联系到自身或周围生活。这样，既可以培养学龄前儿童的概括、辨别和分析能力，也可以培养学龄前儿童语言的条理性和完整性。

（3）语言游戏。语言游戏是一种为学龄前儿童提供游戏情境，让学龄前儿童按照一定规则练习语言的游戏，其主要目的是培养学龄前儿童倾听和表述的能力。

【例1】听、发音游戏——绕口令

《小花鼓》：一面小花鼓，鼓上画老虎，宝宝敲破鼓，妈妈拿布补，不知是布补虎，还是布补鼓。

练习要点：发准鼓、虎、布、补。

《数一数》：山上一只虎，林中一只鹿，路边一头猪，草里一只兔，洞里一只鼠，我来数一数，虎鹿猪兔鼠。

【例2】词汇游戏——接龙

家政服务员与孩子同做游戏，两人同念儿歌："我家弟弟真淘气，今晚带你去看戏。"家政服务员："什么戏"，儿童："马戏"；家政服务员："什么马"，儿童："斑马"；家政服务员："什么斑"，儿童："黑白斑"。以此类推，一问一答。

【例3】句子游戏——快乐造句

运用部分人物或动物以及场景图片组成一组画面，让儿童用"谁在什么地方干什么"的句式进行表述，鼓励儿童用优美的语言、肢体动作描述出各种场景，也可以运用多组场景组成的画面，让儿童学习编故事。

【例4】描述游戏——你问我答

问：小兔乖乖，爱吃什么？答：小兔乖乖，爱吃青菜。

问：小猫乖乖，爱吃什么？答：小猫乖乖，爱吃小鱼。

问：小狗乖乖，爱吃什么？答：小狗乖乖，爱吃骨头。

问：小鸡乖乖，爱吃什么？答：小鸡乖乖，爱吃小虫。

 **技能要求**

拼搭塑料积木

操作准备

1. 游戏环境的选择与个人准备

（1）游戏环境。活动可以在室内桌子或地板上进行。室内温度保持在25℃左右，空气流通，光线柔和。

（2）个人准备。儿童穿着舒适的衣服，精神愉悦，注意力集中。

2. 物品与材料的准备

按照实际活动内容和要求，准备相应的物品。物品的数量适宜。

操作要求

1. 能根据内容和要求采用相应的拼搭技能和方式进行构建，拼搭出花篮、自行车、小鸭等。

2. 作品形象逼真、富有童趣，色彩和谐美观。

3. 能在规定的时间内完成作品。

讲 述 故 事

操作准备

1. 环境与材料准备

（1）游戏环境。一把椅子和一张桌子，儿童可以坐在成人身上，也可以坐在小椅子上。

（2）物品。故事书。

2. 个人准备

成人洗净双手，剪去指甲，摘去手上、身上不利活动的饰品。儿童精神较佳。

操作要求

1. 能根据儿童的年龄特点及个性特征选择相应的故事书，故事题材的选择富有童趣。

2. 能用较标准的普通话讲述，吐字清晰、声音自然、无停顿，能根据故事角色、情节的变化变换语气语调。

3. 表情自然丰富，动作配合协调。

剪纸与折纸

操作准备

1. 环境与材料准备

（1）游戏环境。一把椅子和一张桌子，儿童坐在小椅子上。

（2）物品。平口或圆头剪刀，各种颜色的手工纸，各种辅助材料（珠子、毛线、水彩笔等）。

2. 个人准备

儿童精神好，服装宽松，便于操作。

操作要求

1. 作品不雷同、形象逼真、富有童趣。

2. 剪纸作品剪边光洁、不粗糙。

3. 折纸作品折叠整齐，边角分明。

4. 在规定时间内完成剪纸、折纸作品。

第 2 节 学龄初期儿童家庭教育

 学习单元 1 学龄初期儿童生活的家庭指导

 学习目标

➤了解学龄初期儿童生活的家庭指导的内容，培养学龄初期儿童自理生活、人际交往等方面的能力

 知识要求

一、学龄初期儿童家庭生活的指导

1. 学龄初期儿童身心发展的特点

学龄初期儿童一般指学龄儿童的小学阶段，年龄是指 6～7 岁至 11～12 岁。这个时期的主要特点是：从这个时候起，学龄儿童开始进入学校从事正规的系统的学习，学习逐步成为学龄初期儿童的主导活动。学龄初期不仅是学龄儿童系统掌握人类科学文化基础知识、基本技能，为将来进一步学习打好基础的重要时期，还是培养良好心理品质和道德行为习惯的重要时期。

在动作方面，学龄初期儿童已能作较长时间（20～30 分钟）的行走，初步掌握书写用具和使用日常工具（如剪刀、锤子等）；在言语方面，已能自由交际开始产生内部言语，逐步掌握书面言语；在心理发展方面，虽然无意性和具体形象性仍占主导地位，但是有意性和抽象概括性已开始发展，个性倾向正在形成。学龄初期儿童从进入小学时期起，就

有可能意识到自己和集体的关系，意识到自己的权利和义务。"小学生"这个称号已和"学龄前儿童"这个称号不同了，这就意味着已开始为进入正规学习做好了准备。

但是，学龄初期儿童无论在有目的的观察、注意与识记能力上，还是在抽象逻辑思维和意志行为能力上，都还在发展过程中。这样的心理水平与学校正规学习要求之间产生了新的矛盾。在教育影响下，正是这些矛盾的不断产生和解决，推动着学龄初期儿童的心理不断地发展。

2. 学龄初期儿童家庭生活指导的内容

每个家庭都应积极顺应时代和社会发展的需要，努力建立起科学、健康、文明的生活方式，重视学龄初期儿童家庭生活的指导。

（1）培养学龄初期儿童养成良好的生活习惯。家政服务员要引导学龄初期儿童养成健康的饮食习惯、良好的卫生习惯和作息习惯等。

（2）将生命教育纳入生活实践之中。家政服务员帮助学龄初期儿童建立热爱、珍惜与呵护生命的意识，培养居家出行的自我保护意识及掌握基本的自救技能。

（3）培养学龄初期儿童基本的生活自理能力，养成生活自理的习惯。

（4）培养学龄初期儿童的劳动观念和适度消费习惯。

（5）引导学龄初期儿童学会感恩父母、诚实为人、诚信做事。

（6）帮助学龄初期儿童养成良好的学习习惯和学习兴趣。

二、学龄初期儿童良好生活习惯的培养

养成良好的生活习惯，不仅是学龄初期儿童学习与发展的需要，是素质教育全面发展的重要内容，更是社会人的一项基本素质。良好的生活习惯能帮助学龄初期儿童养成良好的行为习惯和学习习惯，并影响着学龄初期儿童高尚品德和积极情感的形成。

1. 建立合理的生活制度

学龄初期儿童生活作息的主要内容包括学习、休息、进餐、睡眠、户外活动、体育锻炼、自我服务等。在家庭中，家政服务员要根据学龄初期儿童的身心特点与生活主要内容，与学龄初期儿童共同制定科学合理的一日作息时间。作息时间一经制定，成人要尽量使学龄初期儿童的生活起居在所有时间里保持一致性，并要求学龄初期儿童严格执行，促进学龄初期儿童自我意识的控制力与意志力的发展。

2. 学做力所能及的事情

（1）放手让学龄初期儿童去做力所能及的事情。例如，对自己用过的物品能收拾整理、归位，每天自己整理书包，有序放置书本、文具等。

（2）引导学龄初期儿童积极参与家庭的家务劳动。如收拾碗筷、洗涤小件衣服等，培

养学龄初期儿童的独力意识与自我责任感。

（3）教导学龄初期儿童正确地做事，让他们懂得做事的方法与策略。如"如何去做""如何把烦琐的事情做好"，发展他们的自立能力和提高解决问题的能力。

3. 培养良好的卫生习惯

在生活中，家政服务员要引导学龄初期儿童养成讲卫生的好习惯，如提醒学龄初期儿童活动后及时清洗，饭前便后以及吃东西前都要认真洗手。

在学习中，要提醒学龄初期儿童注意用眼卫生，如不能躺着看书，不能在光线很暗的地方看书等。书写时，要提醒学龄初期儿童注意书写姿势，防止离桌面太近，防止脊柱弯曲变形。提醒学龄初期儿童不要用手乱揉眼睛，养成良好的卫生习惯。

在饮食方面，养成不挑食、不偏食、不吃零食等好习惯。在进食过程中，家政服务员要引导学龄初期儿童保护牙齿，逐步帮助学龄初期儿童形成健康的生活方式。

4. 培养时间观念

家政服务员要培养学龄初期儿童具备时间观念，使学龄初期儿童真正认识到时间的宝贵，学会做事不拖拉，能在规定时间内认真做好该做的事，"今日事，今日毕"。养成按时上学、参加活动，如时赴约，不迟到、不早退，有事有病及时请假等良好的习惯。

5. 养成良好的看电视的习惯

家政服务员要培养学龄初期儿童不多看电视、不以看电视代替其他活动的习惯。可以经常与学龄初期儿童一起进行一些有趣、有益的活动，如阅读、下棋、散步、体育活动等。

对于一些有教育意义，适合学龄初期儿童观看的，并能使学龄初期儿童开阔眼界、丰富学龄初期儿童知识的电视节目，家政服务员可以与学龄初期儿童一起挑选，并有目的、有计划地安排时间收看。收看电视后，家政服务员可以与其共同讨论电视内容。家政服务员要采用适宜的方法引导学龄初期儿童说出自己的想法、观点，培养学龄初期儿童独立思考问题的能力和语言表达能力。

三、学龄初期儿童品德培养的家庭指导

1. 学龄初期儿童品德形成的特点

学龄初期儿童的品德形成有一个从低级到高级的发展过程，具有表面性、具体性、肤浅性。主要特点是：

（1）品德评价常常带有依赖性，缺乏独立性；

（2）评价别人和自己的品德，往往以教师、成人的评价为基准；

（3）不善于从品德观点、行为动机和原则上评价别人和自己的品德，往往以具体的行

为表现为评价的依据；

（4）不善于全面辩证地评价自己和他人的品德，往往是看到自己的优点多、缺点少，或者只会评价别人，而不善于评价自己。

2. 学龄初期儿童品德培养的家庭指导方法

（1）教育疏导法。依据特定道德原则和规范，根据学龄初期儿童道德品质形成和发展的规律，通过摆事实、讲道理来培养和巩固学龄初期儿童的品德所采用的方式和手段。

（2）榜样示范法。用先进人物的优良品质和模范行为来进行教育培养的一种方法。

（3）表扬奖励法。指成人对学龄初期儿童良好行为的公开赞美、欣赏和夸奖，是一种正面肯定优点、积极引导的教育方法。

（4）批评警告法。批评是对学龄初期儿童不良思想、行为、品德以否定的评价，予以警告，是帮助学龄初期儿童克服和根绝不良行为习惯的一种教育方法。批评要实事求是，使学龄初期儿童心服口服，并要给学龄初期儿童指明改正的方向和具体办法。

（5）暗示提醒法。指成人用含蓄、间接、简化的方式对学龄初期儿童心理施加影响，并能迅速产生效用的教育方法。成人要用双方都熟悉的行为模式来提醒，可以是手势、姿势、表情、动作或简单的话语等。

四、学龄初期儿童人际交往的家庭指导

1. 帮助学龄初期儿童形成正确的人际交往观

学龄初期儿童的人际交往主要包括同伴交往、亲子交往、师生交往。这些人际关系状况将直接影响学龄初期儿童身心健康。倘若学龄初期儿童在社会化过程中，人际互动的社会技巧未朝正向发展，表现出任性、事事以自我为中心、不合群、霸道、有攻击性等行为，则良好的个人品德、个性及健康的心理将难以形成。

由于身心发展水平和生活阅历的限制，学龄初期儿童不可能具有独自正确处理人际关系的能力。在家庭中，家政服务员要帮助学龄初期儿童走出自我中心，学习公平、分享、礼让、合作等和谐相处的行为，让学龄初期儿童体验到同学之间人际交往和谐融洽、师生之间亲密无间、亲子之间民主平等的感受。

2. 学龄初期儿童人际交往的家庭指导方法

家政服务员要善于观察洞悉学龄初期儿童心理的细微变化，如语言、动作、表情等及时发现并进行分析不良表现，给予正确的引导，帮助他们获得一些人际交往技能。

（1）培养正确的交往意识。大多数学龄初期儿童的交往意识淡薄，不会主动寻求机会与人沟通，有的还拒绝交往。家政服务员要让学龄初期儿童意识到人际交往的重要性，让学龄初期儿童知道个人的力量是微不足道的，只有通过相互合作才能取得学习和工作的成

功，努力克服学龄初期儿童交往的恐惧情绪。例如，可以请同事、邻居家的小朋友来家玩，家政服务员在旁边加以指导；主动联系，争取到别的小朋友家玩；玩合作游戏，联合做一些手工，适应团体游戏的规则；多带学龄初期儿童到人多的地方，鼓励学龄初期儿童多和陌生的小朋友打交道；加强邻里关系，遇到熟人主动问好等。

（2）传授有效的交往技巧。只有掌握好有效的交际方式和技巧，才能进行正常的人际交往，从而避免走入人际交往的误区。

1）学会倾听。家政服务员要引导学龄初期儿童在人际交往中认真听别人说话，对别人的正确意见表示赞同，对别人的长处和做出的成绩给予肯定，这样不管学龄初期儿童是内向还是外向的人，都会变成受欢迎的人。

2）学会欣赏。在交往中，学龄初期儿童总会对向自己示好的一方抱有好感。家政服务员应当引导学龄初期儿童，既然自己在内心对交往的朋友有这样的要求，那么对方必然也会对我们提出这样的要求，在此基础上，引导学龄初期儿童期望得到更多赞美的同时也能够去赞美别人。

3）学会尊重。在指导学龄初期儿童学习人际交往的技巧时，应首先培养他们尊重他人，以诚相见，善于关心和体贴他人。

（3）因人而异，因材施教。由于学龄初期儿童的生活环境及性格特点的不同，不同的学龄初期儿童在人际交往中表现出不同的困惑，因此，家政服务员要根据不同类型的学龄初期儿童开出不同的"处方"，还可以根据不同的年龄特征对学龄初期儿童进行不同时期的教育。

1）自我中心（自私型）。该类型主要集中在独生子女身上。主要表现为自私、独霸、娇纵、不合作、不分享，把个人的利益放在第一位，不善于考虑他人和集体的利益。对于自私型的学龄初期儿童，家政服务员应关注他们的一切交往活动，支持学龄初期儿童的交往活动，不要因为怕出问题而采取消极态度横加阻止，要解除顾虑。同时教导学龄初期儿童要热情诚恳、谦虚友善，鼓励其接触不同环境、不同习惯、性格脾气各异的各类伙伴，让其展示自己的能力和良好的行为品质。

2）攻击型。个性粗暴、鲁莽，容易做出过度反应，把发怒、争吵、打架作为解决冲突的手段，表现出强烈的攻击性。这一类型大多集中在离异家庭孩子身上。对于攻击型的学龄初期儿童，家政服务员应给予帮助及指导，加强与学龄初期儿童的交流沟通，走进学龄初期儿童的心灵，了解其攻击行为发生的真实原因，帮助其分析此行为可能产生的种种不良后果，使其认识到这种行为的危害性，同时帮助他们进行自我情绪控制的锻炼，提高这类儿童的心理素质。

3）孤僻型。冷淡、害羞、自卑、孤寂，个性内向，不善于与老师同学沟通，交往范围小，适应能力、应变能力较差，缺乏参与竞争的意识，有脆弱的封闭心理，表现出狭隘孤立。这一类型主要集中在流动学龄初期儿童及离异家庭的孩子身上。对于怯懦型的学龄初期儿童，家政服务员要帮助他们树立自信心，化解他们的忧虑情绪，鼓励学龄初期儿童凡事都往好的方面看，多看积极的一面，同时引导他们大胆地和同伴交流，逐步克服人际交往性格孤僻软弱的弱点。

（4）以身作则，率先垂范。成人的教养态度、教育方法及自身的榜样，对学龄初期儿童的人际交往有着最为直接的影响，而溺爱型、专制型、放任型家庭容易对学龄初期儿童交往产生负面影响。家政服务员应该以身作则，努力地营造和睦、民主、平等的家庭气氛，给学龄初期儿童一个充满爱的温暖家庭，与学龄初期儿童经常一块游戏、娱乐。其次，家政服务员必须不断提高自身的交往素质，以自己的实际行动影响学龄初期儿童，使他们从自己的交往活动中培养接纳别人、理解别人、主动热情的良好交往品质。再次，家政服务员应创设交往机会，让学龄初期儿童有机会和各类人交往，并体验交往的乐趣。

 学习单元 2　学龄初期儿童学习的家庭指导

 学习目标

➤了解学龄初期儿童学习的特点
➤掌握学龄初期儿童良好学习习惯培养的内容、方法与要求

 知识要求

一、学龄初期儿童学习的指导

1. 学龄初期儿童学习的特点

在新的学习和生活条件下，在相应的年龄发展特征的制约下，学龄初期儿童的学习一般具有如下特点：

（1）学习动机

1）学习动机由不够明确向比较明确发展。学龄初期儿童对自己为什么要到学校去学习不够明确。有的是出于希望背上漂亮的书包，有的是希望戴上红领巾，还有的是为了遵照父母的要求，表现出学习动机清晰度不够。

2）学习兴趣由学习的形式向学习的内容发展。学龄初期儿童对学习过程的形式感兴趣并从中得到满足。例如，手里的小棍、书里画页的变动，写生字、念课文的交替变化，都能吸引他们投入到学习活动中。

3）学习目标由近景向远景发展。学龄初期儿童的学习动机较多的是服从眼前利益和学校要求，缺乏远大目标。例如，小学时期对于大多数学生来说，学习是为了争得好分数，为集体（班级、学校）争光。

（2）学习态度

1）对教师的态度。学龄初期儿童对教师怀有特殊的尊敬和依恋，老师的话对孩子来说无可怀疑，绝对正确。因此，教师在学龄初期儿童中的威信是极高的，教师期望效应很明显。随着年龄的增长，学龄初期儿童逐渐对教师产生怀疑，进而有了选择性，只有他们喜欢的老师才会对他们产生影响。

2）对作业的态度。初入学的学龄初期儿童还不能正确对待作业，还没有把做作业看成学习的重要组成部分，因此还不知道应对自己的作业负责。

3）对分数的态度。在成人的影响下，学龄初期儿童逐渐看重分数，了解了分数的意义，并了解高分是学习好的一种客观表现。

2. 学龄初期儿童家庭学习指导的意义

在家庭中，家政服务员的责任就是根据学龄初期儿童身心发展特点及学习特点，采取适宜、有效的方法指导学龄初期儿童的学习。这不仅能帮助学龄初期儿童逐步适应小学生活，培养学龄初期儿童良好的学习习惯，激发学龄初期儿童浓厚的学习兴趣与积极性，还能培养学龄初期儿童学习的自觉性，提高学习适应能力，获得有效的、基本的学习方法。家政服务员每天在固定的时间与学龄初期儿童围绕学龄初期儿童的学习任务一起讨论、分析，能增进彼此之间的亲密关系，培养关爱、诚实等基础品质。家政服务员有效地介入学龄初期儿童的学习行为，还能发现、理解学龄初期儿童的学习情绪表现，更好地帮助其克服消极情绪，培养学龄初期儿童的积极情绪。

二、学龄初期儿童家庭学习指导的内容

1. 营造良好的家庭学习环境

家庭是学龄初期儿童进行日常学习、生活的主要空间之一，是直接影响学龄初期儿童学习的重要因素。家政服务员要为学龄初期儿童营造良好的家庭学习环境，关心和支持孩子学习。家庭的学习环境包括硬件和软件两大部分。

（1）创设必需的学习物质条件。家政服务员要为学龄初期儿童提供一个固定的学习场所。有条件的可单独安排一个房间，住房条件不允许的，也要为学龄初期儿童安排一个墙

角，放一张书桌，供学龄初期儿童存放书和作业本，家庭中备有藏书、报刊等，使学龄初期儿童处在井然有序的学习环境中。

（2）营造良好的家庭学习氛围。在教育学龄初期儿童的问题上，家政服务员要与家庭成员之间保持教育的一致性。如果家庭成员之间产生了矛盾，家政服务员要引导其尽可能避开学龄初期儿童，做到不吵架、不骂人，让学龄初期儿童感觉到家庭里的每一人都是好朋友。其次，家政服务员需通过自身的追求上进和不断学习为学龄初期儿童做出好的榜样。家政服务员要懂得现代家庭教育的有关知识与技能；学习学龄初期儿童心理发展的有关知识，虚心向学龄初期儿童学习；加强自身的道德修养和文化修养，用自身的良好形象引导学龄初期儿童学会做人、学会做事、学会学习。

2. 帮助学龄初期儿童养成良好的学习习惯

（1）培养学龄初期儿童良好的阅读习惯。良好的阅读习惯能使学龄初期儿童不断提高阅读能力，开阔视野。家政服务员可以根据学龄初期儿童的年龄和阅读兴趣，选择一本图书与学龄初期儿童共同阅读，也可以让学龄初期儿童自主选择图书独自阅读。每天，家政服务员要保证时间陪伴学龄初期儿童阅读，当学龄初期儿童遇到阅读困难时，家政服务员可以结合朗读、绘画、表演等形式帮助学龄初期儿童理解阅读内容，并逐步培养其热爱书、爱读书的好习惯以及浓厚的学习兴趣和良好的学习品质。

（2）培养学龄初期儿童不懂敢问、勤于思考的习惯。学龄初期儿童意志的自觉性、坚持性和自制力正在逐步发展过程中，一旦在学习中遇到困难，往往不敢询问、不肯动脑筋，遇难而退。在此情况下，家政服务员要告诉学龄初期儿童"不会"不是一件丢人的事情，要鼓励学龄初期儿童不懂时可以问父母、问同伴、问老师以及周围的人，让他们知道生活中的每个人都可能是我们的老师。面对学龄初期儿童提出的问题，家政服务员要给予认真的解答，也要用语言和眼神鼓励他们自己动脑筋找出不懂的原因，培养学龄初期儿童勤于思考、敢于战胜困难的意识与能力。

（3）培养学龄初期儿童专心学习的习惯。家政服务员要帮助学龄初期儿童明确每一次学习活动的目的以及具体任务，较长时间地维持他们的注意力，做到学习专心。家政服务员还可以在家庭中督促学龄初期儿童做好相关的预习活动，明确课堂学习的内容是什么，做到心中有数，从而提高学龄初期儿童课堂学习的效率。同时，家政服务员要帮助学龄初期儿童克服各种相关的干扰因素，为其提供丰富的营养，保障充足的睡眠，鼓励其参加体育活动，保持旺盛的体能。

3. 帮助学龄初期儿童掌握正确的学习方法

一般的学习方法，就是预习、听课、复习、作业等基本方法。

（1）预习。预习是学龄初期儿童在学习新知识前，通过自学对新知识有初步的熟悉，形成一定的表象，为学习新知识做好预备。预习是学龄初期儿童独立学习的尝试。由于学龄初期儿童独立学习的意识与能力不强，因而家政服务员要起引导作用。在预习过程中，家政服务员可以提出几个能引起学龄初期儿童留意的问题作为预习的内容，让学龄初期儿童在预习中碰到不懂的内容做个标记。之后，和学龄初期儿童共同交流不懂的内容。通过有要求、有督促、有检查的预习，有利于学龄初期儿童形成良好的乐于学习、勤于思考的习惯。

（2）听课。在学校中，听课是学龄初期儿童学习的主要形式。在教师的指导、启发、帮助下学习，就可以少走弯路、减少困难，能在较短的时间内获得大量系统的知识。在家庭中，家政服务员可以教给学龄初期儿童一些听课的方法。如"以目助听"，即上课时，把目光投向老师，让自己的思维活动紧紧跟上教师的讲课；"边听边记"，即听课时做笔记、画要点等，让学龄初期儿童"有事可做"。

（3）复习。复习就是把学过的知识再进行学习，以达到深入理解、融会贯通、精练概括、牢固掌握的目的。家政服务员要提醒学龄初期儿童复习应与听课紧密衔接，让学龄初期儿童边阅读教材边回忆听课内容或查看课堂笔记，及时解决存在的知识缺陷与疑问。针对经过较长时间的思索还得不到解决的问题，则可让学龄初期儿童与家人、同学共同讨论或请老师解决。

（4）作业。通过做作业，以达到对知识的巩固，加深理解和学会运用，从而形成技能技巧，发展智力与学习能力。在家庭中，家政服务员要培养学龄初期儿童按时、独立完成作业的习惯。可以用奖惩的办法让学龄初期儿童每天在规定的时间内完成作业，要求书写整齐、页面清洁，不抄袭别人的作业。教会学龄初期儿童"自我检查"的方法，养成自我修改的好习惯，培养"刻苦钻研"的精神。在学龄初期儿童做作业遇到困难时，鼓励学龄初期儿童使用工具书、勤查资料，解决问题。家政服务员也要经常使用检查手段，及时了解学龄初期儿童学业情况。一般地，当做作业感到困难或做错的题目较多时，往往标志着知识的理解与掌握上存在缺陷或问题，应引起警觉，需及早查明原因，予以解决。

4. 激发和维持学习与活动兴趣

（1）满足认知需要。学习兴趣也称求知欲，是学习动力最重要的源泉。培养求知欲是家庭教育的重要任务。因而，家政服务员不要把学龄初期儿童关闭在房间里、束缚在书桌旁，要经常带孩子接触社会、接触大自然，开阔视野，启发问题，从而产生探索自然、了解社会的愿望。为满足认知的需要，学龄初期儿童会积极、勤奋地学习，自觉、独立地探索新知。

（2）保护自尊需要。学龄初期儿童对自己的认识有时还依赖于家政服务员的评价，但他们表现出强烈的自尊需要。家政服务员要细心保护和充分满足学龄初期儿童的自尊需要，实事求是地评价学龄初期儿童，表扬他的长处，指出不足，并加以引导。家政服务员还要注意倾听学龄初期儿童提出的意见和想法，鼓励他们努力学习、追求成功，并以积极的态度参加各种集体活动。

（3）延迟合理需要。对学龄初期儿童的合理需要应该予以适当拖延答应的时间，或者等到极其需要时再满足他，以增加其满足程度。例如，学龄初期儿童提出要买某样东西时，家政服务员不要立即答应，可以在他学习进步时作为礼物奖励他。这不仅能促进学龄初期儿童努力学习，还能增强学习的成就感。

三、学龄初期儿童家庭学习指导的要求

1. 尊重学龄初期儿童，获得信任

学龄初期儿童的成长过程是一个自然的过程，并具有内在的发展规律。在指导学龄初期儿童学习的过程中，家政服务员要尊重与信任学龄初期儿童，保护其自尊心，使其增强自信心。

2. 经常鼓励，耐心指导

家政服务员要从学龄初期儿童的心理特点出发，耐心指导其学习活动，对学龄初期儿童取得的每一点成绩都要予以鼓励和表扬，对其做得不好的事情也要帮助他分析问题、找出不足，耐心地说服教育，避免出现教育方法家政服务员化，甚至简单粗暴。

3. 了解情况，有的放矢

家政服务员平时要关注学龄初期儿童的学习，了解学习情况，并给予一些宽容和理解。对学习上出现的各种问题，家政服务员要有的放矢帮助解决。

4. 循序渐进，持之以恒

持之以恒，才能培养学龄初期儿童良好的习惯，从而提高学习能力。

测 试 题

一、判断题（下列判断正确的请打"√"，错误的打"×"）

1. 学会共同生活就是能够了解别人，尊重别人，参与别人的活动，与别人进行合作。
（   ）

2. 学龄前儿童胃口小，光吃肉、菜就行，不吃主食没什么。 （   ）

3. 为了培养良好的睡眠习惯，家政服务员应按时哄陪孩子睡觉。 （   ）

4. 成人要为学龄前儿童提供相应的卫生用具，如为学龄前儿童准备适合的、专用的毛巾、牙具、脸盆等盥洗用具，保证卫生并便于学龄前儿童使用。 （   ）

5. 学龄前儿童精细动作主要指小肌肉的动作，手的技巧、灵活性、手眼协调和双手配合能力，主要体现在手指、手掌、手腕等部位的活动能力。　　　　　（　　）

6. 良好的生活习惯能帮助学龄初期儿童形成良好的行为习惯和学习习惯，并影响着学龄前儿童高尚品德和积极情感的形成。　　　　　（　　）

7. 学龄初期儿童的品德形成有一个从低级到高级的发展过程，具有深刻性、具体性、丰富性。　　　　　（　　）

8. 由于学龄初期儿童身心发展水平和生活阅历的限制，不可能具有独自正确处理人际关系的能力。　　　　　（　　）

9. 成人可根据自身条件为学龄初期儿童创设必需的学习物质条件，为学龄前儿童提供一个固定的学习场所。　　　　　（　　）

10. 对学龄初期儿童的合理需要应该予以适当拖延答应的时间，或者等到极其需要时再满足他，以增加其满足程度。　　　　　（　　）

二、单项选择题（下列每题的选项中，只有1个是正确的，请将其代号填在括号中）

1. 学龄前儿童每次进餐的时间一般控制在（　　）左右。

A. 20 分钟　　　　　B. 30 分钟　　　　　C. 40 分钟　　　　　D. 50 分钟

2. 家政服务员带领学龄前儿童户外活动，应选择空气新鲜、（　　）的地方。

A. 阴冷偏僻　　　　B. 马路边　　　　C. 场地平坦开阔　　　D. 人多热闹

3. 每天自己整理书包，有序放置书本、文具等，可以让学龄初期儿童（　　）。

A. 建立合理的生活制度　　　　　B. 学做力所能及的事

C. 培养良好的卫生习惯　　　　　D. 培养时间观念

4. 专心学习、注意力集中是学习一切知识的（　　）。

A. 充要条件　　　　B. 客观条件　　　　C. 主要条件　　　　D. 必要条件

5. 成人要尊重与信任学龄初期儿童，保护其自尊心，使其增强（　　）。

A. 上进心　　　　B. 虚荣心　　　　C. 自尊心　　　　D. 自信心

6. （　　）是用先进人物的优良品质和模范行为来进行教育培养的一种方法。

A. 教育疏导法　　　B. 榜样示范法　　　C. 表扬奖励法　　　D. 暗示提醒法

7. 在家庭中，根据学龄初期儿童身心发展特点及学习特点，采取适宜、（　　）的方法指导学龄初期儿童的学习，是成人的责任。

A. 简便　　　　B. 有效　　　　C. 复杂　　　　D. 高效

8. 幼儿的观察、记忆、思维和想象等活动都建立在（　　）的基础之上。

A. 智力　　　　B. 创造力　　　　C. 感知觉　　　　D. 视觉

9. 对学龄前儿童的手工活动要给予必要的示范和指导，但不要限制学龄前儿童发挥自己的（　　　）。

    A. 模仿性　　　　　B. 创造性　　　　　C. 活动能力　　　　D. 活泼好动的性格

10.（　　　）是钙、铁等营养元素的主要食物来源。

    A. 谷类　　　　　　B. 肉类　　　　　　C. 水果　　　　　　D. 蔬菜

三、多项选择题（下列每题的选项中，至少有 2 个是正确的，请将其代号填在括号中）

1. 家庭成员对学龄前儿童的要求须坚持（　　　）原则，对学龄前儿童既不要娇惯溺爱，也不要简单粗暴。

    A. 长期性　　　　　B. 一贯性　　　　　C. 一致性　　　　　D. 启发性

    E. 具体性

2. 要从小注意培养幼儿（　　　）的进餐习惯。

    A. 不独占喜欢的食物　　　　　　　B. 不剩、不洒饭菜

    C. 不大声说笑　　　　　　　　　　D. 饭后擦嘴、漱口

    E. 不看电视

3. 表扬奖励法是成人对学龄前儿童良好行为的公开（　　　），是一种正面的肯定优点、积极引导的教育方法。

    A. 赞美　　　　　　B. 欣赏　　　　　　C. 警告　　　　　　D. 夸奖

    E. 批评

4. 基本的生活自理能力，如（　　　）等是以小肌肉动作的发展为基础的。

    A. 吃饭　　　　　　B. 攀爬　　　　　　C. 穿衣　　　　　　D. 跳跃

    E. 系鞋带

5. 家政服务员要通过观察学龄前儿童的（　　　）、情绪及精神状态来推断其活动量大小。

    A. 心跳　　　　　　B. 脸色　　　　　　C. 汗量　　　　　　D. 呼吸

    E. 脉搏

测试题答案

一、判断题

1. √　　2. ×　　3. ×　　4. √　　5. √　　6. √　　7. ×　　8. √　　9. √

10. √

二、单项选择题

1. B   2. C   3. B   4. D   5. D   6. B   7. B   8. C   9. B

10. D

三、多项选择题

1. BC   2. ABCDE   3. ABD   4. ACE   5. BCD

第 10 章

家庭保健

第1节　营养与膳食

学习目标

➤掌握中国居民平衡膳食宝塔的主要内容

➤了解中国居民平衡膳食宝塔的运用原则

➤了解家庭中特殊人群的饮食需求

知识要求

营养指人体摄入、消化、吸收和利用食物营养成分，维持生长发育、组织修复更新和良好健康状态的动态过程。平衡膳食、合理营养是健康饮食的核心。合理营养能保证个体正常的生理功能，促进健康和生长发育，提高机体的抵抗力和免疫力，有利于部分疾病的预防和治疗。在家庭日常饮食的准备中，家政服务员不仅要考虑食物的色、香、味等感官要求，更应注意营养学的基本原则，做到合理选择、科学搭配，制作平衡膳食。

一、膳食宝塔的内容

《中国居民平衡膳食宝塔》简称膳食宝塔，是根据《中国居民膳食指南》，结合我国居民的膳食结构特点设计的。它以直观的宝塔形式将平衡膳食的原则转化成各类食物的重量表现出来，以先进的科学证据为基础，根据国民膳食营养实际需求，对日常膳食提出指导性建议，帮助国民摄取合理营养，避免因不合理膳食影响健康或带来疾病。

《中国居民平衡膳食宝塔》（见图10—1）共分五层，包含我们每天应吃的主要食物种类，适用于我国成人。

1. 谷类食物

位于膳食宝塔底层。谷类是面粉、大米、玉米粉、小麦、高粱等的总称。它是中国居民膳食中能量的主要来源，是平衡膳食的保证。谷类食物含碳水化合物75%～80%，蛋白质8%～9%，脂类1%左右，富含维生素B族、丰富的矿物质和膳食纤维。膳食宝塔建议每人每天谷类的摄入量是250～400克。

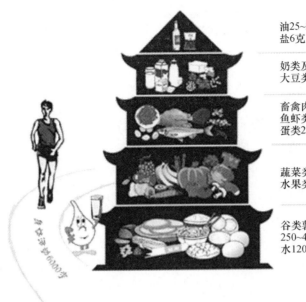

油25~30克
盐6克

奶类及奶制品300克
大豆类及坚果30~50克

畜禽肉类50~75克
鱼虾类75~100克
蛋类25~50克

蔬菜类300~500克
水果类200~400克

谷类薯类及杂豆
250~400克
水1200毫升

图 10—1　中国居民平衡膳食宝塔

2. 蔬菜和水果

位于膳食宝塔第四层。新鲜的蔬菜水果是人类平衡膳食的重要组成部分，也是我国传统膳食的重要特点之一。蔬菜水果含水量高、能量低，含有丰富的维生素、矿物质和膳食纤维，是一类天然的抗氧化剂，对预防慢性疾病有一定的帮助。如水果和薯类的膳食对保持身体健康、保持肠道正常功能、提高免疫力具有重要作用，同时可降低患肥胖、糖尿病、高血压等慢性疾病风险。每人每天蔬菜的摄入量为 300～500 克，水果的摄入量为 200～400 克。

3. 鱼、禽、肉、蛋等动物性食物

位于膳食宝塔第三层。动物性食物主要提供蛋白质，如禽类肉食含蛋白质 16％～20％。畜类食物含蛋白质 10％～20％，脂类 20％（瘦肉以不饱和为主），含有较高的胆固醇，含维生素以 A 和 B 族为主，同时含有丰富的铁等矿物质，生物利用率较高。一般每人每天摄入肉类食物 50～75 克。又如鱼虾类食物，含蛋白质 15％～22％，脂肪 1％～10％（不饱和为主），碳水化合物 1.5％左右，含有一定数量的维生素 A、D、E 和 B 族，矿物质种类多。建议每人每天食用鱼虾类食物 75～100 克。再如，各种禽蛋的蛋白质含量为 12％左右，脂肪 10％～15％（不饱和为主）；蛋黄中含有丰富的维生素，并含有钙、磷、铁、锌、硒多种微量元素，是磷脂和胆固醇的极好来源。每人每天摄入禽蛋类 25～50克为宜。

4. 奶类和豆类食物

位于膳食宝塔第二层奶类食物含蛋白质 3%，消化率达到 90%，脂肪 3%～4%，碳水化合物为乳糖。奶类含有多种有益菌，富含维生素 A、D、B_2，富含钙、磷、镁，易被人体吸收。牛奶是膳食中钙的最佳来源。建议每人每天摄入 300 克或相当量的奶制品。豆类食物含蛋白质 35%～40%，脂肪 15%～20%，碳水化合物 25%～30%。豆类食物富含维生素 B 族和 E 族，富含钙、磷、铁、大豆皂甙等多种有益健康的成分。建议每人每天豆类的摄入量 30～50 克。

5. 烹调油和食盐

位于宝塔的顶层。烹调油和食盐是维持生命活动必需的食物，可为人体提供所需脂肪和部分能量，是亚油酸和亚麻酸的主要来源。每人每天食用油的摄入量是 25 克。盐是人们日常生活中不可缺少的食品之一，盐对保持人体心脏的正常活动、维持正常的渗透压及体内的酸碱平衡有着重要作用。每人每天盐的摄入量是 6 克。食用油摄入过多对健康无益，也是引起肥胖、高血脂、动脉粥样硬化等多种慢性疾病的危险因素之一，而摄入过多的盐与高血压等疾病有一定的关系。食用油和食盐摄入过多是我国城乡居民普遍存在的营养问题。应养成吃清淡少盐膳食的习惯，即膳食不要太油腻、不要太咸，不要摄食过多的动物性食物和油炸、烟熏、腌制食物。

6. 其他

除饮食指南外，《中国居民平衡膳食宝塔》特别增加了运动内容。食量和运动是保持健康体重的两个主要因素，食物提供人体能量，运动消耗能量。如果进食量过大而运动量不足，多余的能量就会在体内以脂肪的形式积存下来，增加体重，造成超重或肥胖；相反，若食量不足，可由于能量不足引起体重过低或消瘦。由于生活方式的改变，目前我国大多数成年人体力活动不足或缺乏体育锻炼，《中国居民平衡膳食宝塔》建议改变久坐少动的不良生活方式，养成天天运动的习惯，坚持每天多做一些消耗能量的活动，建议成人每日至少行走 6 000 步。

二、膳食宝塔的应用

1. 平衡膳食宝塔的应用原则

（1）根据个体年龄、身体状况、活动强度等确定家庭各成员食物需要。

（2）合理分配三餐食量。

（3）注意因地制宜。充分利用当地资源，考虑季节和市场供应情况，建议多用对应季节的食材。

（4）养成习惯，长期坚持。膳食对健康的影响是长期的，应用膳食宝塔需要坚持不懈才能充分体现其对健康的重大促进作用。

2. 家庭食谱编制的要求

食谱编制是按照食物结构、膳食指南等要求，有计划地进行膳食调配的过程。使家庭成员每日膳食既能满足享受美味食物的感官需要，又能满足机体对营养的需求。在食谱编制中应注意：

（1）保证营养平衡。家庭食谱应能使营养需要与膳食供给之间保持平衡状态，热能及营养素能满足家庭成员生长发育、生理及体力活动的需要。

（2）注意食物多样化、比例合适。运用同类食物互换，调配丰富多样的膳食。

（3）注意服务家庭的饮食习惯。食谱编制应充分考虑民族、地域、文化背景等差异，根据需要采纳不同的食物，通过变换烹饪方法等措施，满足服务家庭的需要。

（4）服务家庭的经济状况也是编制食谱时应考虑的因素之一。

3. 家庭中不同人群的营养需求

对家庭中的孕产妇、婴幼儿、学龄前儿童、青少年以及老年人，应根据不同的生理特点和营养需要制定合理的食谱，以确保特殊营养摄入需求，达到提高健康水平的目的。

（1）孕期饮食安排和营养要求。合理的营养可保证胎儿生长发育的需要，预防胎儿畸形、低体重的发生，避免早产的危险。怀孕早期，孕妇以清淡、适口的膳食为好，有利于减轻妊娠反应。一般采用少食多餐的形式，保证每天至少摄入 150 克碳水化合物（约合谷类 200 克），注意摄入富含多种营养素的水果等。怀孕中期，胎儿生长发育需要更多的叶酸、铁、蛋白质、碳水化合物、不饱和脂肪酸和各种维生素、微量元素，因此在怀孕 3 个月时建议每日补充叶酸 400 微克，平时多吃含叶酸、含铁丰富的食物，坚持每周食用一次富含碘的海产食品，特别是鱼类，以保证多种不饱和脂肪酸、卵磷脂、维生素 A 和维生素 B_2 的摄入。奶类食物对孕期蛋白质的补充有重要意义，同时也是钙的良好来源，怀孕期间应保证奶类食物的摄入，怀孕后期适当控制主食的摄入。

（2）儿童和青少年饮食安排和营养要求。儿童和青少年处在生长发育的关键期，新陈代谢旺盛，营养需求量大，在饮食安排上注意三餐定时定量，保证吃好早餐。青少年应避免盲目节食，养成健康的饮食习惯。儿童容易发生缺铁性贫血，在饮食中应特别注意补充含铁丰富的食物。儿童和青少年的饮食应避免不健康的烹饪方法，预防因饮食不当而造成体重过重的现象。

（3）老年人饮食安排和营养要求。老年人因生理功能的退化，在饮食安排上要注意根据身体状况确定能量水平，因地制宜选择合适的食物，做到食物多样、谷类为主、粗细搭配，多吃蔬菜瓜果和薯类，每天摄入一定的奶类、豆制品，常吃适量的鱼、禽、蛋和瘦肉，注意食物清淡松软、易于消化吸收。对于一般健康老人，从食物总量上可采用"十个拳头"的原则，即：肉：粮：奶豆：菜果＝1：2：2：5（以重量计算的生食量）。每天摄入1个拳头大小的动物类食物，相当于2个拳头的主食，保证2个拳头大小的奶制品或豆类食物，不少于5个拳头的蔬菜瓜果。

4. 家庭中常见疾病的调剂膳食

（1）溃疡病。溃疡病是胃和十二指肠溃疡的总称。主要症状是腹部节律性、周期性疼痛，随气候、季节和饥饱程度的变化以及不良精神情绪因素等而反复发作。其饮食要注意：

1）少食多餐，定时定量，忌辛辣刺激性强的食品及调味品（如辣酱油、咖喱粉、芥末、过多的味精等）。

2）少食油炸、不易消化、含食物纤维多的易产气的食物，如芹菜、黄豆芽、葱蒜、萝卜、韭菜、干豆等。

3）不食生冷及过烫和强烈刺激胃液分泌的食物，如浓缩肉汤、凉拌菜、醋熘食品等。

4）注意选择中和胃酸的食物，如豆浆、牛奶等温和性食品。

5）选择富含维生素C和蛋白质较高的食物，促进溃疡面的愈合。

6）进餐时避免精神紧张和情绪抑郁，否则会引起胃功能紊乱，不利于溃疡愈合。

（2）肝脏病。肝脏病包括各种类型的病毒性肝炎、肝硬化、肝昏迷、肝癌、脂肪肝等。肝脏是人体最大的消化腺，它有调节物质代谢、分泌胆汁、解毒和吞噬细菌的作用。患肝病时营养供给量是否合理，不仅直接影响到肝脏本身的恢复，而且会影响全身营养状况，所以饮食治疗占有重要地位。其饮食的一般原则是：

1）热量要充足。急性病毒性肝炎膳食应坚持高糖低脂及充足的维生素和蛋白质。高糖能促进肝糖元的合成，促进受损细胞的修复和再生；低脂肪饮食减轻肝脏负担；蛋白质能保护肝细胞，应多选择富含优质蛋白质的食物，其供给量要在1.5～2克/日·千克体重。肝硬化腹水限食盐，肝昏迷时限食蛋白质。

2）注意选择新鲜蔬菜和水果，尤其是富含维生素C的食物。因为肝脏功能降低，会影响维生素的吸收和转化。

3）少食多餐。对食欲不振和消化不良者，可采取用流汁和半流汁，注意饮食调配和烹调，使之感观性状良好，引起食欲，促进消化和吸收。

4）忌辛辣刺激性、油炸难消化、含纤维较多和产气的食物。胃肠功能尚佳者，可食富含植物纤维的蔬菜、水果，以利通便及促进胆汁分泌。

5）忌用含酒精的饮料，防止毒害肝脏。

（3）胆囊炎及胆石症。胆囊炎可分为急性与慢性胆囊炎两种。胆囊炎与胆石症常互为因果，相互伴发。这种疾病的饮食原则是：

1）急性发作期应禁食，待疼痛减轻后，食用低脂肪、低胆固醇、高糖的流质食品，如浓米汤、藕粉、菜水等。

2）慢性胆囊炎饮食，可选用低脂肪、低胆固醇、高糖类的半流质或普食。

3）平时饮食不吃肥肉、油炸和食油多的食物。忌食含胆固醇高的食物，如鸡蛋、鱼子、动物的心、肝、脑以及动物油等。

4）注意多供给含 A、B 族维生素及维生素 C 丰富的食物。

5）少食多餐，多饮水及饮料，如果汁、山楂水、菜水等，以便稀释胆汁，促进胆汁排出。

6）忌刺激性的食物和调味品。

（4）便秘。便秘是粪便在大肠内停留时间过长，使所含水分大量被吸收，粪便变得干硬，不能顺利排出的症状。便秘有害人体健康，为避免便秘，要注意饮食。

1）饮食中要有富含粗纤维的蔬菜和水果及富含维生素 B 族的食物，如粗粮、酵母、豆类等，可以促进肠道的蠕动，易于排出粪便。

2）多进饮料及水，使粪便变软。

3）适当选择一些产气食物，如洋葱、萝卜、干豆等。

4）适当增加烹调用油和润肠通便的食物，如银耳、蜂蜜等。

5）忌饮酒、浓茶、咖啡等使粪便干燥的食物。

6）养成定时大便的良好习惯。

（5）肾脏病。肾脏病包括急、慢性肾炎，肾病综合征，尿毒症，肾结石，肾肿瘤及肾动脉硬化等。通过饮食治疗可减轻肾负担，减少氮质潴留，并预防水肿的发生。肾脏病人饮食的一般原则是：

1）急性肾小球肾炎轻型病人的蛋白质和钠盐应限制摄入，蛋白质日 30～40 克、食盐 2 克为宜，可进适量的蔬菜和水果。重症病人必须限制蛋白质，全日食用 20 克左右，以减轻肾脏负担，预防氮质潴留。食盐限量视水肿程度而定，可分为低盐、无盐、低钠三种。

2）慢性肾炎或肾病综合征视病情注意供给优质蛋白质、充分的热能和水果蔬菜等爽口食物，若有贫血应选用含铁丰富的食物。

3）尿毒症病人蛋白质供应结合肌酐清除率、血尿素氮、血肌酐而定。血肌酐越高，肌酐清除率越低，蛋白质代谢物不易排出，则蛋白质摄入量越要严格限制。全日蛋白质一般限制在 15～25 克，应选用优质蛋白质，如牛奶、鸡蛋等动物蛋白质。宜多供给糖类和富含维生素 C 而蛋白质低的食物，如新鲜蔬菜、瓜果等。主食最好选食麦淀粉，可做成面条、面片、水饺、饼及各种点心。

4）供给丰富的维生素。水果供给视水肿程度而定。

5）忌用刺激食物，如辣椒和各种辛辣调味品。

（6）高血脂症和动脉粥样硬化症。高血脂症是指血浆中的总胆固醇、甘油三脂等含量增高。高血脂症的病因较复杂，但进食过多的脂肪和胆固醇是一个重要的发病因素。高血脂症早期多无症状，后期症状是由于胆固醇类物质沉积于动脉管壁内逐渐形成斑块，导致动脉粥样硬化。因此，动脉粥样硬化的发生和发展与血脂过高有密切关系，两者在饮食上的调养也基本相同。一般饮食应注意：

1）合理饮食。提倡清淡饮食和基本素食，多吃含纤维素多的蔬菜和水果，少食含胆固醇和饱和脂肪酸高的食物，如动物心、肝、肾、脑，蛋黄、鱼卵、鱿鱼、肥肉和动物油等。

2）减少热能供应，适当增加体力活动，防止肥胖。糖的来源以淀粉类食物（米、面、杂粮等）为主，多食蔬菜、豆制品、瘦肉，少食果酱、糖果、糕点等甜食。

3）注意选择有降血脂及胆固醇作用的食物，如黄豆及制品、大蒜、洋葱、山楂、灵芝等。

4）戒除烟酒，适当饮茶。烟中的尼古丁能使周围血管收缩和心肌应激性增加，使血压升高，心绞痛发作。茶中有儿茶酸，它有增强微血管的柔韧性、弹性和渗透力作用，对预防血管硬化有帮助。但多喝茶会刺激心脏，因此心功能不佳者应忌饮浓茶。

（7）高血压和冠心病。高血压和冠心病有比较密切的关系，高血压病人容易并发动脉粥样硬化而引起冠状动脉硬化性心脏病。两者在饮食调养方面有许多相同之处。这类病人的饮食应注意：

1）与高脂血症及动脉粥样硬化症相同的原则。

2）控制总热量以控制体重。肥胖易导致血压升高。

3）低脂、低胆固醇。高血压容易并发高血脂症和动脉粥样硬化。

4）限制钠盐摄入，一般限制在 2～4 克/日。

5）多吃含纤维素多和富含维生素 C 的蔬菜和水果。

6）有心脏病的人要少食多餐，忌暴饮暴食。选择对心脏病有益的保护性食品，如蘑菇、蜂蜜、海藻类及富含维生素和钾、镁的食品。

7）忌烟酒、浓茶、咖啡、辣椒等。

（8）糖尿病。糖尿病是一种常见的有遗传倾向的代谢性疾病。糖尿病若控制不好，易引起血管、神经病变的并发症，造成心、肾、脑的动脉硬化，神经系统及视网膜病变。饮食治疗是糖尿病治疗的基本措施，即使口服降糖药或胰岛素治疗，也必须以饮食治疗为基础。一般轻型病人只是单纯饮食治疗，无须药物治疗就可控制病情，但必须长期坚持严格的饮食控制。起病时年龄较轻或发病时间已久，体形消瘦的重型病人，在节制饮食的同时，大多数都要使用降糖药物治疗。一般饮食应注意：

1）节制饮食，控制总热量，适当增加蛋白质和脂肪的摄入量。一般为蛋白质 15%～20%，脂肪 20%～30%，糖类 50%～60%，总热能控制根据标准体重及工作性质，成人每日每千克标准体重给予 25～40 千卡不等。

2）少食多餐，有利于减轻胰岛素细胞的负担。

3）多选择含糖量低而食物纤维多的食物，如蔬菜、粗粮等。纤维素在维持血糖平衡方面有一定作用。

4）选择有预防作用的食物，如洋葱、苦瓜、大豆、南瓜、海带、赤豆、蘑菇、甲鱼、山药等。

5）忌食高糖或纯糖制品，如蔗糖、果酱、甜点心、糖果等。

6）烹饪忌用含胆固醇高的动物脂肪，用植物油为好。

第 2 节　家庭保健按摩

 学习目标

➤了解保健按摩的相关知识

➤熟悉保健按摩的使用范围和常用手法

 知识要求

按摩（推拿）是我国传统医学中的一种治疗方法，是通过手法作用于体表的特定部位来治疗疾病的一种疗法。按摩是人类最古老的疗法，人们在从事生产劳动与自然界不利因素斗争中，损伤和疾病是主要威胁，为了自身的生存，人们在实践中发现按摩能减轻或使疼痛消失，并在此基础上逐渐认识到按摩的治疗作用，形成了独特的按摩疗法。本节所介绍的是简易家庭保健按摩方法。

一、保健按摩的作用

根据中医学的理论，按摩具有疏通经络改善气血循环、疏通血管改善血液循环、调理神经系统、放松肌肉韧带、调节内分泌促进新陈代谢等功效。

现代医学认为，按摩可以消肿止痛、缓解肌肉痉挛、促进组织修复。通过对机体局部的按摩，有助于躯体局部肌肉群增大运动量，改善气血循环，加速代谢物的排出，提高机体的免疫力，使体质得到增强。

二、常用保健按摩的手法和适应范围

用手或肢体的其他部位采用各种特定的技巧动作在体表操作的方法称为按摩手法。

手法是保健按摩的主要手段，手法的适当运用和熟练程度对按摩效果有直接影响。为取得良好的按摩效果，选择适当的手法是一个重要环节。中医的按摩手法包括摆动类、摩擦类、振动类、挤压类、叩击类、运动类等，无论运用何种手法，均要求动作有力、柔和、持久、渗透。本节主要介绍上述各类手法中的按、摩、推、擦、揉、捏、拍、抖、击、掐等技巧的运用。

1. 按法

按法（见图10—2）属于挤压类手法，按法包括指按法与掌按法。用拇指或指腹按压体表称为指按法；用单掌和双掌重叠按压体表，称为掌按法。

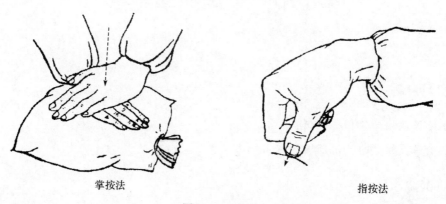

掌按法　　　　　　　　　　　　　　　指按法

图10—2　按法

按法具有放松肌肉、开通闭塞、活血止痛的作用，常用于缓解肢体酸痛麻木、头疼等症状。在使用按法进行保健按摩时应注意着力部位要紧贴体表，不可移动，用力要由轻到重，不可用暴力猛然按压。按法常和揉法结合运用，组成按揉复合手法。

2. 揉法

揉法（见图10—3）属于摆动类手法，包括指柔法和掌揉法。

揉法具有宽胸理气、消积导滞、活血祛瘀、消肿止痛的作用，常用于便秘、慢性腹泻等胃肠疾病。

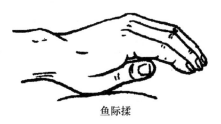

鱼际揉

掌根揉

图 10—3　揉法

　　掌揉法是运用手掌大鱼际和掌根部吸定在一定部位或穴位，腕部放松，以肘部为支点，前臂做主动摆动，带动腕部做轻柔缓和的摆动。指揉法是运用手指罗纹面吸定一定的部位或穴位，以肘部为支点，前臂做主动摆动，带动腕和掌指做轻柔缓和摆动。揉法在操作时应注意腕关节要放松，动作轻快、柔中有刚，不要按而不揉，一般速度为 120～160次/分钟。

　　3. **摩法**

　　摩法（见图 10—4）属于摩擦类手法，是以掌、指或肘贴附于体表做直线或环旋移动，包括掌摩和指摩。

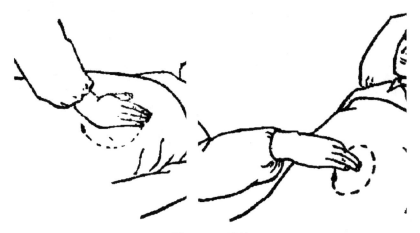

图 10—4　摩法

　　摩法刺激轻柔温和，具有和中理气、消积导滞、调节胃肠道蠕动的功效。掌摩是用手掌附着于一定部位上，以腕关节为中心，连同前臂做节律性环旋运动。指摩是用食指、中指和无名指附着于一定部位，以腕关节为中心，连同掌指做节律性环旋运动。注意操作时，肘关节自然屈曲，腕部放松，指掌自然伸直，动作缓和协调，一般 120 次/分钟。

4. 擦法

擦法（见图 10—5）属于摩擦类手法。擦法是用手掌或手指着力于一定的部位，做前后或上下移动，使局部产生一定的热度，通过柔和温热的刺激达到温经通络、行气活血、消肿止痛、健脾和胃的功效。

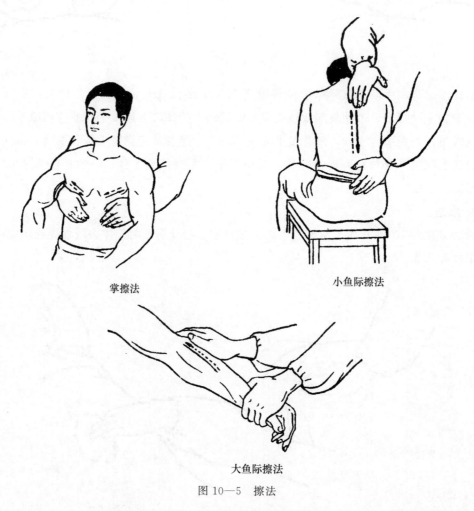

掌擦法

小鱼际擦法

大鱼际擦法

图 10—5　擦法

操作时，手掌的大、小鱼际和掌根部要附着于一定的部位，做直线来回摩擦，注意腕关节伸直，前臂和手接近相平，手指自然伸开，整个指掌贴于体表，以肩关节为支点，上臂主动前后或上下往返移动，要求用力稳、力度适宜、动作均匀连续，操作者呼吸自然不能屏气，操作时适当涂润肤油，一般 100～120 次/分钟。擦法使用后可出现皮肤潮红，操作后不宜在该处进行其他手法，以避免皮肤破损。

5. 推法

推法（见图10—6）属于摩擦类手法。其能增强肌肉的兴奋性，促进血液循环，有舒经活络、解痉止痛的功效。推法包括指推、掌推和肘推三种手法。

操作时，用指、掌、肘着力于一定的部位，紧贴体表，用力由轻而重做单向缓慢均匀的直线移动，注意根据不同部位决定用力大小。促进血液循环时，推的方向是从肢体末端向心脏（向心）推，止痛时由心脏向肢端方向推（离心）。

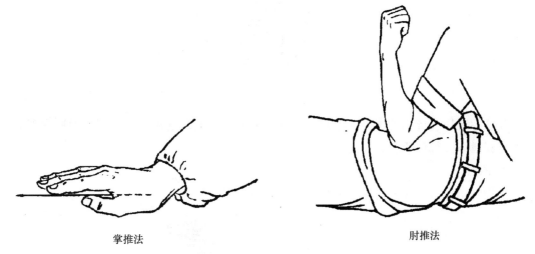

掌推法　　　　　　　　　　　　　　　肘推法

图 10—6　推法

6. 捏法

捏法（见图10—7、图10—8）属于挤压类手法。用大拇指和食指、中指夹住肢体相对挤压称为三指捏，用大拇指与其他四指夹住肢体相对用力挤压称为五指捏。

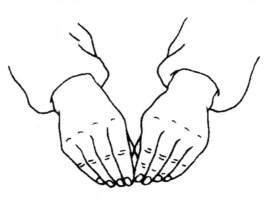

图 10—7　五指捏法

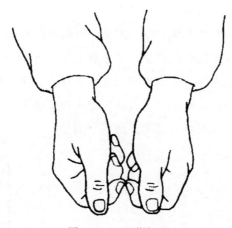

图 10—8　两指捏法

注意相对用力挤压动作要循序而下，均匀有节律。捏法常用于头颈部、四肢和背脊，具有舒经通络、行气活血的作用。

7. 拍法

用虚掌拍打体表称为拍法（见图 10—9），属于叩击类。

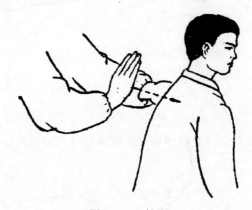

图 10—9　拍法

操作时，手指自然并拢，掌指关节微屈，平稳而有节奏地拍打相应部位。常用于肩背、腰臀及下肢的肌肉痉挛、局部感觉迟钝或风湿酸痛等。

8. 抖法

抖法（见图 10—10）属于振动类手法。用双手握住病人上肢或下肢远端，用力做连续的小幅度上下颤动，注意颤动的幅度要小、频率要快，通常用于四肢。

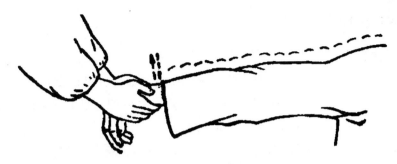

图 10—10　抖法

9. 击法

击法（见图 10—11）属于叩击类，用拳背、掌根、掌侧小鱼际、指尖或桑枝棒叩击体表。

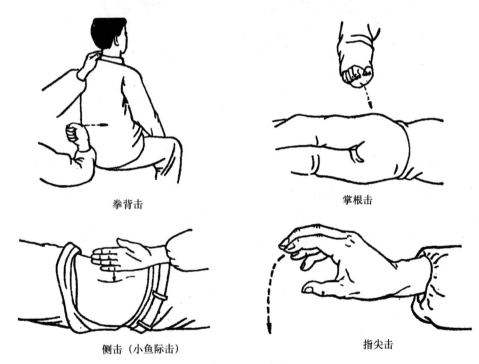

拳背击　　　　　　　　　　　掌根击

侧击（小鱼际击）　　　　　　　指尖击

图 10—11　击法

10. 掐法

掐法是用指尖着力，重按穴位而不刺破皮肤的方法。常用于人中、合谷等穴位，具有开窍醒脑、回阳救逆、疏通经络、运行气血的作用。

三、常用家庭保健按摩

1. 眼部保健按摩

长时间看电视、电脑屏幕等具有一定辐射的物体，容易引起眼疲劳，出现视力模糊、流泪、眼睛干涩等症状，严重的可引起头痛、恶心、晕眩等。眼部保健除注意用眼卫生外，适当按摩一定的穴位，有助于减轻症状。

常用的按摩方法：以一手的拇指、食指的罗纹面按压内眦角稍上方的睛明穴5～6次，酸胀为宜；以左右手食指罗纹面分别按在眼眶下缘正中直下一横指的四白穴，持续按揉，以酸胀为宜，每次2分钟，如图10—12所示。

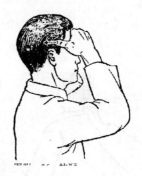

图10—12　眼部保健按摩

2. 安神按摩

两手食指屈成弓状，第二指节内侧面紧贴印堂，由眉间向前额两侧抹，约40次；以两手拇指螺纹面紧贴两侧鬓发处，由前向后往返用力抹约30次，酸胀为宜；以两手拇指罗纹面紧贴风池穴，用力做旋转按揉，按揉约30次，酸胀为宜；将两手搓热后掌心紧贴前额，用力向下擦到下颌，连续10次左右。上述操作如图10—13所示。

上述手法对于头晕、神经衰弱、失眠等症状有辅助治疗之功效。

3. 宽胸理气按摩

以一手中指罗纹面沿锁骨下、骨肋间隙，由内向外、由上而下适当用力按揉，酸胀为宜；一手拇指紧贴胸前，食指和中指紧贴腋下相对用力提拿，一呼一吸，一提一拿，慢慢由里向外松之，做5次左右；一手虚掌，五指张开，用手掌拍击胸部（拍击时不要屏气），做10次左右；一手大鱼际紧贴胸部体表，往返用力擦，防止破皮，发热为止。上述操作如图10—14所示。

以上手法对部分胸痛、胸闷、咳嗽、气喘有一定效果。

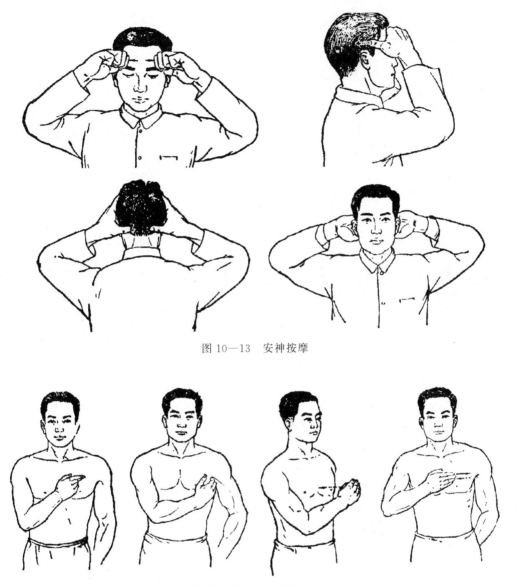

图 10—13 安神按摩

图 10—14 宽胸理气按摩

4. 健胃按摩

一手大鱼际紧贴中脘穴顺时针方向旋转揉动 2～3 分钟，注意用力柔和；一手掌心紧贴脐部，另一手按手背顺时针方向旋转揉动 2～3 分钟，注意动作要快，用力均匀；以两手小鱼际紧贴肚边（天枢穴上下）做上下往返擦动，发热为止；以双手小鱼际紧贴两侧肋部，做前后往返擦动，快速有劲，擦热为止。以上操作如图 10—15 所示。

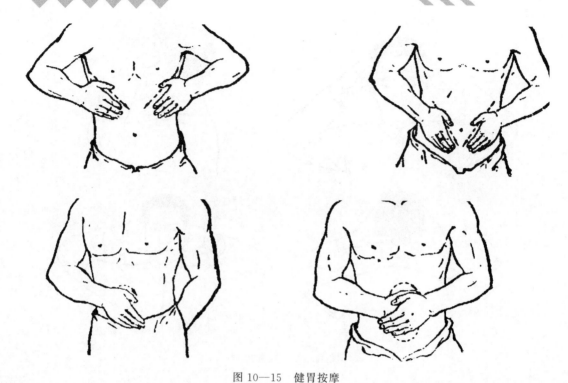

图 10—15　健胃按摩

上述手法对胃部不适、消化不良、便秘、腹痛、腹泻有一定的辅助治疗作用。

5. 腰部保健按摩

两手握拳，用拇指关节紧贴腰眼，做旋转用力按揉，以酸胀为宜；用手掌紧按腰部用力上下擦动，注意动作快而有力，擦至发热为止。上述操作如图 10—16 所示。也可以进行腰部的前俯后仰及旋转动作。

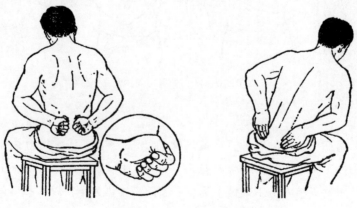

图 10—16　腰部保健按摩

上述手法对改善腰部酸痛症状有一定的效果。

四、保健按摩的注意事项

（1）疾病的致病因素是复杂的，本节介绍的对症按摩方法仅作为保健之用，不能替代医疗处方。

（2）按摩时，应根据气候调节室内温度，保持空气流通，冬季应注意适当保暖。

（3）按摩前要修甲剪甲、热水洗手，保持手的清洁温热，并去除戒指、手表等饰品，防止误伤局部。

（4）根据被按摩者年龄、按摩部位、自我感受等调节按摩手法的轻重，以被按摩者能承受为宜。

（5）饱食后、情绪激动者不宜按摩。

（6）保健按摩时间不宜过长，一般20～30分钟为好。

第3节　家庭康复护理

学习目标

➤了解家庭康复护理的意义

➤熟悉家庭康复护理的基本要求

➤掌握常用的家庭康复护理方法

知识要求

康复是综合、协调地应用各种措施，使病、伤、残者已经丧失的功能尽可能得到恢复和重建，使他们的各项能力得到尽可能的恢复。

家庭康复的对象主要是中老年病人、慢性病人等。家庭康复护理的目的是使护理对象提高生存质量，预防合并症。主要的任务是帮助护理对象使用简单的康复辅助工具，注重日常生活能力的再训练，保持和强化残余的功能。

康复是一个复杂的系统工程。家政服务员在家庭康复护理中还应注重护理对象的心理康复，鼓励伤、病、残者自立、自强、自尊、自信，以积极的心态适应病后的生活。

一、家庭常用康复技术

1. 体位和体位转移的训练

（1）卧床病人的肢体运动。老人和各种疾病导致长期卧床的病人可引起全身器官系统的合并症，严重影响个体的生存质量。因长期卧床，导致机体的肌力下降、钙质流失、关节僵直，引起肌肉萎缩、骨质疏松和关节挛缩、肢体变形等现象。长期卧床导致机体血流缓慢、血管静压增高、心脏负荷加重，引起血栓、肢体水肿和直立性低血压。因肠道蠕动下降，可导致营养吸收不良、便秘和粪石填塞等。此外，长期卧床还可以引发尿潴留或泌尿系统感染，水和电解质紊乱，压疮等。

在心理方面，因对外界接受的刺激减少，可出现认知过程改变和情绪变化依赖性增强，甚至出现精神症状。因此，卧床期间除保持功能性卧位外，进行肢体关节运动范围训练，有助于维持关节的活动性，减轻肌肉和韧带的挛缩，减少因无法自主运动引起的心理和生理问题。

床上肢体运动主要是各关节的被动运动，要求每天1～2次，操作者从上到下、从大到小对病人肢体各关节做外展、内收、伸展、屈曲、内旋、外旋等动作。具体顺序为：颈部→肩关节→肘关节→腕关节→掌指关节→指关节；髋关节→膝关节→踝关节→趾关节。

活动时，注意动作有节律、速度缓慢，根据病人的反应掌握活动的程度，逐步增加活动范围，避免过度活动引起疼痛和损伤，如病人有一定的活动能力，应鼓励病人参与，以增强活动效果。

（2）体位平衡训练。长期卧床的病人往往无足够的平衡能力，在恢复期坐起后不能保持良好的稳定状态，通过专业人员的指导，家政服务员可帮助卧床病人进行体位平衡训练。

体位平衡训练首先是坐位平衡，从半坐卧位开始（30°左右），如病人能坚持30分钟并无不适，则可增大角度（45°、60°、90°），延长时间和增加次数。病人在90°位置能坐30分钟以上，可进行坐位的前后左右平衡训练，在他人的保护下，病人保持头部正直，躯体在前后左右摆动时仍能体位稳定，形成动态平衡，如此反复训练直至在他人推动下仍能保持坐姿。

在病人能达到坐位平衡后，可训练站立平衡（他人辅助→平衡杠内站立→独立站立→单足站立），同样由静态到动态逐步进行训练。

站姿稳定后，可开始训练行走（平衡杠内→手杖→独立），达到自主稳步行走的康复效果。

2. 日常生活能力训练

对于因各种疾病后遗症影响日常生活能力的病人，在护理的过程中可以进行日常生活能力训练，以强化自理能力，提高生活质量。日常生活能力训练包括进食、个人卫生、穿脱衣服等方面的训练。

（1）进食训练。根据家中病人具体情况安排合适的体位，坐位时头稍前屈，偏瘫病人仰卧位时抬高床头 30°～60°，偏瘫侧用枕头垫高，必要时颈部围上围兜。根据病人手的握力选择粗柄、弯柄或有尼龙搭扣的汤匙（见图 10—17），刚开始训练时选择密度均匀，有一定黏性而不易松散，不易在黏膜上残留的食物，如蛋羹等糊状食物。初期可能会出现汤匙掉落现象，应鼓励病人不气馁，坚持训练，以期逐步恢复自行进食的能力。进食训练应注意食物温度不宜过高。

改进的盘子

改进的勺子的使用方法

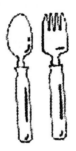
勺子和叉子

吸管固定器

图 10—17　常用辅助餐具

（2）穿衣训练。对于脑卒中后遗症等慢性病病人穿衣困难者，在护理的过程中可进行穿衣和穿脱鞋袜的训练。

家政服务员可以以穿开衫为开始训练的项目，指导病人用健侧手勾住衣领将衣袖套入患侧至上臂过肩膀，随后身体前倾，用健侧手将衣服拉过背部顺势伸入另一衣袖后整理领子，系扣子。穿裤子时可取坐位，用健侧手将患侧腿搭在健侧大腿上，穿一侧裤管过膝关节，放下患侧腿，穿健侧裤管，同时上拉裤腰，慢慢站起系腰带。

（3）洗脸训练。浴室洗脸盆内放适量温水，将毛巾放入，鼓励病人用健侧单手洗脸，随后用健侧手将毛巾旋转拧干后擦脸，如图 10—18 所示。

（4）家务劳动训练。在日常生活中鼓励病人从事力所能及的家务活动，如择菜、剥豆子等，通过家务活动，训练手的精细运动。

图 10—18　单手拧毛巾

3. 康复器具的使用

康复器具是运用工程和技术手段替代或补偿机体丧失或退化的功能，常用的康复器具有矫形器、助行器、假肢、轮椅等。本节主要介绍的是手杖和轮椅的使用。

（1）手杖的使用。手杖（见图10—19）是步行辅助器具中最常用的最简易的一种，常用于缓解关节疼痛、部分疾病康复期及偏瘫病人等，其功能在于增加行走时的支撑面，减少下肢和身体骨骼结构所必须承担的负荷，健侧手使用手杖可减少患侧下肢所承受重量的20％～25％。

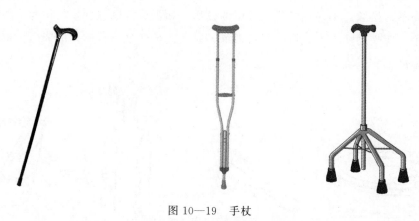

图10—19　手杖

根据结构，手杖有单足杖、多足杖等。单足杖适用于握力较好、上肢支撑力强的病人。多足杖（三足和四足）支撑面大而稳定，可适用于平衡能力差和肌力差的病人。

选择使用手杖应注意各部件是否完好，手杖的长度是否合适，一般以手臂肘关节呈20°时手掌到第五趾骨外侧15厘米处长度为好，这样的长度使手臂能自由向前活动而不影响身体重心的改变。

第一次使用手杖行走，家政服务员应在旁扶助和指导，以免滑倒或绊倒。刚开始使用手杖，先学三步走，以健侧手臂挂杖，手杖置于健侧腿前外侧15厘米处，手杖先向前移一步，患肢迈一步，最后健肢向前移。行走时，步子不宜太大，熟练后可采用手杖与患肢同时先行的两步走。使用手杖上下楼梯要"好上坏下"，即上楼梯时健肢先上（手杖→健肢→患肢），下楼时患肢先下（手杖→患肢→健肢）。

（2）轮椅的使用。当老年人不能行走或行走困难的时候，可以借助轮椅移动，使行动不便的老年人不受长期卧床之苦，扩大生活的范围，参与社会活动。

轮椅有普通的、电动的和特殊轮椅，可根据病人不同情况选择。

轮椅使用前应仔细检查各个部件（轮胎是否有气，各部件有无松动破损，特别是轮椅刹车是否完好有效），对于无自制力、自理能力的病人，使用轮椅时还应准备安全带以固

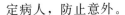

定病人，防止意外。

帮助病人上下轮椅时注意固定轮椅刹车，上轮椅后帮助病人尽量往后坐保持舒适。上坡时推轮椅者在后，下坡时推轮椅者在前倒着移步缓慢下坡，以保持舒适和安全。偏瘫病人使用轮椅时，应发挥其健侧肢体的支撑作用，家属或家政服务员在帮助移动时动作不宜过快以免引起不适。从躺卧到坐、从坐到站立、从站立到移动每一步，均应保证姿势稳定安全，避免拖拉动作。瘫痪病人坐轮椅一般不超过 2 小时，根据气候情况注意保暖，骨突部位用软垫适当保护，以防止压疮的产生。

二、家庭常见慢性疾病的康复训练与照料

1. 糖尿病病人

糖尿病是一种多病因引起的以高血糖为主要特征的代谢性疾病，糖尿病的慢性合并症，如失明、肾病、心血管病变、下肢慢性溃疡等是个体致残的主要原因。在家庭中，糖尿病病人除遵医嘱用药治疗外，还需注意以下康复要点：

（1）饮食控制。控制饮食是治疗糖尿病的基础，必须持之以恒。

（2）运动康复。适量的运动能减轻体重、预防动脉硬化，同时能强化葡萄糖的转运与利用，促进机体的新陈代谢，减轻焦虑紧张情绪，改善中枢神经系统调节功能，有助于血糖的降低，对预防糖尿病的慢性合并症有一定的作用。病情稳定、血糖控制良好者可进行中、低强度的有氧运动，如步行、慢跑、登楼、有氧体操等；青少年病病人可根据兴趣爱好及运动能力选择娱乐性的运动训练（游泳、踢球、跳绳、舞蹈等）；合并下肢及足部溃疡者不宜步行和跑步，可采用上肢运动；老年糖尿病病人适合平地快走或步行，各类拳操及轻度家务等低强度的运动。运动时应根据个体差异控制运动强度和时间，一般由轻到重循序渐进。为保证运动康复的效果，运动的频率每周应在 3 次以上，每次 20～30 分钟为宜。注意运动康复应在专业人员的指导下进行，一般在餐后 1 小时后进行，运动前适当热身，运动中适当补充水分。有严重合并症的病人不宜采用运动康复。

（3）糖尿病足的预防和康复。糖尿病足是糖尿病常见合并症之一，主要表现为足部感染、溃疡或深层组织破坏（俗称老烂脚），经久不愈，严重者截肢致残。在糖尿病康复训练和照料中应注意预防糖尿病足的产生，如在日常生活中注意减轻足部的压力，病人所穿鞋袜要宽松，鞋的前端应有足够的空间让足趾活动，也可使用治疗性鞋袜（根据足部畸形和活动状态专门设计）。不要赤足穿鞋，平时保持足部清洁，洗脚后要擦干，特别是足趾间保持干燥，以预防糖尿病足的发生。对于足部保护性感觉已丧失的病人，禁忌长时间的行走、跑步和爬楼，可采用患肢伸直抬高运动和踝关节伸屈运动、足趾背伸等活动改善下肢血液循环，根据病情每日 1～2 次。对于已破损形成溃疡的糖尿病足，应及时前往医疗

机构诊治，进行清创、局部用药及其他治疗。

2. 癌症病人

癌症是目前危害人类生命和生存质量的难治性疾病，致残率高。家庭中的癌症病人康复训练目的是调整病人的心态，改善生理功能，延长生存期和改善生存质量，促进癌症病人最大限度的功能康复。

（1）心理康复。癌症病人在病程的不同阶段会出现恐惧、焦虑、抑郁、悲观等不良情绪，因此，正确讲解疾病知识，引导病人正确对待疾病，能帮助病人消除心理障碍。各类放松疗法、音乐疗法及适当的娱乐、拳操练习等，有利于调节情绪、改善个体心理状态，家庭中可根据病人的身体情况选用，使病人适应病后的个人生活和社会活动的改变。

（2）癌症恢复期的康复。癌症治疗得到控制后应进行恢复性康复。内容包括督促病人遵守医嘱定期复查治疗，根据个人的情况进行小强度、短时间重复多次的耐力运动，如健身操、太极拳等帮助机体恢复；饮食调配注意合理均衡，促进全身营养情况改善，增强体质；家庭成员注意营造温暖舒适的环境氛围，给病人以心理上的支持，减少不良情绪的产生。癌症手术治疗后应根据医嘱进行相应的康复训练，如呼吸训练、语言训练、肢体运动训练等。

（3）晚期癌症病人的支持和姑息性康复。晚期癌症病人病情发生恶化，进行康复的目的是改善生存质量，提供心理安慰与支持。主要措施是根据医嘱使用药物控制疼痛，减轻痛苦；做好病人的生活护理工作，保持病人的舒适；根据病人的喜好提供适当的营养饮食；协助做好病人的清洁卫生工作，维持病人的自尊；要多陪伴病人，满足病人的心理需求，减少恐惧、悲哀等不良情绪。

3. 脑卒中后遗症病人

脑卒中是一组脑血管病变导致脑功能缺损的疾病总称。脑卒中的后遗症主要包括运动障碍、语言障碍、认知障碍和个人生活自理能力丧失。脑卒中以其高致残率成为影响人类健康的重要疾病，脑卒中病人的康复在不影响抢救的情况下应早期介入。

（1）运动障碍的康复训练。在脑卒中发病初期，主要措施是保持良好卧位预防合并症，在不造成疾病恶化的前提下定时翻身，注意无论采用何种卧位，都应保持肢体的功能位置（良姿位），预防痉挛的发生。病情稳定后，做肢体被动运动和关节活动，防止肌肉萎缩和关节强直。脑卒中的恢复期首先要帮助病人进行平衡训练，恢复肢体和躯干肌肉的平衡能力，在病人能达到站立动态平衡后，再进行循序渐进的步行和上下楼训练。恢复期应注意病人上肢控制能力的训练。例如，通过用患侧手翻动扑克做前臂的旋前和旋后动作；通过肘部的伸屈，用患侧手触摸自己的口、对侧耳朵和肩，改善肘的控制能力；通过反复抓物和取物的训练改善患侧手的功能。

（2）语言功能的康复训练。脑卒中病人发病后通常有语言障碍，包括失语症、失用症、构音困难等。语言康复应尽早开始，根据障碍种类的不同，通过听理解、阅读理解和发音练习等各种方法帮助病人最大限度地恢复语言能力。构音困难者先进行松弛训练和呼吸训练，再进行发音训练。语言是一种交流过程，鼓励病人说话，与病人双向交流是康复的重要内容，要注意设置合适的语言环境，康复训练中及时给予反馈和鼓励，观察病人的兴趣和耐力，根据情况调整训练方法和训练内容。

（3）认知功能的康复训练。脑卒中病人多伴有认知功能的损伤，如记忆力和感知能力下降、思维和注意力的改变等。进行认知功能康复训练要有足够的耐心，如记忆康复训练，每次训练记忆的内容要少，信息呈现的时间要长，反复次数要多，可运用视、触、嗅、听、运动等多种感觉输入法帮助训练，如运用记录本、时间表、图片等辅助用物，采用编故事等方法帮助记忆。又如在进行思维和注意力训练时，可运用读报、排列数字、物品分类、游戏等方法。认知功能的康复是一个长期的训练过程，在康复过程中要注意观察病人的细小进步，及时鼓励其持之以恒。

4. 脑性瘫痪病人

脑性瘫痪（脑瘫）指出生前至出生后 1 个月内由各种致病因素造成的非进行性脑损伤综合征，主要表现为中枢运动功能障碍和姿势异常，可有不同程度的智力障碍、语言障碍、感觉障碍、癫痫或心理行为异常等。脑瘫病人康复训练的目的是降低残疾程度，帮助他们获得最大的运动、智力、语言和社会适应能力，改善生活质量，适应社会和家庭生活。由于需长时间的反复训练，脑瘫病人的康复过程需要极大的耐心和持之以恒。

（1）常用的康复方法。通过头部控制、翻身、坐位、爬行、站立、行走、上肢运动等训练帮助病人控制身体，保持良好的姿势，促进正常发育，提高运动能力。通过进食训练、大小便训练、卫生梳洗训练，帮助病人提高日常生活自理能力。通过鼓励病人发声，不断与病人交谈，对其进行语言康复训练。

（2）心理康复。脑瘫病人是不幸的，在康复过程中应注意给予心理关爱和支持，对其运动、语言、智力等功能障碍不歧视、不嘲讽，训练中态度要亲切和蔼、耐心细致，经常与病人有目光、语言的交流，对于脑瘫小儿还应有适当的身体接触，让其感受温暖，促进心理发育。

技能要求

卧床病人肢体被动和关节运动范围练习

操作准备

1. 病人准备

告知关节运动范围练习的目的，协助排尿，了解病情、病人体力、关节活动能力、合作程度，取得信任。

2. 用物准备

大毛巾、宽松衣服。

3. 环境准备

保持室温适宜，必要时关闭门窗。

操作步骤

步骤 1　移动病人至操作者近侧（移枕→移动头、颈、肩部→移动腰、臀部→移动下肢），保持病人舒适姿势。更换宽松衣服，盖大毛巾。

步骤 2　上肢关节运动范围练习。按颈部、肩、肘、腕、掌指、指顺序进行，根据病人病情和耐受能力每个动作 5～10 次。

颈部：屈曲、伸展、左右旋转、侧屈。

肩部：提升、下压、内收、外展、屈曲、伸展等，如图 10—20 所示。

肘部：屈曲、伸展。

前臂：内旋、外旋。

肘部和前臂活动如图 10—21 所示。

腕部：屈曲、伸展、过度伸展、桡侧屈、尺侧屈，如图 10—22 所示。

掌指关节：伸展、屈曲。

手指：屈曲、伸展、外展、内收、拇指相对。

掌指关节、手指活动如图 10—23 所示。

步骤 3　下肢关节运动范围练习。

髋关节：屈曲、伸展、内旋、外旋、外展、内收，如图 10—24 所示。

膝关节：屈曲、伸展，如图 10—25 所示。

踝关节：屈曲、伸展、内翻、外翻，如图 10—26 所示。

跖趾关节：屈曲、伸展。

趾关节：屈曲、伸展、内收、外展。

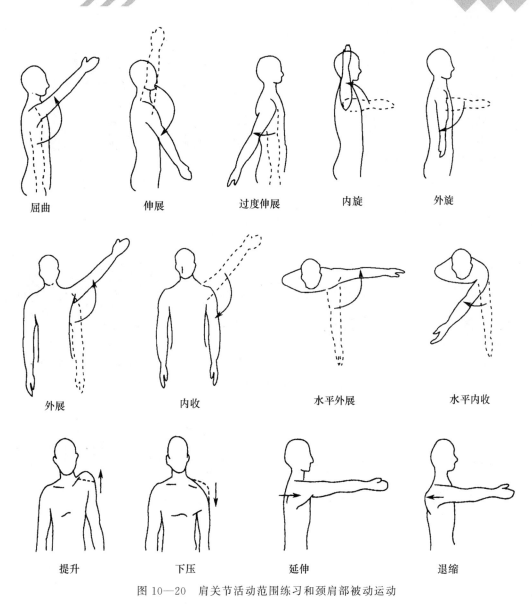

图 10—20 肩关节活动范围练习和颈肩部被动运动

跖趾关节和足趾活动如图 10—27 所示。

步骤 4 操作后整理。

整理床单位，帮助病人恢复舒适卧位，询问感觉。

注意事项

1. 每个关节应做缓慢有节律的活动，避免使用暴力，防止损伤，操作者以手做出支架状支撑病人关节远端的肢体。

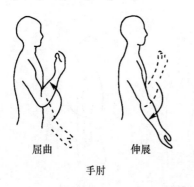

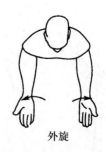

屈曲　　　　　伸展　　　　　　　　内旋　　　　　外旋

手肘　　　　　　　　　　　　　　　两臂

图 10—21　肘关节、前臂活动练习

屈曲　　　　伸展　　　　过度伸展　　　桡侧屈　　　尺侧屈

图 10—22　腕关节活动范围练习

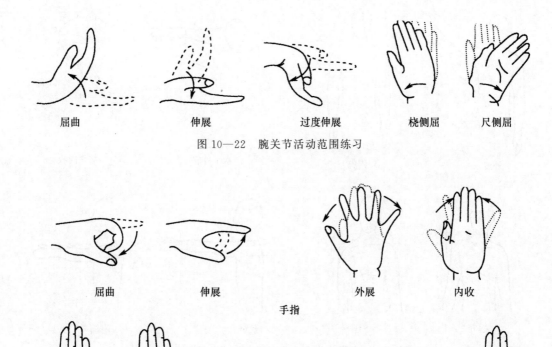

屈曲　　　　伸展　　　　　　　　外展　　　　内收

手指

屈曲　　　　伸展　　　　外展　　　　内收　　　　相对

拇指

图 10—23　掌指关节、手指活动范围练习

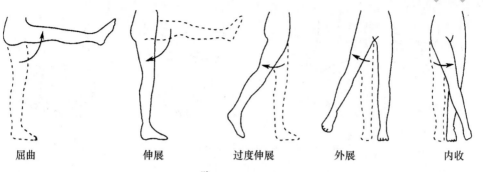

屈曲　　　　伸展　　　　过度伸展　　　外展　　　　内收

髋

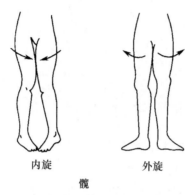

内旋　　　　外旋

髋

图 10—24　髋关节活动范围练习

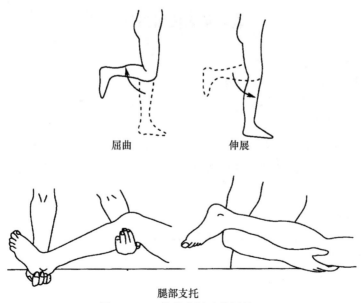

屈曲　　　　伸展

腿部支托

图 10—25　膝关节活动范围练习

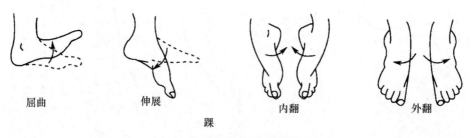

屈曲　　　　　伸展　　　　　内翻　　　　　外翻

踝

图 10—26　踝关节活动范围练习

屈曲　　　　　伸展　　　　　外展　　　　　内收

趾

图 10—27　足趾活动练习

2. 操作中关注病人感受，如肢体出现疼痛、痉挛、颤抖和其他身体不适症状，应停止操作，请专业人员查明原因，不可强行操作。

3. 鼓励病人积极配合，用健侧手抓着患侧手活动，促进病人从被动配合到主动运动。

4. 注意节力原则。

教老年人使用拐杖

操作准备

1. 环境准备

环境宽敞，地面平坦、无积水。

2. 家政服务员准备

着装整洁。全面了解老年人身高、体重、年龄、疾病诊断、病情及进展情况。与家属充分沟通，了解老年人以往的拐杖使用情况、活动能力、活动时间等。家政服务员掌握拐杖的操作。

3. 老年人准备

有行走的意愿，身体状况允许，着装合体，鞋子防滑。

4. 物品准备

拐杖完好，适合老年人使用。

操作步骤

步骤 1　检查拐杖。

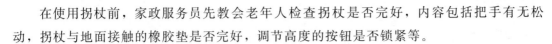

在使用拐杖前，家政服务员先教会老年人检查拐杖是否完好，内容包括把手有无松动，拐杖与地面接触的橡胶垫是否完好，调节高度的按钮是否锁紧等。

步骤2　保护行走。

家政服务员指导老年人使用拐杖时做到：手握住把手，拐杖放在脚的前外侧，目视前方，保持身体直立行走。

看护老年人自己行走，与其保持适当的距离，在必要时给予帮助。

老年人无偏瘫家政服务员应站在道路侧陪同行走，老年人偏瘫家政服务员应站在偏瘫肢体侧陪同行走，行走时，家政服务员可以拉住老年人的腰带或特制的保护腰带防止老年人跌倒。

在行走过程中，家政服务员要观察有无妨碍行走的障碍物，及时清理。观察老年人有无出汗、呼吸急促、心慌等异常情况，询问老年人的感受，如果老年人感到疲劳应立刻休息。

步骤3　沟通反馈。

行走结束，家政服务员向老年人了解使用拐杖行走的感受和使用中存在的问题，以便解决问题，给予指导。

注意事项

1. 老年人使用拐杖行走前，家政服务员要告知老年人使用拐杖的注意事项。

2. 家政服务员应严格遵从医生和康复师对拐杖的选择和步行的指导要求指导老年人。

3. 拐杖应放置在老年人随手可及的固定位置。

4. 行走中避免拉、拽老年人胳膊，以免造成老年人跌倒和骨折。

用轮椅转运老年人

操作准备

1. 环境准备

环境整洁宽敞，无障碍物。

2. 家政服务员准备

着装整洁。了解老年人的身体状况和轮椅使用的情况，老年人的活动能力、活动时间及注意事项。掌握轮椅的操作。

3. 老年人准备

身体状况允许，愿意配合，着装合体，鞋子防滑。

4. 物品准备

选择适合老年人的轮椅。轮椅的轮胎气压充足，刹车制动良好，轮椅完好备用，必要时备毛毯。

操作步骤

步骤1　固定轮椅。

家政服务员打开轮椅，固定轮椅刹车。协助老年人穿好衣服。

步骤2　坐入轮椅。

家政服务员向老年人解释即将开始的转移过程，取得老年人的配合。

搀扶或抱起老年人坐在轮椅上双手扶稳扶手，为老年人系好安全带，将双脚放于脚踏板上，松开刹车平稳行进。

步骤3　转运。

遇到障碍物或拐弯时，家政服务员要事先提示老年人。下坡时采用倒车推行方法，上台阶、电梯，要先翘起前轮，再抬起后轮。在轮椅转运过程中，如观察到老年人身体不适，应就近休息或返回。

步骤4　沟通反馈。

转运结束，家政服务员向老年人询问坐轮椅的感受，有无不适，以便改进操作方法。

注意事项

1. 轮椅上架腿布的使用要得当，以下两种情况下不需要使用：一是家政服务员帮助老年人转移时，因家政服务员的腿要踏入轮椅的空隙处，而架腿布显得碍事；二是能坐轮椅自由移动的老年人，为了使用轮椅的安全，需要撤掉架腿布。

2. 老年人每次乘坐轮椅的时间不可过长，轮椅的坐垫要舒适。每隔30分钟，家政服务员要协助老年人站立或适当变换体位，避免臀部长期受压造成压疮。

3. 天气寒冷时可用毛毯盖在老年人腿上保暖。

测 试 题

一、**判断题**（下列判断正确的请打"√"，错误的打"×"）

1. 膳食宝塔根据国民膳食营养实际需求，对日常膳食提出指导性建议，帮助国民摄取合理营养，避免因不合理膳食带来疾病。　　　　　　　　　　　　（　　）

2. 动物类食物是中国居民膳食中能量的主要来源。　　　　　　　　（　　）

3. 蔬菜水果含水量高、能量低，含有丰富的维生素、矿物质和膳食纤维，是一类天然的抗氧化剂，对预防慢性疾病有一定的帮助。　　　　　　　　　　　（　　）

4. 蔬菜是膳食中钙的最佳来源。　　　　　　　　　　　　　　　（　　）

5. 膳食宝塔每人每天盐的摄入量是12克。　　　　　　　　　　　（　　）

6. 食量和运动是保持健康体重的两个主要因素，食物提供人体能量，运动消耗能量。

（　　）

7. 应用膳食宝塔需要坚持不懈才能充分体现其对健康的重大促进作用。　（　　）

8. 中年人容易发生缺铁性贫血，在饮食中应特别注意补充含铁丰富的食物。（　　）

9. 老人饮食应做到食物多样、谷类为主，要粗细搭配，注意食物清淡、松软、易于消化吸收。

（　　）

10. 家庭康复训练的根本目的是帮助急性病人完全恢复机体功能。　　（　　）

二、**单项选择题**（下列每题的选项中，只有 1 个是正确的，请将其代号填在括号中）

1. 关于保健按摩手法总的要求，不正确的是（　　）。

    A. 动作有力　　　　B. 柔和　　　　　C. 短暂跳跃　　　D. 渗透

2. 保健按摩的禁忌是（　　）。

    A. 饱食后和情绪激动时　　　　　　B. 下午

    C. 上午　　　　　　　　　　　　　D. 睡前

3. 保健按摩的时间以（　　）分钟为宜。

    A. 60　　　　　B. 5～10　　　　C. 40～50　　　D. 20～30

4. 急性肾炎病人的饮食不宜食用（　　）。

    A. 腌制类食物　　　　　　　　　B. 含铁丰富的食物

    C. 水果　　　　　　　　　　　　D. 淀粉类食物

5. 慢性胆道疾病患者的饮食应注意（　　）。

    A. 低脂为宜　　B. 低蛋白为宜　　C. 低糖为宜　　D. 低盐为宜

6. 鱼、禽、肉、蛋等动物性食物主要提供的营养素为（　　）。

    A. 维生素 C　　B. 蛋白质　　　C. 葡萄糖　　　D. 纤维素

7. 关于消化性溃疡病人饮食，不恰当的是（　　）。

    A. 少食多餐，定时定量

    B. 忌辛辣刺激性强的食品及调味品

    C. 少食油炸、不易消化、易产气的食物

    D. 多食含食物纤维丰富的食物

8. 家庭康复训练的任务不包括（　　）。

    A. 治愈疾病

    B. 注重残余功能的保持和强化

    C. 注重日常生活能力的再训练

    D. 使病、伤、残者提高生存质量和重返社会

9. 体位平衡首先是（　　）。

　　A. 坐位的平衡　　　　B. 站位的平衡　　　　C. 平卧位平衡　　　　D. 行走平衡

10. 日常生活能力训练的主要目的是（　　）。

　　A. 强化病后的自理能力，提高生活质量

　　B. 恢复机体所有的功能

　　C. 治疗疾病

　　D. 恢复原有的工作能力

三、多项选择题（下列每题的选项中，至少有 2 个是正确的，请将其代号填在括号中）

1. 一般健康老人食物"十个拳头"的原则包括（　　）。

　　A. 每天摄入 1 个拳头大小的动物类食物

　　B. 每天摄入相当于 2 个拳头的主食

　　C. 每天摄入 2 个拳头大小的奶制品或豆类食物

　　D. 每天摄入不少于 5 个拳头的蔬菜瓜果

　　E. 每天摄入不少于 2 个拳头的饮料

2. 轮椅使用的要点包括（　　）。

　　A. 轮椅适用于脊髓损伤、下肢伤残、颅脑损伤、偏瘫、骨关节疾病、年老体衰者。

　　B. 轮椅使用前应仔细检查各部件有无松动破损，轮椅刹车是否完好有效

　　C. 上轮椅后帮助病人尽量往前坐保持舒适

　　D. 上下轮椅时注意固定轮椅刹车

　　E. 上坡时推轮椅者在后，下坡时推轮椅者在前倒着移步缓慢下坡

3. 关于糖尿病病人的运动康复，下列说法正确的是（　　）。

　　A. 糖尿病病人适量的运动能减轻体重，有助于血糖的降低

　　B. 病情稳定、血糖控制良好者可进行中低强度的有氧运动，如步行、慢跑、有氧体操等

　　C. 合并下肢及足部溃疡者不宜步行和跑步，可采用上肢运动

　　D. 老年糖尿病病人适合平地快走或步行，各类拳操及轻度家务等低强度的运动

　　E. 餐后 1 小时后方可进行运动康复，运动前适当热身，运动中适当补充水分

4. 脑卒中病人的家庭康复应注意（　　）。

　　A. 在康复过程中要注意观察病人的细小进步，及时鼓励其持之以恒

　　B. 发病初期主要措施是保持良好卧位预防合并症

C. 病情稳定后做肢体被动运动和关节活动，防止肌肉萎缩和关节强直

D. 通过用患侧手翻动扑克、触摸对侧耳朵和肩、反复抓物和取物的训练改善患者手的功能

E. 鼓励病人说话，与病人双向交流是语言康复的重要内容

5. 卧床病人肢体被动和关节运动范围练习要求有（　　）。

A. 各关节运动要求每天 1～2 次

B. 操作者从上到下、从大到小对病人肢体各关节做外展、内收、伸展、屈曲、内旋、外旋等动作

C. 运动顺序为颈部→肩→肘→腕→掌指→指关节，髋→膝→踝→趾关节

D. 动作有节律、缓慢，根据病人的反应掌握活动的程度、范围，避免引起疼痛和损伤

E. 病人有一定的活动能力，应鼓励病人参与，以增强活动效果

测试题答案

一、判断题

1. √　　2. ×　　3. √　　4. ×　　5. ×　　6. √　　7. √　　8. ×　　9. √

10. ×

二、单项选择题

1. C　　2. A　　3. D　　4. A　　5. A　　6. B　　7. D　　8. A　　9. A

10. A

三、多项选择题

1. ABCD　　　2. ABDE　　　3. ABCDE　　　4. ABCDE　　　5. ABCDE

附录

家政服务员（三级）
操作技能考核项目表

职业（工种）			家政服务员		等级	三级	
职业代码							
序号	项目名称	单元编号	单元内容	考核方式	选考方法	考核时间（min）	配分（分）
1	烹饪	1	刀工	操作	必考	15	8
		2	烹饪［（西菜、西点、日本料理）三选一、中菜、汤］	操作		45	28
2	宴请摆台	1	摆台	操作	必考	10	7
		2	餐巾折花	操作		10	7
3	家庭插花	1	基本形式	操作	抽一	50	20
		2	常见造型	操作			
4	幼儿保育	1	讲述故事	操作	抽一	20	10
		2	拼搭塑积	操作			
		3	剪纸、折纸	操作			
5	电脑操作	1	上网查购物信息	操作	抽一	40	10
		2	上网查机票、航班信息	操作			
		3	上网查交通信息	操作			
		4	收发 E-mail	操作			
6	英语会话	1	购物需求交流	口试	抽一	6	10
		2	健康情况问候	口试			
		3	道路交通问询	口试			
		4	工作内容沟通	口试			
		5	常用请假用语	口试			
合计						196	100

操作技能鉴定要素细目表

职业（工种）			家政服务员	等级	三级	
职业代码						
序号	鉴定点代码			鉴定点内容	重要系数	备注
	项目	单元	细目			
	1			烹饪		
	1	1		刀工		
1	1	1	1	切水果拼盘	9	
2	1	1	2	水果的选配	1	
3	1	1	3	拼盘制作步骤	9	
4	1	1	4	拼摆时使用刀法	5	
5	1	1	5	水果加工时的卫生	9	
	1	2		中菜		
6	1	2	1	芫爆墨鱼花	5	
7	1	2	2	糟熘鱼片	9	
8	1	2	3	菊花青鱼	9	
9	1	2	4	小煎鸡米	9	
10	1	2	5	蒜爆鱿鱼卷	5	
11	1	2	6	鸡火干丝	9	
12	1	2	7	荷花鲜奶	5	
13	1	2	8	松仁鱼米	9	
14	1	2	9	银丝干贝	1	
15	1	2	10	春白海参	9	
	1	3		西菜		
16	1	3	1	虾仁色拉	9	
17	1	3	2	黑椒牛排	9	
18	1	3	3	炸鸡肉饼	9	
19	1	3	4	炒奶油牛肉丝	5	
20	1	3	5	蛋煎鱼	5	
	1	4		西点		
21	1	4	1	香橙烩薄饼	9	
22	1	4	2	炸香蕉	9	
23	1	4	3	苹果布丁	5	

职业（工种）				家政服务员	等级	三级
职业代码						
序号	鉴定点代码			鉴定点内容	重要系数	备注
	项目	单元	细目			
	1	5		日本料理		
24	1	5	1	寿司	9	
25	1	5	2	紫菜山药卷	5	
26	1	5	3	茶碗蒸	5	
	1	6		汤		
27	1	6	1	三片汤	9	
28	1	6	2	奶油鸡丝汤	9	
29	1	6	3	酸辣汤	5	
	2			宴请摆台		
	2	1		铺台布		
30	2	1	1	方桌的台布铺设方法	9	
31	2	1	2	圆桌的台布铺设方法	9	
32	2	1	3	铺台布注意事项及要求	5	
	2	2		摆台		
33	2	2	1	中餐摆台	9	
34	2	2	2	西餐摆台	9	
35	2	2	3	摆台时的卫生要求	9	
36	2	2	4	席位的间距与美观		
	2	3		餐巾折花		
37	2	3	1	折花前的准备	5	
38	2	3	2	折花的基本技法	9	
39	2	3	3	折花时的手法卫生	9	
40	2	3	4	杯花	9	
41	2	3	5	盆花	1	
	3			家庭插花		
	3	1		插花的基本形式		
42	3	1	1	直立式	9	
43	3	1	2	平卧式	9	
44	3	1	3	倾斜式	9	

职业（工种）			家政服务员	等级	三级	
职业代码						

序号	鉴定点代码			鉴定点内容	重要系数	备注
	项目	单元	细目			
45	3	1	4	悬崖式		
	3	2		插花的常见造型		
46	3	2	1	对称放射形	9	
47	3	2	2	半球形	9	
	4			幼儿保育		
	4	1		讲述故事		
48	4	1	1	选择富有童趣的故事题材	9	
49	4	1	2	用普通话生动讲述	9	
50	4	1	3	根据故事情节启发幼儿理解故事寓意	5	
	4	2		拼搭塑积		
51	4	2	1	用中号雪花片（或插塑、胶粒）拼搭一件玩具	9	
52	4	2	2	形象逼真，富有童趣	9	
53	4	2	3	色彩和谐美观	5	
54	4	2	4	能在规定时间内完成	1	
	4	3		剪纸、折纸		
55	4	3	1	动作熟练，图案明了	9	
56	4	3	2	剪纸线条纤细，造型秀美	9	
57	4	3	3	折纸注意边与边，角与角对齐，中线压平，形象逼真，生动有趣	9	
58	4	3	4	能在规定时间内完成	5	
	5			电脑操作		
	5	1		网上查询购物信息		
59	5	1	1	根据需要寻找相应网站	9	
60	5	1	2	寻找需购物品	9	
61	5	1	3	记录相应购物价格方案	5	
	5	2		网上查机票、航班信息		
62	5	2	1	查寻有关机票、航班网站	9	
63	5	2	2	查询航班时刻表	9	
64	5	2	3	查询机票价格	5	
65	5	2	4	记录相应航班信息和机票价格	9	

职业（工种）			家政服务员	等级	三级	
职业代码						
序号	鉴定点代码			鉴定点内容	重要系数	备注
	项目	单元	细目			
	5	3		网上查交通信息		
66	5	3	1	查寻交通信息网站	5	
67	5	3	2	输入出发与到达地点	9	
68	5	3	3	根据提示记录出行最佳线路	9	
	5	4		收发 E-mail		
69	5	4	1	根据要求写短信	9	
70	5	4	2	发往指定邮址	9	
71	5	4	3	打开对方回复阅读	9	
	6			家政实用英语		
72	6	1	1	购物需求	9	
73	6	2	1	健康问候	9	
74	6	3	1	道路问询	9	
75	6	4	1	工作交流	9	
76	5	5	1	电话请假	9	